別冊 問題編

大学入試 全レベル問題集

数学 Ⅰ+A+Ⅱ+B +ベクトル

1 基礎レベル

改訂版

数学 レベル1

問題編

目次

第1章 数と式

1

✓Check Box

解答は別冊 p.10

(1) $(x^2+3x+2)(x^2-3x+2)=x^4-\boxed{}x^2+\boxed{}$ である.

(千葉工業大)

(2) $(x^3+2x^2+x+5)(3x^3-5x^2-2x-8)$ を展開したときの，x^5，x^3 の係数をそれぞれ求めよ.

2

✓Check Box

解答は別冊 p.11

次の式を因数分解せよ.

(1) $8a^3-b^3$

(2) $6x^2-11xy+3y^2-x-2y-1$

(京都産業大)

(3) $x^2z-2xyz-3y^2z-2x^2+4xy+6y^2$

(京都産業大)

(4) $(x+1)(x+2)(x+8)(x+9)-144$

(専修大)

3

✓Check Box

解答は別冊 p.12

$x=\dfrac{2-\sqrt{3}}{2+\sqrt{3}}$，$y=\dfrac{2+\sqrt{3}}{2-\sqrt{3}}$ のとき，次の問いに答えよ.

(1) $x+y$ と xy の値をそれぞれ求めよ.

(2) x^2+y^2 の値を求めよ.

(3) x^3+y^3 の値を求めよ.

(札幌大)

4

✓Check Box □□ 解答は別冊 p.13

$\sqrt{6+4\sqrt{2}}$ の小数部分を a とすると，$a=\boxed{}$，$a^2-\dfrac{1}{a^2}=\boxed{}$ となる．

（北九州市立大）

5

✓Check Box □□ 解答は別冊 p.14

次の問いに答えよ．

(1) 循環小数 $r=1.121212\cdots$ がある．これを分数で表すと，$r=\boxed{}$ である．

(2) $\dfrac{277}{333}$ を小数で表したとき，小数点以下第 2016 番目の数を求めよ．

（東邦大）

6

✓Check Box □□ 解答は別冊 p.15

(1) $\dfrac{|4x+1|}{3}\leqq 7$ を解け．

(2) $x^2-|2x-1|-3=0$ を満たす実数 x の値をすべて求めよ．

（埼玉工業大）

第2章 集合と論理

7

✓Check Box

解答は別冊 p.17

Aを1以上100以下の整数の集合とし，Aの部分集合B，Cをそれぞれ，4の倍数の集合，5の倍数の集合とする．

(1) $B\cap C$ の要素の個数は □ である．

(2) $B\cup C$ の要素の個数は □ である．

（東海大）

8

✓Check Box

解答は別冊 p.18

(1) a，bを実数としたとき，条件「$ab>0$ かつ $a+b\geqq 1$」の否定は □ である．

（立教大）

(2) xを実数とする．P:「$\sqrt{x^2}\geqq 0$ ならば $x\geqq 0$」の対偶を述べよ．また，命題Pの真偽を述べ，偽である場合は反例を1つあげよ．

（芝浦工業大）

9

✓Check Box

解答は別冊 p.19

次の空欄にあてはまるものを下のア～エの中から選べ．

(1) $x=2$ は $x^2=4$ であるための □．

（北見工業大）

(2) $x\geqq 0$ は $x^2-5x+6\leqq 0$ であるための □．

(3) 整数m，nに対して，m，nがともに偶数であることは，$m+n$，mnがともに偶数であるための □．

ア．必要条件である　イ．十分条件である　ウ．必要十分条件である
エ．必要条件でも十分条件でもない

第3章　2次関数

10

✓Check Box □□　解答は別冊 p.21

放物線 $y=3x^2$ を x 軸方向に p，y 軸方向に q だけ平行移動した後に，x 軸に関して対称移動したところ，放物線 $y=-3x^2+18x-25$ となった．

このとき，$p=$□，$q=$□ である．

（九州産業大・改）

11

✓Check Box □□　解答は別冊 p.23

(1)　放物線 $y=ax^2+bx+c$ が3点 $(-1,\ 2)$，$(0,\ -7)$，$(1,\ -10)$ を通るという．このとき，この放物線の軸は，直線 $x=$□ である．

(2)　2次関数 $y=$□x^2+□$x+$□ のグラフは頂点が $(-2,\ -5)$ で，点 $(2,\ 27)$ を通る放物線である．

（千葉工業大）

(3)　3点 $(1,\ 0)$，$(3,\ 0)$，$(-1,\ 16)$ を通る放物線の方程式を求めよ．

12

✓Check Box □□　解答は別冊 p.24

2次関数のグラフが2点 $(-1,\ 6)$，$(5,\ 6)$ を通るとき，軸は直線 $x=$□ である．さらにグラフが点 $(1,\ -2)$ を通るとき，この2次関数の $1 \leqq x \leqq 4$ における最小値は□，最大値は□ である．

（北海道科学大・改）

13

Check Box 解答は別冊 p.26

次の問いに答えよ．

(1) 実数 x, y が $x+2y=1$, $x \geqq 0$, $y \geqq 0$ を満たすとき，x^2+xy+y^2+2y のとり得る値の最小値を求めよ．

(2) x, y は $x^2+3y^2=1$ を満たす．このとき，$x+y^2$ の最大値と最小値を求めよ．また，そのときの x, y の値を求めよ．

（静岡文化芸術大）

a を実数の定数とし，2 次関数 $y=x^2-2ax+3a$ の $0 \leqq x \leqq 4$ における最大値を M, 最小値を m とする．

(1) m を求めよ．

(2) M を求めよ．

(3) $m=-4$ のとき，a と M の値を求めよ．

（法政大・改）

15

Check Box 解答は別冊 p.29

2 次方程式 $(a^2-4)x^2+2(a-2)x-3=0$ が重解をもつように a の値を定め，その重解を求めよ．

16

✓Check Box □□　解答は別冊 p.30

(1)　不等式 $x^2-4x-6<0$ を満たす整数 x は全部で □ 個ある．

（千葉工業大）

(2)　2 次不等式 $ax^2-x+b>0$ の解が $-2<x<1$ となるのは，$a=$□，$b=$□ のときである．

（中部大）

(3)　2 次不等式 $x^2-2(k+1)x+k+7>0$ がすべての x で成立するための条件は □ $<k<$ □ である．

17

✓Check Box □□　解答は別冊 p.32

2 次方程式 $x^2-(m-10)x+m+14=0$ が 1 より大きい異なる 2 つの実数解をもつとき，$m>$□ である．また，この方程式が正の解と負の解をもつとき，$m<$□ である．

（名城大・改）

第4章 三角比

18

✓Check Box

解答は別冊 p.34

三角形 ABC は ∠C が直角で，AC=1 である直角二等辺三角形である．

辺 BC 上に点Dをとり，∠DAC$=\alpha$ とおくと，$\tan\alpha=\dfrac{1}{4}$ である．点Bから直線 AD に下ろした垂線と AD の交点をEとする．このとき，CD，BD，DE をそれぞれ求めよ．

19

✓Check Box

解答は別冊 p.36

次の問いに答えよ．

(1) $\sin\theta+\cos\theta=\dfrac{4}{3}$ のとき，$\sin\theta\cos\theta=$□，$\tan\theta+\dfrac{1}{\tan\theta}=$□ である．

(2) $0°<\theta<90°$ とする．$\tan(90°-\theta)=\dfrac{1}{3}$ のとき，$\tan(180°-\theta)=$□ であり，$\sin\theta=$□ である．

20

✓Check Box

解答は別冊 p.38

三角形 ABC において，AB=7，BC$=4\sqrt{2}$，∠ABC=45° のとき，次の問いに答えよ．

(1) CA の長さと $\sin A$ を求めよ．

(2) 三角形 ABC の外接円の半径を求めよ．

（山形大・改）

21

✓Check Box □□ 解答は別冊 p.40

三角形 ABC において，辺 BC，CA，AB の長さをそれぞれ a，b，c とする．$a:b:c=7:5:3$ で，その面積は $60\sqrt{3}$ である．

(1) $\angle BAC=$□° である．

(2) $a=$□ である．

(3) 三角形 ABC の外接円の半径は□，内接円の半径は□である．

(4) $\angle BAC$ の 2 等分線と辺 BC との交点を D とするとき，AD の長さは□である．

22

✓Check Box □□ 解答は別冊 p.42

円に内接する四角形 ABCD において $AB=1$，$BC=2$，$CD=3$，$DA=4$ のとき，$\cos\angle ADC=$□ であり，四角形 ABCD の面積は□である．

（成蹊大）

第5章 データの分析

23

✓Check Box

解答は別冊 p.43

次のデータは，10 点満点の漢字のテストの結果である．

4, 7, 9, 4, 8, 3, 4, 6, 8, 7

平均値は □(点)，最頻値(モード)は □(点)，
中央値(メジアン)は □(点)，第 1 四分位数は □(点)，
第 3 四分位数は □(点)，四分位範囲は □(点)，
四分位偏差は □(点)

である．

24

✓Check Box

解答は別冊 p.45

x, y のデータが以下のように与えられている．

x	25	-5	-15	5	40
y	1	-3	-7	9	15

この場合に以下の問いに答えよ．

(1) x の平均 $\overline{x}$，分散 $s_x{}^2$，標準偏差 s_x を求めよ．

(2) y の平均 $\overline{y}$，分散 $s_y{}^2$，標準偏差 s_y を求めよ．

(3) x と y の共分散 s_{xy}，相関係数 r_{xy} を求めよ．

(中京大・改)

25

Check Box □□

解答は別冊 p.48

次の問いに答えよ．

(1) 31, 28, 31, 30, 31, 30, 31, 31, 30, 31, 30, 31 をそれぞれ 7 で割ったときの余りからなる大きさ 12 のデータを考える．このデータの分散を求めよ．

（摂南大）

(2) 2 つの変量 x, y を何人かで測定した結果を用いて，x, y の平均値，分散，共分散を求めたところ，右の表のようになった．いま，$2y+1$ を新しい変量 z とする．z の標準偏差は □ であり，x と z の相関係数は □ である．

	x	y
平均値	7	3
分散	8	2
共分散	2.4	

（関西医科大）

第6章 場合の数・確率

26

✓Check Box □□　解答は別冊 p.50

6個の数字 0, 1, 2, 3, 4, 5 の中から異なる3個の数字を選んでできる3桁の整数は全部で □ 個ある．また，そのとき5の倍数となる整数は □ 個ある．

27

✓Check Box □□　解答は別冊 p.51

男子4人，女子3人の7人が1列に並ぶ．このとき，女子が両端にくる並び方は，□ 通りである．また，女子が隣り合わない並び方は □ 通りである．

28

✓Check Box □□　解答は別冊 p.52

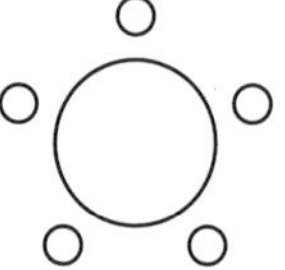

両親と3人の子供が図のような円形のテーブルに着席するとき，並び方は全部で □ 通りである．また，両親が隣り合って着席するとき，並び方は全部で □ 通りである．ただし，回転して並び方が同じになるものはすべて同じ並び方とみなす．

（北海道科学大）

29

✓Check Box □□　解答は別冊 p.53

8人の男子と5人の女子がいるとき，この中から4人を選ぶ選び方は全部で □ 通りある．また，4人の中の少なくとも1人が女子である選び方は □ 通りある．

（愛知大）

30

✓Check Box □□ 解答は別冊 p.54

次の問いに答えよ.

(1) E, S, S, E, N, C, E の 7 文字を 1 列に並べるとき, 並べ方は □ 通りある.

(2) 6 つの文字 b, o, i, n, s, u を 1 列に並べるとき, 母音が i, u, o の順になっている並べ方は □ 通りである.

31

✓Check Box □□ 解答は別冊 p.55

右図のような道路で, 最短経路で行く次のような道順は, それぞれ何通りあるか.

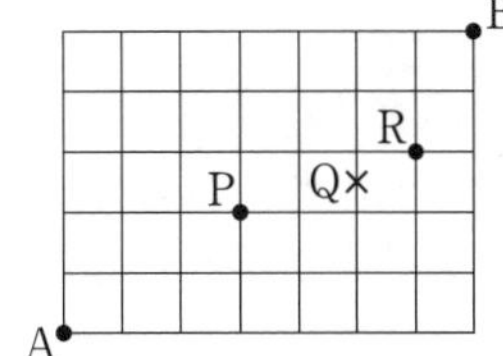

(1) A から P まで行く道順

(2) A から B まで行く道順のうち, P と R を通る道順

(3) A から B まで行く道順のうち, P と R を通り, Q を通らない道順

32

✓Check Box □□ 解答は別冊 p.56

大人 6 人と子供 3 人の計 9 人を 3 人ずつ 3 つのグループに分けるとき,

(1) 3 つのグループのうち 1 つのグループが子供のみからなる分け方は何通りあるか.

(2) どのグループも大人 2 人と子供 1 人からなる分け方は何通りあるか.

(3) どのグループにも大人が 1 人以上含まれる分け方は何通りあるか.

(岡山理科大)

33

✓Check Box □□ 解答は別冊 p.57

(1) a, b, c, d の 4 人を, 2 つの部屋 A, B に入れるとき, 空室があってもよい場合の入れ方は □ 通りある. また, 空室がない場合の入れ方は □ 通りある.

(2) 10 本の同じ鉛筆を 3 人に分ける場合を考える. このとき, 鉛筆を 1 本ももらえない人がいてもよいとする場合の分け方は全部で □ 通りある. また, どの人も必ず 1 本はもらえる場合の分け方は □ 通りである.

34

✓Check Box □□ 解答は別冊 p.58

箱の中に赤玉 6 個，青玉 4 個，黄玉 3 個が入っている．この箱の中から 3 個の玉を同時に取り出す．

(1) 赤玉 2 個，青玉 1 個である確率を求めると □ である．

(2) 3 個とも同じ色である確率を求めると □ である．

(3) 青玉が 2 個以上である確率を求めると □ である．

(神戸薬科大)

35

✓Check Box □□ 解答は別冊 p.59

2 個のサイコロを同時に投げるとき，出た目の差が 2 である確率は □，出た目の積が 12 である確率は □ である．

36

✓Check Box □□ 解答は別冊 p.60

a，a，a，a，b，b，b を横 1 列に並べるとき，次の問いに答えよ．

(1) b が 3 つ連続して並ぶ確率は □ である．

(2) どの 2 つの b も隣り合わない確率は □ である．

(北海道教育大・改)

37

✓Check Box □□ 解答は別冊 p.62

1 から 8 までの番号のついた 8 枚のカードがある．この中から 3 枚のカードを取り出すとき，次の問いに答えよ．

(1) 3 枚のカードの積が偶数となる確率を求めよ．

(2) 3 枚のカードの積が 6 の倍数となる確率を求めよ．

(3) 3 枚のカードの積が 4 の倍数となる確率を求めよ．

(星薬科大・改)

38

✓Check Box □□　解答は別冊 p.64

4人でじゃんけんを1回だけするとき，1人が勝つ確率は□，2人が勝つ確率は□である．

（愛知学院大）

39

✓Check Box □□　解答は別冊 p.65

1個のサイコロを3回続けて投げる．1回目に出た目をa，2回目に出た目をb，3回目に出た目をcとするとき，$a<b<c$となる確率は□である．

40

✓Check Box □□　解答は別冊 p.66

3個のサイコロを同時に投げるとき，出る目の最小値が3である確率は□である．

41

✓Check Box □□　解答は別冊 p.67

A，Bの2つの野球チームが戦い，先に4勝したチームを優勝とする．引き分けはないものとし，各試合でAチームがBチームに勝つ確率は$\dfrac{3}{5}$とする．次の各問いに答えよ．

(1)　Aチームが4勝1敗で優勝する確率を求めよ．

(2)　Aチームが最初の2試合で負けてしまった．その後，Aチームが優勝する確率を求めよ．

（茨城大）

42

✓Check Box □□　解答は別冊 p.68

2つの袋A，Bがあり，Aには2個，Bには3個の玉が入っている．いま，サイコロを投げて，1，2の目が出たらAの袋から1玉を取り出しBの袋に入れ，3，4，5，6の目が出たらBの袋から1玉を取り出しAの袋に入れるという試行をする．この試行を繰り返し，どちらかの袋が空になったら終わるゲームを行う．

(1)　2回の試行でこのゲームが終わる確率を求めよ．

(2)　4回までの試行でこのゲームが終わる確率を求めよ．

(3)　4回目にAの玉が2個となる確率を求めよ．

（金沢大）

43

✓Check Box □□　解答は別冊 p.70

ジョーカーを除く1組52枚のトランプから2枚のカードを同時に取り出す．2枚のうち少なくとも1枚がハートであったとき，残り1枚もハートである確率を求めよ．

44

✓Check Box □□　解答は別冊 p.71

10本のくじがあり，そのうち2本が当たりくじである．このくじからA君，B君，C君がこの順で1本ずつ引く．このとき，C君が当たる確率は□であり，また，3人のうち少なくとも1人が当たる確率は□である．ただし，引いたくじはもとに戻さない．

（愛知工業大）

45

✓Check Box □□　解答は別冊 p.73

1から3の番号が1つずつ書かれた3種類のカードが，書かれた番号と同じ枚数だけ箱に入っている．この箱からカードを引きその番号を得点とする．

(1)　カードを1枚引くときの得点の期待値を求めよ．

(2)　カードを2枚同時に引くときの得点の合計の期待値を求めよ．

（岡山理科大）

第７章　整数の性質

46

✓Check Box □□　解答は別冊 p.75

3 桁の自然数 a について，百の位の数を a_1，十の位の数を a_2，一の位の数を a_3 とする．$a_1+a_2+a_3$ と a は 9 で割った余りが等しいことを示せ．

47

✓Check Box □□　解答は別冊 p.76

792 を素因数分解せよ．また，792 の正の約数の個数とその総和を求めよ．

（法政大）

48

✓Check Box □□　解答は別冊 p.77

(1)　180 と 1350 の最大公約数と最小公倍数を求めよ．

(2)　最大公約数が 28，最小公倍数が 2016 である 2 つの自然数 a，b $(a<b)$ の組 $(a,\ b)$ をすべて求めると □ である．

（神戸薬科大）

49

Check Box

解答は別冊 p.78

n を整数とする．次の問いに答えよ．

(1) n, $n-1$, $5n-1$ のいずれかは 3 の倍数であることを示せ．

(2) $n(n-1)(5n-1)$ は 6 の倍数であることを示せ．

（北星学園大）

50

Check Box

解答は別冊 p.79

a, b, c は 5 で割ると余りがそれぞれ 1, 2, 3 となる自然数とする．$a+2b+3c$ を 5 で割ると余りは $\boxed{}$ で，ab^2c^3 を 5 で割ると余りは $\boxed{}$ である．

12707 と 12319 の最大公約数を求めると $\boxed{}$ である．

（神戸薬科大）

52

Check Box 解答は別冊 p.81

(1)　$23x-9y=1$ を満たす整数 x，y の組を 1 つ求めよ．

(2)　$23x-9y=7$ を満たす整数 x，y の組をすべて求めよ．

次の問いに答えよ．

(1)　$3nm-6n=5m-5$ となる正の整数の組 $(m,\ n)$ を求めよ．

(2)　$\sqrt{n^2+60}$ が自然数となるような最大の自然数 n は $n=\boxed{}$ である．

（愛知工業大）

$3421_{(5)}$ を p 進法で表すと $1qr3_{(p)}$ となるという．p，q，r を求めよ．ただし，p，q，r はすべて 9 以下の自然数とする．

第8章 図形の性質

55

Check Box

解答は別冊 p.87

(1) 図1で，点Oは三角形ABCの外心である．
$\angle AOC=46^\circ$ のとき，$\angle OAB=$□° である．

(2) 図2で，点Hは三角形ABCの垂心である．
このとき，$\alpha=$□°，$\beta=$□° である．

(3) 図3で，点Iは三角形ABCの内心である．
このとき，$\gamma=$□° である．

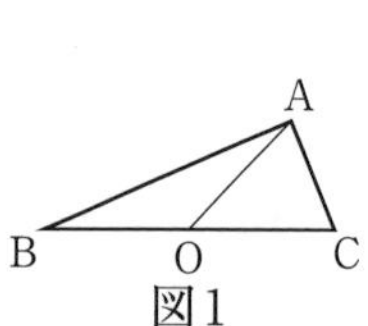

図1

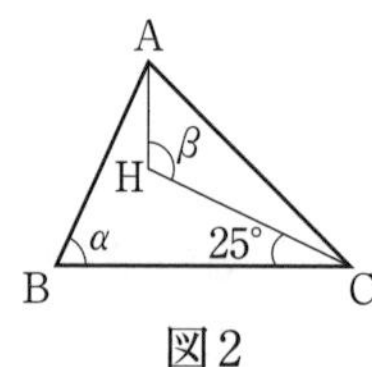

図2

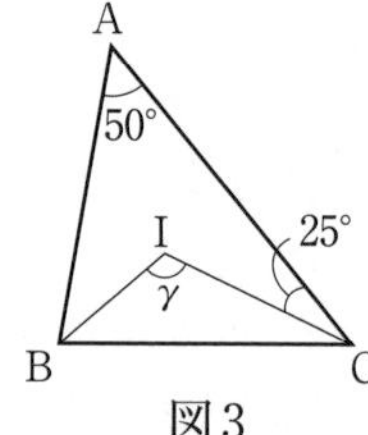

図3

56

Check Box

解答は別冊 p.89

$AB=5$, $BC=7$, $CA=3$ の△ABCにおいて，∠Aの2等分線がBCと交わる点をD，△ABCの外接円と交わる点をEとするとき，

(1) BD：DC を求めよ．

(2) AD・DE を求めよ．

57

✓Check Box

解答は別冊 p.91

三角形 ABC の辺 BC を 4：3 に内分する点をTとし，点Tを接点として辺 BC に接する円が点Aで辺 AC とも接しているとする．AB=10，AC=6，∠BAC=120°，円と辺 AB とのAでない交点をDとして，次の問いに答えよ．

(1) BC の長さを求めよ．

(2) AD の長さを求めよ．

(3) この円の半径を求めよ．

（関東学院大・改）

△ABC において，辺 AB を 4：3 に内分する点を D，辺 AC を 3：1 に内分する点をEとする．また，線分 BE と線分 CD の交点をFとし，直線 AF と辺 BC の交点をGとする．

(1) 長さの比 BF：FE を求めよ．

(2) 長さの比 BG：GC を求めよ．

(3) 面積の比 △EFC：△ABCを求めよ．

第9章　式と証明

59　✓Check Box　解答は別冊 p.95

(1)　$(3x-2y)^5$ の展開式で，x^2y^3 の項の係数は $\boxed{}$ である．

(2)　$\left(x^3-\dfrac{1}{x^2}\right)^{10}$ を展開したとき，x^5 の係数は $\boxed{}$ である．また，x^{-5} の係数は $\boxed{}$ である．

（北海道科学大）

(3)　$(x-2y+3z)^7$ を展開したとき，x^5yz の係数は $\boxed{}$ である．

（神戸薬科大）

60　✓Check Box　解答は別冊 p.97

(1)　等式 $\dfrac{x+5}{x^2+x-2}=\dfrac{a}{x-1}+\dfrac{b}{x+2}$ が x についての恒等式であるとき，$a=\boxed{}$，$b=\boxed{}$ である．

（千葉工業大）

(2)　$3x^2=a(x-1)^2+b(x+2)(x-1)+c(x+2)$ が x についての恒等式となるように，定数 a，b，c を定めると，$a=\boxed{}$，$b=\boxed{}$，$c=\boxed{}$ である．

（芝浦工業大・改）

(3)　$x^3-2x^2+7x-1=(x-1)^3+a(x-1)^2+b(x-1)+c$ が x についての恒等式であるとき，定数 a，b，c の値を求めよ．

61　✓Check Box　解答は別冊 p.98

多項式 $f(x)=x^3+ax^2+bx+6$ が $g(x)=x^2+x-1$ で割り切れるとき，$a=\boxed{}$，$b=\boxed{}$ である．

（北海道科学大）

62　✓Check Box　解答は別冊 p.99

整式 $P(x)$ を $(x-2)(x-3)$ で割ると余りは $4x$ であり，$(x-3)(x-1)$ で割ると余りは $3x+3$ である．このとき，$P(x)$ を $(x-1)(x-2)$ で割ると余りは $\boxed{}x+\boxed{}$ である．

63

✓Check Box □□　解答は別冊 p.100

$P(x)=x^3-13x^2+ax-60$ が $x-2$ で割り切れるような a の値は □ である．このとき，$P(x)$ を因数分解すると，$P(x)=$ □ である．

64

✓Check Box □□　解答は別冊 p.101

(1)　$a+b=c$ であるとき，$a^3+b^3+3abc=c^3$ が成り立つことを示せ．

（東北大）

(2)　$\dfrac{x}{3}=\dfrac{y}{7}$ $(\neq 0)$ のとき，等式 $\dfrac{7x^2+9xy}{3y^2+5xy}=1$ を証明せよ．

（島根大）

65

✓Check Box □□　解答は別冊 p.102

次の問いに答えよ．

(1)　$a>0$，$b>0$ のとき，$\dfrac{a+b}{2}\geqq\sqrt{ab}$ を証明せよ．

(2)　$a>b$，$c>d$ のとき，$ac+bd>ad+bc$ を証明せよ．

(3)　$a>0$，$b>0$ のとき，$\sqrt{a}+\sqrt{b}>\sqrt{a+b}$ を証明せよ．

(4)　x，y，z を実数とするとき，$x^2+y^2+z^2-xy-yz-zx\geqq 0$ を証明せよ．

66

✓Check Box □□　解答は別冊 p.104

(1)　$a>0$，$b>0$ であるとき，$\left(a+\dfrac{2}{b}\right)\left(b+\dfrac{8}{a}\right)$ の最小値は □ である．

（大阪経済大）

(2)　$x>2$ のとき，$\dfrac{x^2+26x-55}{x-2}$ の最小値は □ である．

（東北工業大）

67

✓Check Box □□　解答は別冊 p.106

(1)　実数 x, y が $(2-i)x-(1-2i)y=2+5i$ を満たすとき，x, y の値を求めよ．ただし，i は虚数単位である．

（湘南工科大）

(2)　2乗して $7+24i$ となる複素数は，$\pm(\square+\square i)$ である．

（西南学院大）

68

✓Check Box □□　解答は別冊 p.107

2次方程式 $x^2-5x+2=0$ の2つの解を α, β とする．このとき，$\alpha^2+\beta^2=\square$ である．また，$\dfrac{\beta}{\alpha}$ と $\dfrac{\alpha}{\beta}$ を解とする2次方程式は $2x^2-\square x+\square=0$ である．

（大阪電気通信大）

69

✓Check Box □□　解答は別冊 p.108

$x=1-\sqrt{5}$ のとき，$x^2-2x-\square=0$ となり，これから $x^4-4x^2-14x+3=\square$ となる．

（玉川大）

70

✓Check Box □□　解答は別冊 p.109

3次方程式 $x^3+px^2+x+q=0$ の解の1つが $1-2i$ のとき，実数 p, q の値は $p=\square$, $q=\square$ である．また，他の解は $x=\square$, $\square$ である．ただし，i は虚数単位とする．

第10章　指数・対数関数

71

✓Check Box □□　解答は別冊 p.111

(1)　$\sqrt[3]{3^2}\times\sqrt[4]{3}\div\sqrt[6]{3\sqrt{3}}=3^k$ とすると，$k=$□ である．

（大阪工業大）

(2)　$\dfrac{5}{3}\sqrt[6]{9}+\sqrt[3]{-81}+\sqrt[3]{\dfrac{1}{9}}$ を簡単にせよ．

（中央大）

(3)　$a^{2x}=3$ のとき，次の式の値を求めよ．

(i)　$(a^x+a^{-x})^2$　　(ii)　$\dfrac{a^{3x}+a^{-3x}}{a^x+a^{-x}}$

72

✓Check Box □□　解答は別冊 p.113

次の計算をせよ．

(1)　$4\log_3\sqrt{10}+\log_{\frac{1}{3}}25+\log_3\dfrac{9}{4}$

（早稲田大）

(2)　$\left(\log_4\dfrac{1}{9}\right)(\log_9 25)\left(\log_5\dfrac{1}{8}\right)$

（法政大）

(3)　$2^{\log_4 25}$

(4)　$xy\neq 0$ で $3^x=5^y=15^5$ のとき，$\dfrac{1}{x}+\dfrac{1}{y}$ の値

（日本工業大）

73

✓Check Box □□　解答は別冊 p.115

関数 $y=f(x)$ のグラフを x 軸方向に -2 だけ，y 軸方向に 5 だけ平行移動したグラフは，関数 $y=3^x$ のグラフと直線 $y=x$ に関して対称である．このとき，もとの関数は $y=\log_{\square}(x-\square)-\square$ である．

（金沢工業大）

74

✓Check Box □□

解答は別冊 p.117

次の方程式を解け.

(1) $(2^{x-2})^{x+1}=8^{x+10}$

(大阪電通大)

(2) $\log_4(4x-7)+\log_2 x=1+3\log_4(x-1)$

(琉球大)

(3) $25^x-50\cdot 5^{x-2}+1=0$

(自治医科大)

(4) $\log_2 x^2-\log_x 4+3=0$

(5) $x^{\log_5 x}=25x$

75

✓Check Box □□

解答は別冊 p.119

次の不等式を解け.

(1) $3^{2x}\leqq\dfrac{9}{27^x}$

(千葉工業大)

(2) $\log_{\frac{1}{3}}(x-1)+\log_3(x+1)>3$

(宮崎大)

(3) $9^x-3^{x+2}+18\leqq 0$

(芝浦工業大)

(4) $2\log_a x+9\log_x a\geqq 9\ (0<a<1)$

(山形大)

76 ✓Check Box

解答は別冊 p.121

次の問いに答えよ．

(1) 関数 $y=4^x-2^{x+2}+1$ の $-1 \leqq x \leqq 3$ における最大値と最小値を求めよ．

（愛媛大）

(2) 2 次関数 $f(x)=x^2+2x+9$ の最小値は $\boxed{}$ である．したがって，関数 $g(x)=\log_2(x^2+2x+9)$ の最小値は $\boxed{}$ である．

（北海道科学大）

✓Check Box

解答は別冊 p.122

正の数 x，y は $xy=8$ を満たす．z を次のように定義する．

$$z=(\log_2 x)(\log_2 y)+\log_2 x^3-\log_2 y^2$$

このとき，次の各問いに答えなさい．

(1) $\log_2 x+\log_2 y$ の値を求めなさい．

(2) $\log_2 x=t$ とおくとき，z を t を用いて表しなさい．z の最大値を求めなさい．また，そのときの x，y の値を求めなさい．

78

Check Box □□

解答は別冊 p.123

関数 $f(x)=4^x+4^{-x}-2^{3+x}-2^{3-x}+16$ について，次の問いに答えよ．

(1) $t=2^x+2^{-x}$ とおくとき，$f(x)$ を t で表せ．

(2) t の範囲を求めよ．

(3) $f(x)$ の最小値と，最小値を与える x の値を求めよ．

（中部大・改）

79

Check Box □□

解答は別冊 p.124

$\log_{10}2=0.3010$，$\log_{10}3=0.4771$ とする．このとき，5^{30} は □ 桁の整数である．また，0.06^{30} は小数第 □ 位に初めて 0 でない数字が現れる．

（名城大）

第11章　三角関数

80

Check Box □□　解答は別冊 p.126

次の問いに答えよ．

(1) $\dfrac{\sqrt{3}}{2}$ と $\sin 1$ の大小を比較せよ．

(2) $\sin 2$ と $\sin 3$ の大小を比較せよ．

(3) $\sin 1$, $\sin 2$, $\sin 3$, $\sin 4$ を小さいものから順に並べよ．

81

Check Box □□　解答は別冊 p.128

$0 \leqq \theta \leqq 2\pi$ のとき，次の方程式・不等式を解け．

(1) $\sqrt{2}\sin\theta = -1$

(2) $2\sin\left(2\theta + \dfrac{\pi}{3}\right) = 1$

(3) $\cos 2\theta \leqq \dfrac{1}{2}$

(4) $\tan\theta > -\sqrt{3}$

82

Check Box □□　解答は別冊 p.130

右の図は三角関数 $y = 3\sin(ax + b)$ のグラフの一部である．a, b および図の中の目盛り A, B, C の値を求めよ．

ただし，$a > 0$, $0 < b < 2\pi$ とする．

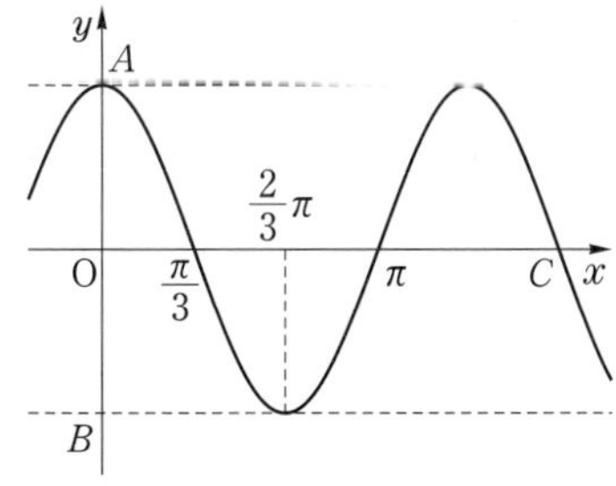

83

✔Check Box □□　解答は別冊 p.132

(1)　$\sqrt{2}\cos x=\tan x\left(-\frac{\pi}{2}<x<\frac{\pi}{2}\right)$ を満たす x の値は $\frac{\pi}{\square}$ である．

(2)　$\tan(\pi+\theta)\sin\left(\frac{\pi}{2}+\theta\right)-\cos(\pi+\theta)\tan(\pi-\theta)=\square$

84

✔Check Box □□　解答は別冊 p.134

(1)　α は鋭角，β は鈍角とする．

$\sin\alpha=\frac{3}{5}$，$\sin\beta=\frac{4}{5}$ のとき，$\sin(\alpha+\beta)$，$\cos(\alpha+\beta)$ の値を求めよ．

(2)　$\tan\alpha$，$\tan\beta$ が方程式 $x^2-4x+2=0$ の 2 つの解であるとき，$\tan(\alpha+\beta)$ の値を求めよ．

85

✔Check Box □□　解答は別冊 p.136

次の 2 直線のなす角 θ を求めよ．ただし，$0\leqq\theta\leqq\frac{\pi}{2}$ とする．

$$y=\frac{\sqrt{3}}{2}x-10,\quad y=-3\sqrt{3}x+2$$

（福島大）

86

✔Check Box □□　解答は別冊 p.137

(1)　θ が鋭角で，$\cos 2\theta=\frac{5}{13}$ のとき，$\cos\theta=\square$．

(2)　$\tan\theta=2$ のとき，$\tan 2\theta=\square$，$\cos 2\theta=\square$．

(3)　$0<x<\pi$ のとき，$\cos 2x=\cos x$ の解を求めよ．

87

Check Box

解答は別冊 p.139

$F=\sin\left(\theta+\dfrac{\pi}{6}\right)+\cos\theta$ は

$$F=\frac{\sqrt{\square}}{\square}\sin\theta+\frac{\square}{\square}\cos\theta=\sqrt{\square}\sin\left(\theta+\frac{\pi}{\square}\right)$$

と変形できる．$0\leqq\theta<2\pi$ のとき，$F\leqq-\dfrac{\sqrt{6}}{2}$ を満たす θ の値の範囲は

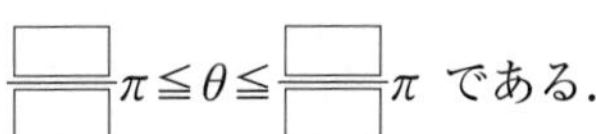

$\dfrac{\square}{\square}\pi\leqq\theta\leqq\dfrac{\square}{\square}\pi$ である．

（千葉工業大・改）

88

Check Box

解答は別冊 p.141

(1) $f(x)=2\cos^2x-\sin x-1$ $(0\leqq x\leqq 2\pi)$ の最大値は $\square$，最小値は $\square$ である．

(2) θ が $0\leqq\theta\leqq\pi$ の範囲を動くとき，$t=\sqrt{3}\sin\theta+\cos\theta$ のとり得る値の範囲は $\square$ であり，また，$K=2\sin^2\theta+2\sqrt{3}\sin\theta\cos\theta+2\sqrt{3}\sin\theta+2\cos\theta-5$ のとり得る値の範囲は $\square$ である．

89

Check Box

解答は別冊 p.143

関数 $f(\theta)=2\sin^2\theta-2\sqrt{3}\sin\theta\cos\theta+4\cos^2\theta$ $(0\leqq\theta\leqq\pi)$ とするとき，$f(\theta)$ の最大値，最小値を求め，そのときの θ の値を求めよ．

第12章 図形と方程式

90

✓Check Box □□ 解答は別冊 p.144

平面上の線分 AB を 3：2 に内分する点の座標が (1, 3), 3：2 に外分する点の座標が (5, 7) であるとき，点Aの座標は □，点Bの座標は □ である．

また，△OAB の重心は □ である．

（名城大・改）

91

✓Check Box □□ 解答は別冊 p.146

(1) 点 (2, 3) を通り，直線 $2x-3y=7$ に平行な直線，および垂直な直線の方程式を求めよ．

(2) 点 A, B, C の座標をそれぞれ (2, 0), (0, 2), (3, 3) とする．△ABC の重心と点Aを通る直線の方程式は □ である．

（埼玉工業大・改）

(3) 3 直線 $x+y=5$, $2x-y=1$, $ax+y=0$ が三角形をつくらないように定数 a の値を定めよ．

92

✓Check Box □□ 解答は別冊 p.148

3 点 A(−1, 5), B(−3, 2), C(3, −1) を頂点とする三角形がある．

(1) 点Aと直線 BC との距離を求めよ．

(2) △ABC の面積を求めよ．

93

✓Check Box □□ 解答は別冊 p.150

直線 l：$y=\frac{1}{2}x+1$ と 2 点 A(1, 4), B(5, 6) がある．次の問いに答えよ．

(1) 直線 l に関して，点Aと対称な点Cの座標を求めよ．

(2) 直線 l の点Pで，AP+PB を最小にするものの座標を求めよ．

（富山大）

94 ✓Check Box 解答は別冊 p.152

(1)　3 点 $(0,\ -3)$，$(8,\ -1)$，$(9,\ 0)$ を通る円の方程式は

$$x^2+y^2-\square x-\square y-\square=0$$

で，この円の半径は $\square$ である．

（千葉工業大）

(2)　x 軸と y 軸に接し，かつ点 $(4,\ 2)$ を通る円は 2 つある．このうち小さい円の半径は $\square$，大きい円の半径は $\square$ である．

（北海道科学大）

95 ✓Check Box 解答は別冊 p.154

(1)　点 $(-2,\ 3)$ から円 $x^2+y^2=4$ に引いた接線をすべて求めよ．

(2)　円 $C : x^2-4x+y^2-4y-17=0$ が直線 $l : y=x+1$ から切り取る線分の長さを求めよ．

（大阪経済大・改）

(1)　平面上の 2 点 $(1,\ 6)$ および $(5,\ 3)$ から等距離にある点の軌跡を求めよ．

(2)　xy 平面内の点 $(3,\ 0)$，$(9,\ 0)$ からの距離の比が $2:1$ の点Pの軌跡は閉じた曲線になる．この軌跡上の 2 点間の距離の最大値を求めよ．

（自治医科大）

97

✓Check Box □□ 解答は別冊 p.158

(1) a が正の範囲を動くとき，直線 $y=x-1$ に接する放物線 $y=x^2+ax+b$ の頂点の軌跡を求めよ．

(2) 点Pが円 $x^2+(y-1)^2=9$ の周上を動くとき，点A(6, 0)と点Pを結ぶ線分APを2：1に外分する点Qの軌跡を求めると □ となる．

98

✓Check Box □□ 解答は別冊 p.160

不等式 $(x-y+1)(x^2+y^2-9)<0$ を満たす領域を図示せよ．

99

✓Check Box □□ 解答は別冊 p.162

実数 x, y が $x\geqq 0$, $y\geqq 0$, $x+2y\leqq 5$ かつ $2x+y\leqq 6$ を満たすとき，

(1) $x+y$ のとり得る値の範囲を求めよ．

(2) $\dfrac{y+1}{x+1}$ のとり得る値の範囲を求めよ．

(3) $(x+1)^2+(y-1)^2$ のとり得る値の範囲を求めよ．

第13章 微分・積分

100

✓Check Box □□

解答は別冊 p.164

極限 $\lim_{x \to 1} \dfrac{x^2+ax+a-2}{x-1}$ が有限値に確定するための必要条件は $a=$ □ であり，このときの極限値は □ となる．

（北見工業大）

101

✓Check Box □□

解答は別冊 p.165

曲線 $C : y=x^3+3x^2-6x$ について，次の問いに答えよ．

(1) C 上の点 $(1,\ -2)$ における接線 l の方程式を求めよ．

(2) C の接線で点 $(1,\ -10)$ を通るものをすべて求めよ．

102

✓Check Box □□

解答は別冊 p.167

2 曲線 $y=x^2$, $y=x^3+ax^2+bx$ が点 $(-1,\ 1)$ を共有点にもち，かつ，この点で接線 $y=mx+n$ を共有するとき，a, b, m, n を求めよ．

103

✓Check Box □□

解答は別冊 p.168

3 次関数 $f(x)=ax^3+bx^2+cx+15$ がある．この関数は $f'(0)=-12$ であり，$x=-2$, $x=1$ で極値をとることがわかっている．

(1) このとき，$a=$ □，$b=$ □，$c=$ □ である．

(2) また，極大値は □，極小値は □ である．

（東北工業大）

104

✓Check Box □□ 解答は別冊 p.170

関数 $y=x^3+2kx^2-8kx+6$ が極値をもたないような k の範囲を求めよ.

(東京電機大)

105

✓Check Box □□ 解答は別冊 p.172

点 A(2, a) を通って，曲線 $y=x^3$ に 3 本の接線が引けるような a の値の範囲を求めよ.

106

✓Check Box □□ 解答は別冊 p.174

(1) 定積分 $\int_{-1}^{2}(x^3+2)\,dx$ を求めよ.

(東京電機大)

(2) 定積分 $\int_{1}^{2}(x-1)^2\,dx$ を求めよ.

(3) 定積分 $\int_{1}^{2}(x-1)(x-2)\,dx$ を求めよ.

107

✓Check Box □□ 解答は別冊 p.176

(1) 定積分 $\int_{0}^{1}x|2x-1|\,dx$ を求めよ.

(2) 定積分 $\int_{-2}^{2}(x+|x^2-1|)\,dx$ の値は □ である.

(神奈川大)

108

✓Check Box □□　解答は別冊 p.178

(1)　$f(x)=1+x\int_0^1 tf(t)\,dt$ とすると，$f(x)=$□ である．

（神奈川大）

(2)　関数 $f(x)$ と定数 k が等式 $\int_3^x f(t)\,dt=2x^2-4x+k$ を満たすとき，

$f(x)=$□ で，$k=$□ である．

（神奈川大）

109

✓Check Box □□　解答は別冊 p.180

放物線 $C：y=-x^2+2x$ と直線 $l：y=x$ がある．C と x 軸によって囲まれる部分の面積は□であり，C と l によって囲まれる部分の面積は□である．

（名城大）

110

✓Check Box □□　解答は別冊 p.182

放物線 $C：y=2-\frac{1}{4}x^2$ について，次の各問いに答えよ．

(1)　C 上の点 $(4,\ -2)$ における接線 l の方程式を求めよ．

(2)　l に垂直な C の接線 m の方程式を求めよ．

(3)　l と m，および C で囲まれた部分の面積を求めよ．

（大阪電気通信大）

第14章 数列

111

✓Check Box □□ 解答は別冊 p.184

第 10 項が 2，第 15 項が 17 の等差数列の第 n 項 a_n は $a_n=\boxed{}n-\boxed{}$ であり，初項から第 n 項までの和の最小値は $\boxed{}$ である．

（東京薬科大）

112

✓Check Box □□ 解答は別冊 p.186

初項 a，公比 r の等比数列の初項から第 n 項までの和を S_n とする．$S_6=21$，$S_9=37$ となるとき，S_3 を求めよ．

113

✓Check Box □□ 解答は別冊 p.188

数列 1，a，b，c はこの順に等差数列であり，数列 a，b，1，c はこの順に等比数列であるとする．このとき，$c=1$ であることを示せ．

（愛媛大）

114

✓Check Box □□ 解答は別冊 p.189

等差数列 $\{a_n\}$ において，$a_5=92$，$a_{13}=76$ であるならば，この数列の初項は $\boxed{}$ であり，公差は $\boxed{}$ である．したがって，

$$\sum_{k=1}^{50}a_k=\boxed{},\quad \sum_{k=26}^{75}a_k=\boxed{},\quad \sum_{k=1}^{10}(a_k-104)^2=\boxed{}$$

（東海大）

115

✓Check Box □□ 解答は別冊 p.192

数列 $\{a_n\}$ を初項が 4，公差が 6 の等差数列とするとき，

(1) $A_n=a_1+a_2+\cdots+a_n$ を求めよ．

(2) $B_n=a_1+2a_2+\cdots+na_n$ を求めよ．

(3) $C_n=n\cdot a_1+(n-1)\cdot a_2+\cdots+1\cdot a_n$ を求めよ．

（群馬大）

116

✓Check Box □□ 解答は別冊 p.193

自然数 n に対して，$a_n=1\cdot 3^n+2\cdot 3^{n-1}+3\cdot 3^{n-2}+\cdots+n\cdot 3$ とするとき，右辺の和をまとめると，$a_n=$□ である．

117

✓Check Box □□ 解答は別冊 p.194

数列 $\{a_n\}$，$\{b_n\}$，$\{c_n\}$ を

$$a_n=\frac{1}{n(n+2)},\quad b_n=\frac{1}{\sqrt{n+1}+\sqrt{n}},\quad c_n=\log_2\frac{n+1}{n}$$

とするとき，これらの数列の初項から第 n 項までの和を求めると

(1) $\displaystyle\sum_{k=1}^{n}a_k=$□，(2) $\displaystyle\sum_{k=1}^{n}b_k=$□，(3) $\displaystyle\sum_{k=1}^{n}c_k=$□

となる．

118

✓Check Box □□ 解答は別冊 p.196

$\{a_n\}$ を $a_1=1$，$a_4=15$ であるような数列とし，$b_n=a_{n+1}-a_n$ とおくと，数列 $\{b_n\}$ は初項が 2，公比が正の数である等比数列をなすものとする．このとき，$\{b_n\}$ の公比は□で，$\{a_n\}$ の一般項は□である．

（昭和薬科大）

119

✓Check Box ☐☐　解答は別冊 p.197

(1)　初項から第 n 項までの和 S_n が $S_n=n^3-n$ で表される数列 $\{a_n\}$ の一般項 a_n は $a_n=$☐ である.

(2)　$\displaystyle\sum_{k=1}^{n}\frac{b_k}{k}=n^2+1$ を満たす数列 $\{b_n\}$ の一般項を求めよ.

120

✓Check Box ☐☐　解答は別冊 p.198

分数を次のように並べた数列を考える.

$$\frac{1}{2},\ \frac{2}{3},\ \frac{1}{3},\ \frac{3}{4},\ \frac{2}{4},\ \frac{1}{4},\ \frac{4}{5},\ \frac{3}{5},\ \frac{2}{5},\ \frac{1}{5},\ \frac{5}{6},\ \cdots$$

次の問いに答えよ.

(1)　$\dfrac{18}{25}$ は初めから数えて第何項目にあるか.

(2)　初めから数えて第 666 項目にある分数は何か.

(3)　初項から第 666 項目までの和を求めよ.

(岩手大)

121

✓Check Box ☐☐　解答は別冊 p.200

$a_1=2,\ a_{n+1}=\dfrac{a_n-1}{a_n+1}$　$(n=1,\ 2,\ \cdots)$ によって定められる数列 $\{a_n\}$ について, $a_5,\ a_{100}$ を求めよ.

122

✓Check Box ☐☐　解答は別冊 p.201

次の漸化式を満たす数列 $\{a_n\}$ の一般項を求めよ.

(1)　$a_1=-18,\ a_{n+1}=a_n+4$　$(n=1,\ 2,\ 3,\ \cdots)$

(九州産業大)

(2)　$a_1=1,\ a_{n+1}=2a_n$　$(n=1,\ 2,\ 3,\ \cdots)$

(3)　$a_1=3,\ a_{n+1}=a_n+6n+1$　$(n=1,\ 2,\ 3,\ \cdots)$

(昭和薬科大)

123

Check Box □□　解答は別冊 p.203

$a_1=1,\ a_{n+1}=\dfrac{1}{3}a_n+\dfrac{4}{3}$　($n=1,\ 2,\ 3,\ \cdots$) によって定義される数列 $\{a_n\}$ の一般項を求めよ．

(甲南大)

124

Check Box □□　解答は別冊 p.204

$a_1=1,\ a_{n+1}=\left(1-\dfrac{1}{n+1}\right)(3a_n-2)+2$　($n=1,\ 2,\ 3,\ \cdots$) で定まる数列 $\{a_n\}$ について，次の問いに答えよ．

(1) 数列 $\{b_n\}$ を $b_n=na_n$　($n=1,\ 2,\ \cdots$) で定めるとき，b_n と b_{n+1} の関係式を求めよ．

(2) 数列 $\{a_n\}$ の一般項を求めよ．

(東北学院大)

125

Check Box □□　解答は別冊 p.205

数列 $\{a_n\}$ の初項から第 n 項までの和を S_n とする．

$$S_n=1-a_n+\frac{1}{2^{n-1}}\quad (n=1,\ 2,\ 3,\ \cdots)$$

が成り立つとき，次の問いに答えよ．

(1) a_{n+1} と a_n の関係式を求めよ．

(2) 一般項 a_n を求めよ．

126

Check Box □□　解答は別冊 p.207

数列 $\{a_n\}$ を $a_1=1,\ a_{n+1}=\dfrac{a_n}{1+3a_n}$　($n=1,\ 2,\ 3,\ \cdots$) により定める．

次の問いに答えよ．

(1) $a_2,\ a_3,\ a_4$ を求めよ．

(2) 一般項 a_n を推測し，その推測が正しいことを数学的帰納法を用いて表せ．

(富山県立大)

第15章 統計的な推測

127

✓Check Box 解答は別冊 p.209

赤球 6 個と白球 4 個が入っている袋から，4 個の球を同時に取り出すとき，その中の白玉の個数を X とする．

(1) X の確率分布を求めよ．

(2) X の平均値と標準偏差を求めよ．

(弘前大)

128

✓Check Box 解答は別冊 p.212

ある工場に 3 つの食堂があり，毎日昼食時に，これらの食堂を同時に利用して食事をする従業員が 200 人いるものとする．各人は独立に等しい確率で 1 つの食堂を選ぶものとし，1 つの食堂に入る人数を X で表すとき，確率変数 X の確率分布 $P(X=r)$ $(r=0,\ 1,\ 2,\ \cdots,\ 200)$ を求めよ．また，その期待値 $E(X)$ および標準偏差 $\sigma(X)$ の値を求めよ．

(静岡大)

129 ✓Check Box □□ 解答は別冊 p.214

「次の5つの文章のうち正しいもの2つに○をつけよ．」という問題がある．今解答者1600人が各人考えることなくでたらめに2つの文章を選んで○をつけたとする．

(1) 1600人中2つとも正しく○をつけたものが130人以上175人以下となる確率を式で表せ．

(2) 次のページの正規分布表を用いて，(1)の確率を四捨五入によって小数第2位まで求めよ．

(広島大)

正 規 分 布 表

次の表は，標準正規分布の分布曲線における右の図の網掛け部分の面積の値をまとめたものである。

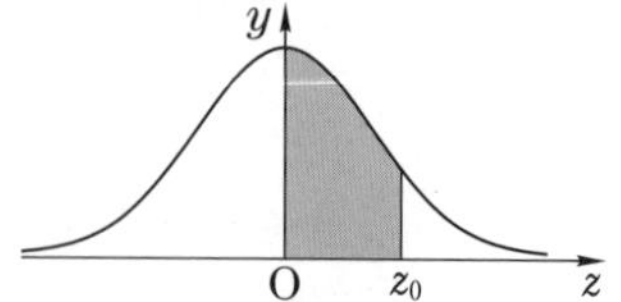

z_0	0.00	0.01	0.02	0.03	0.04	0.05	0.06	0.07	0.08	0.09
0.0	0.0000	0.0040	0.0080	0.0120	0.0160	0.0199	0.0239	0.0279	0.0319	0.0359
0.1	0.0398	0.0438	0.0478	0.0517	0.0557	0.0596	0.0636	0.0675	0.0714	0.0753
0.2	0.0793	0.0832	0.0871	0.0910	0.0948	0.0987	0.1026	0.1064	0.1103	0.1141
0.3	0.1179	0.1217	0.1255	0.1293	0.1331	0.1368	0.1406	0.1443	0.1480	0.1517
0.4	0.1554	0.1591	0.1628	0.1664	0.1700	0.1736	0.1772	0.1808	0.1844	0.1879
0.5	0.1915	0.1950	0.1985	0.2019	0.2054	0.2088	0.2123	0.2157	0.2190	0.2224
0.6	0.2257	0.2291	0.2324	0.2357	0.2389	0.2422	0.2454	0.2486	0.2517	0.2549
0.7	0.2580	0.2611	0.2642	0.2673	0.2704	0.2734	0.2764	0.2794	0.2823	0.2852
0.8	0.2881	0.2910	0.2939	0.2967	0.2995	0.3023	0.3051	0.3078	0.3106	0.3133
0.9	0.3159	0.3186	0.3212	0.3238	0.3264	0.3289	0.3315	0.3340	0.3365	0.3389
1.0	0.3413	0.3438	0.3461	0.3485	0.3508	0.3531	0.3554	0.3577	0.3599	0.3621
1.1	0.3643	0.3665	0.3686	0.3708	0.3729	0.3749	0.3770	0.3790	0.3810	0.3830
1.2	0.3849	0.3869	0.3888	0.3907	0.3925	0.3944	0.3962	0.3980	0.3997	0.4015
1.3	0.4032	0.4049	0.4066	0.4082	0.4099	0.4115	0.4131	0.4147	0.4162	0.4177
1.4	0.4192	0.4207	0.4222	0.4236	0.4251	0.4265	0.4279	0.4292	0.4306	0.4319
1.5	0.4332	0.4345	0.4357	0.4370	0.4382	0.4394	0.4406	0.4418	0.4429	0.4441
1.6	0.4452	0.4463	0.4474	0.4484	0.4495	0.4505	0.4515	0.4525	0.4535	0.4545
1.7	0.4554	0.4564	0.4573	0.4582	0.4591	0.4599	0.4608	0.4616	0.4625	0.4633
1.8	0.4641	0.4649	0.4656	0.4664	0.4671	0.4678	0.4686	0.4693	0.4699	0.4706
1.9	0.4713	0.4719	0.4726	0.4732	0.4738	0.4744	0.4750	0.4756	0.4761	0.4767
2.0	0.4772	0.4778	0.4783	0.4788	0.4793	0.4798	0.4803	0.4808	0.4812	0.4817
2.1	0.4821	0.4826	0.4830	0.4834	0.4838	0.4842	0.4846	0.4850	0.4854	0.4857
2.2	0.4861	0.4864	0.4868	0.4871	0.4875	0.4878	0.4881	0.4884	0.4887	0.4890
2.3	0.4893	0.4896	0.4898	0.4901	0.4904	0.4906	0.4909	0.4911	0.4913	0.4916
2.4	0.4918	0.4920	0.4922	0.4925	0.4927	0.4929	0.4931	0.4932	0.4934	0.4936
2.5	0.4938	0.4940	0.4941	0.4943	0.4945	0.4946	0.4948	0.4949	0.4951	0.4952
2.6	0.4953	0.4955	0.4956	0.4957	0.4959	0.4960	0.4961	0.4962	0.4963	0.4964
2.7	0.4965	0.4966	0.4967	0.4968	0.4969	0.4970	0.4971	0.4972	0.4973	0.4974
2.8	0.4974	0.4975	0.4976	0.4977	0.4977	0.4978	0.4979	0.4979	0.4980	0.4981
2.9	0.4981	0.4982	0.4982	0.4983	0.4984	0.4984	0.4985	0.4985	0.4986	0.4986
3.0	0.4987	0.4987	0.4987	0.4988	0.4988	0.4989	0.4989	0.4989	0.4990	0.4990

第16章 ベクトル

130

Check Box □□

解答は別冊 p.219

正六角形 ABCDEF において，$\overrightarrow{AB}=\vec{a}$，$\overrightarrow{AF}=\vec{b}$ とし，CD の中点を P，AD を 5：1 に内分する点をQとする．

(1) $\overrightarrow{AP}$，$\overrightarrow{AQ}$ を $\vec{a}$，$\vec{b}$ を用いて表せ．

(2) 3 点 P，Q，E は一直線上にあることを示せ．

131

Check Box □□

解答は別冊 p.220

AB=4, BC=3, AC=2 の三角形 ABC について，∠A の 2 等分線が辺 BC と交わる点を D，∠B の 2 等分線が線分 AD と交わる点を I とするとき，

(1) ベクトル $\overrightarrow{AD}$ を $\overrightarrow{AB}$，$\overrightarrow{AC}$ で表せ．

(2) ベクトル $\overrightarrow{AI}$ を $\overrightarrow{AB}$，$\overrightarrow{AC}$ で表せ．

(3) △ABC の重心をGとするとき，$\overrightarrow{GI}$ を $\overrightarrow{AB}$，$\overrightarrow{AC}$ で表せ．

（岡山理科大・改）

132

Check Box □□

解答は別冊 p.222

△ABC の内部に点Pがあって，$7\overrightarrow{AP}+3\overrightarrow{BP}+4\overrightarrow{CP}=\vec{0}$ であるとき，△PBC，△PCA，△PAB の面積比は □：□：□ である．

133

Check Box □□

解答は別冊 p.224

(1) 三角形 ABC において，$|\overrightarrow{AB}|=3$，$|\overrightarrow{AC}|=2$，$\angle BAC=60^\circ$ であるとする．このとき，$\overrightarrow{AB}\cdot\overrightarrow{AC}$，$\overrightarrow{AB}\cdot\overrightarrow{CA}$ を求めよ．

(2) $|\vec{a}|=1$，$|\vec{b}|=\sqrt{3}$，$|\vec{a}+\vec{b}|=\sqrt{7}$ のとき，$\vec{a}\cdot\vec{b}=$ □，$|\vec{a}-\vec{b}|=$ □，$|2\vec{a}+3\vec{b}|=$ □ である．ここで，$\vec{a}\cdot\vec{b}$ は $\vec{a}$ と $\vec{b}$ の内積，$|\vec{a}|$ は $\vec{a}$ の大きさを表す．

（西日本工業大）

134

✓Check Box □□　解答は別冊 p.226

(1)　$\vec{a}=(4,\ 3)$，$\vec{b}=(x,\ -4)$ とする．このとき，$3\vec{a}+2\vec{b}$ と $2\vec{a}+\vec{b}$ が平行になるのは x の値が $\boxed{}$ のときで，垂直になるのは x の値が $\boxed{}$ のときである．

（獨協医科大）

(2)　$\vec{a}=(1,\ 2)$，$\vec{b}=(-1,\ 3)$ のとき，$\vec{a}$，$\vec{b}$ のなす角は $\boxed{}°$ である．

135

✓Check Box □□　解答は別冊 p.228

三角形 ABC の外心を O，外接円の半径を 1 とする．

$$4\overrightarrow{OA}+5\overrightarrow{OB}+6\overrightarrow{OC}=\vec{0}$$

であるとき，辺 AB の長さを求めよ．

（お茶の水女子大）

136

✓Check Box □□　解答は別冊 p.229

三角形 OAB において，OA=1，OB=4，AB=$\sqrt{21}$ とし，点Oから辺 AB に下ろした垂線の足をHとする．$\overrightarrow{OA}=\vec{a}$，$\overrightarrow{OB}=\vec{b}$ とおくとき，次の問いに答えよ．

(1)　$\vec{a}\cdot\vec{b}$ を求めよ．

(2)　$\overrightarrow{OH}$ を $\vec{a}$ と $\vec{b}$ を用いて表せ．また，AH：HB を求めよ．

(3)　$|\overrightarrow{OH}|$ を求めよ．

137

✓Check Box □□　解答は別冊 p.231

三角形 ABC において，辺 AB の中点を P，辺 AC を 1：2 に内分する点を Q とする．さらに線分 BQ と線分 CP との交点を R とする．

(1)　ベクトル $\overrightarrow{AR}$ をベクトル $\overrightarrow{AB}$，$\overrightarrow{AC}$ を用いて表せ．

(2)　直線 AR と線分 BC との交点を S とするとき，BS：SC を最も簡単な整数比で表せ．

（山梨大）

138

Check Box

解答は別冊 p.233

三角形 OAB において，辺 OA を 2:1 に内分する点を P とし，辺 OB の中点を Q とする．

(1) $\overrightarrow{\mathrm{OA}}=\vec{a}$，$\overrightarrow{\mathrm{OB}}=\vec{b}$ とおく．このとき，$\overrightarrow{\mathrm{PQ}}=\boxed{}\,\vec{a}+\boxed{}\,\vec{b}$ となる．

(2) 直線 PQ と直線 AB の交点を R とする．このとき，$\overrightarrow{\mathrm{RB}}=\boxed{}\,\vec{a}+\boxed{}\,\vec{b}$ となる．

139

Check Box

解答は別冊 p.234

1 辺の長さが 2 の正四面体 ABCD があり，$\overrightarrow{\mathrm{AB}}=\vec{b}$，$\overrightarrow{\mathrm{AC}}=\vec{c}$，$\overrightarrow{\mathrm{AD}}=\vec{d}$ とする．辺 BC の中点を M とするとき，次の問いに答えよ．

(1) $\overrightarrow{\mathrm{MA}}$，$\overrightarrow{\mathrm{MD}}$ を $\vec{b}$，$\vec{c}$，$\vec{d}$ を用いて表せ．

(2) 内積 $\overrightarrow{\mathrm{MA}}\cdot\overrightarrow{\mathrm{MD}}$ を求めよ．

(3) $\angle \mathrm{AMD}=\theta$ とするとき，$\cos\theta$ の値を求めよ．

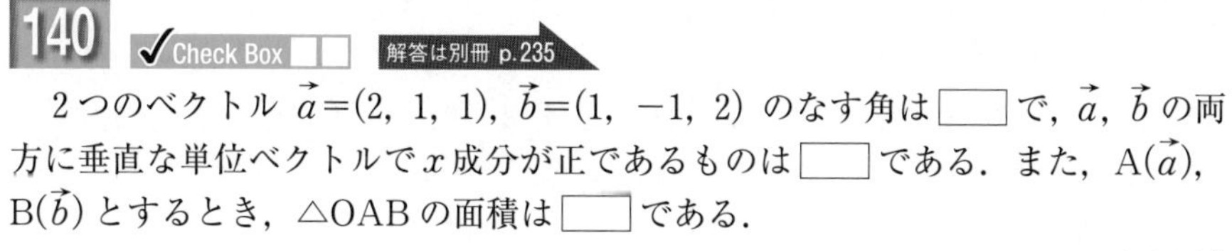

140

Check Box

解答は別冊 p.235

2 つのベクトル $\vec{a}=(2,\ 1,\ 1)$，$\vec{b}=(1,\ -1,\ 2)$ のなす角は $\boxed{}$ で，$\vec{a}$，$\vec{b}$ の両方に垂直な単位ベクトルで x 成分が正であるものは $\boxed{}$ である．また，$\mathrm{A}(\vec{a})$，$\mathrm{B}(\vec{b})$ とするとき，△OAB の面積は $\boxed{}$ である．

（玉川大）

141

✓Check Box □□ 解答は別冊 p.237

空間内に四面体OABCがあり，辺BCを1：2に内分する点をD，線分ODの中点をM，線分AMの中点をNとする．このとき，

(1) $\overrightarrow{\mathrm{OM}}=\dfrac{\square}{\square}\overrightarrow{\mathrm{OB}}+\dfrac{\square}{\square}\overrightarrow{\mathrm{OC}}$ である．

(2) 直線BNと平面OACの交点をPとするとき，$\overrightarrow{\mathrm{OP}}=\dfrac{\square}{\square}\overrightarrow{\mathrm{OA}}+\dfrac{\square}{\square}\overrightarrow{\mathrm{OC}}$ である．

（東京薬科大）

142

✓Check Box □□ 解答は別冊 p.238

四面体OABCにおいて，三角形ABCの重心をG，辺OBを3：2に内分する点をM，辺OCを1：4に内分する点をNとする．また，平面AMNと直線OGとの交点をPとする．$\overrightarrow{\mathrm{OP}}$ を $\overrightarrow{\mathrm{OA}}$，$\overrightarrow{\mathrm{OB}}$，$\overrightarrow{\mathrm{OC}}$ を用いて表せ．また，OPとOGの比を求めよ．

143

✓Check Box □□ 解答は別冊 p.240

正の数 a に対して，空間内の4点

$$\mathrm{O}(0,\ 0,\ 0),\ \mathrm{A}(0,\ 0,\ 1),\ \mathrm{P}(2\sqrt{2}a,\ 0,\ 0),\ \mathrm{Q}(\sqrt{2}a,\ \sqrt{5}a,\ 1)$$

を考える．$\angle\mathrm{OPQ}=60^\circ$ が成り立つとき，

(1) a の値を求めよ．

(2) 点Aから3点O，P，Qを通る平面に下ろした垂線の足Hの座標を求めよ．

（北海道大）

大学入試 全レベル問題集

数学 I+A+II+B +ベクトル

代々木ゼミナール講師 森谷慎司 著

1 基礎レベル

改訂版

はじめに

数学は，単に公式や解法を覚え，それを当てはめる練習を重ねればできるようになるものではありません。もちろん，演習を重ねることは大切ですが，本当の力をつけるには，あるタイミングで，公式や重要な考え方を

「正しく理解する」そして「深く理解する」

ことが大切であり，これらを体系的に学ぶことによって，いろいろな考え方や概念が繋がり，「自分の力で考え，解ける力」がついていくのです。

本書は，「受験数学ＩＡⅡＢ＋ベクトル」の土台となる考え方をしっかり掴み，入試問題に対応できる力を効率的に養うことを目的に執筆しました。

通常，軽く流されそうなところも，

「なぜそうなるか？」「なぜそうするか？」

がわかるように，丁寧に詳しく解説しましたので，１冊やりきってもらえれば，受験数学の土台となる基本概念を，体系的に正しく，深く理解することができるはずです。

本書によって，「数学が面白くなり，それがやる気の原動力となる」そんな人が一人でも多くでてくれることを願っています。

最後に，僕が大学の恩師に頂いた言葉を贈ります。

夢を実現できないことは，悲しむべきことではない。

悲しむべきことは，夢を持てないことである。

夢の実現のために，全力を尽くせ！

著者紹介：**森谷　慎司**（もりや　しんじ）

1968 年生まれ，宮城県出身

山形大学大学院理学研究科数学専攻（修士）を修了後，代々木ゼミナール講師になる。以後，20 年以上の長きにわたり熱い指導を続けている。現在は，代々木本校，新潟校，名古屋校に出講。また，サテライン（映像授業）では，『共通テスト数学ＩＡⅡBC ゼミ』『共通テスト数学ＩＡⅡBC テスト』を担当。一人でも多くの人に数学の面白さを伝えるべく，全国を駆け巡り忙しい日々を送っている。『全国大学入試問題正解』（旺文社）の解答者の一人であり，著書に『場合の数・確率 分野別標準問題精講』『全レベル問題集 数学Ｉ＋A＋Ⅱ＋B＋C 2 共通テストレベル』（旺文社）がある。

本書の特長とアイコン説明

(1) 本書の構成

本書は，問題編（別冊）と解答編に分かれています。受験数学の基本となる重要問題143問を選びました。「数学ⅠAⅡB」各分野とベクトルの土台となる考え方をしっかり掴み，入試問題に対応できる力を効率的に養うことができます。

(2) アイコンの説明

アプローチ …問題を解くための考え方を示し，必要に応じて基本事項の確認や重要事項の解説を加えています。

解答 …標準的で，自然な考え方に基づく解答を取り上げました。読者が自力で解き，解答としてまとめるときの手助けとなるように丁寧な記述による説明を心がけています。

ちょっと一言 …解答における計算上の注意，説明の補足などを行います。

ブラッシュアップ …解答の途中の別な処理法および別な方針による解答，問題を掘り下げた解説，解答と関連した入試における必須事項などを示しています。さらに，問題・解答と関連した，数学的に興味がもてるような発展事項の解説を行っています。

メインポイント …その問題を通して押さえるべきポイントが簡潔にまとめられています。

志望校レベルと「全レベル問題集 数学」シリーズのレベル対応表	
本書のレベル	各レベルの該当大学
① 数学Ⅰ＋A＋Ⅱ＋B＋ベクトル 基礎レベル	高校基礎～大学受験準備
② 数学Ⅰ＋A＋Ⅱ＋B＋C 共通テストレベル	共通テストレベル
③ 数学Ⅰ＋A＋Ⅱ＋B＋ベクトル 私大標準・国公立大レベル	[私立大学] 東京理科大学・明治大学・青山学院大学・立教大学・法政大学・中央大学・日本大学・東海大学・名城大学・同志社大学・立命館大学・龍谷大学・関西大学・近畿大学・関西学院大学・福岡大学 他 [国公立大学] 弘前大学・山形大学・茨城大学・宇都宮大学・群馬大学・埼玉大学・新潟大学・富山大学・金沢大学・信州大学・静岡大学・広島大学・愛媛大学・鹿児島大学 他
④ 数学Ⅰ＋A＋Ⅱ＋B＋ベクトル 私大上位・国公立大上位レベル	[私立大学] 早稲田大学・慶應義塾大学／医科大学医学部 他 [国公立大学] 東京大学・京都大学・北海道大学・東北大学・東京工業大学・名古屋大学・大阪大学・九州大学・筑波大学・千葉大学・横浜国立大学・神戸大学・東京都立大学・大阪公立大学／医科大学医学部 他
⑤ 数学Ⅲ＋C 私大標準・国公立大レベル	[私立大学] 東京理科大学・明治大学・青山学院大学・立教大学・法政大学・中央大学・日本大学・東海大学・名城大学・同志社大学・立命館大学・龍谷大学・関西大学・近畿大学・福岡大学 他 [国公立大学] 弘前大学・山形大学・茨城大学・埼玉大学・新潟大学・富山大学・金沢大学・信州大学・静岡大学・広島大学・愛媛大学・鹿児島大学 他
⑥ 数学Ⅲ＋C 私大上位・国公立大上位レベル	[私立大学] 早稲田大学・慶應義塾大学／医科大学医学部 他 [国公立大学] 東京大学・京都大学・北海道大学・東北大学・東京工業大学・名古屋大学・大阪大学・九州大学・筑波大学・千葉大学・横浜国立大学・神戸大学・東京都立大学・大阪公立大学／医科大学医学部 他

※掲載の大学名は購入していただく際の目安です。また，大学名は刊行時のものです。

解答編 目次

学習アドバイス

問題は，ほとんどが入試における基本問題（基本）ですが，若干考え方が難しいものを標準と表記しています。とはいえ，入試における基本問題なので，苦手な人は難しいと感じるかもしれませんが，すべて重要問題です。できるようになるまで繰り返し演習しましょう。全ての問題を解けるようになったとき，あなたの数学力はかなりパワーアップしているはずです。

■第１章　数と式■

基本計算の問題です。しっかりできるようにしておきましょう。特に，6 絶対値は苦手な人が多いので，ブラッシュアップもしっかり読んで処理できるようにしましょう。

基本　1，2，3，4，5，6

■第２章　集合と論理■

集合の記号の意味はもちろん，背理法や対偶法などの間接的な証明を確認しましょう。また，必要十分条件については暗記するのではなく意味をしっかり理解すること。

基本　7，8，9

■第３章　２次関数■

グラフの平行移動，グラフの決定，最大・最小，２次方程式，２次不等式，解の配置など，２次関数に関する必須項目をまとめています。ブラッシュアップをしっかり読んで２次関数のイメージを掴みましょう。

基本　10，11，12，15，16　　標準　13，14，17

■第４章　三角比■

正弦定理，余弦定理などの定理を覚えることも大切ですが，まず三角比の定義をしっかり押さえましょう。また，定理の証明の中にも重要な考え方がつまっています。証明も含めて押さえておきましょう。

基本　18，19，20　　標準　21，22

■第５章　データの分析■

分散，標準偏差，共分散，相関係数などの定義のイメージをつかみましょう。意味を理解すればかなり使いこなせるようになるはずです。

基本　23，24　　標準　25

■第６章　場合の数・確率■

場合の数では，数え上げが基本！　まずは基本的なカウント法をしっかり押さえることが大切です。また，場合の数と確率の違いを理解して問題を解けるようにしましょう。さまざまなタイプがあるので，意味を理解してしっかりマスターしてください。

基本 26, 27, 28, 29, 34, 35, 36, 38, 39, 43, 44, 45
標準 30, 31, 32, 33, 37, 40, 41, 42

■ 第 7 章　整数の性質 ■

整数が絡んだ問題の典型的な処理法をマスターできる問題を並べています。確実に処理できるようにしましょう。特に，52 1 次不定方程式や 54 p 進法などは苦手な人が多いですが，意味を考えれば攻略できるはずです。ブラッシュアップでしっかり理解してください。

基本 46, 47, 48, 49, 50, 51　標準 52, 53, 54

■ 第 8 章　図形の性質 ■

図形の性質の問題では，知っているけど使えないことが多いものです。どんな性質や定理がよく使われるかの意識を持つことが大切！　どんな定理がどんなシュチュエーションで使われるかをイメージしておきましょう。

基本 55, 56　標準 57, 58

■ 第 9 章　式と証明 ■

基本的な扱いを中心に問題をセレクトしています。いろいろな分野で利用される考え方なので，しっかり押さえてください。また，66 相加・相乗平均の不等式はよく出題されますので確実にマスターしてください。

基本 60, 61, 62, 63, 64, 65, 67, 68　標準 59, 66, 69, 70

■ 第 10 章　指数・対数関数 ■

まずは，指数・対数の定義をしっかり理解すること。すぐ公式などを忘れてしまう生徒が多いですが，そもそも公式は少ないので，基本性質とグラフを合わせて，関連付けて覚えていけば攻略できるはずです。

基本 71, 72, 73, 74, 75, 79　標準 76, 77, 78

■ 第 11 章　三角関数 ■

まずは，三角関数の定義をしっかり理解することから始めましょう。また，公式はほとんど加法定理から導けます。暗記せず，しっかり証明できるようにしましょう。たくさん公式があるようにみえますが，繋がりがわかれば自然に覚えられるはずです。しっかり土台を固めて演習しましょう。

基本 80, 81, 82, 83, 84, 85, 86　標準 87, 88, 89

■ 第 12 章　図形と方程式 ■

図形と方程式の典型的な基本問題を集めました。すべてマスターしてください。

特に，軌跡や領域の問題は苦手な人が多いので，重点的にやっておきましょう。

基本 90，91，92，94，96，98　標準 93，95，97，99

■ 第 13 章　微分・積分 ■

微分法では定義を理解して，接線や 3 次関数のグラフの扱いをしっかりできるようにしましょう。積分法では，積分計算ができることはもちろんですが，面積の問題がよく出題されるので，重点的に演習しておきましょう。

基本 100，101，102，103，104，106，107，108　標準 105，109，110

■ 第 14 章　数列 ■

公式を暗記して，ただあてはめているだけでは，数列の問題は解けるようにはなりません。まずは，公式の成り立ちや意味をしっかり理解すること。そして，定型的な問題をしっかり演習していけば自力で解けるようになるはずです。ブラッシュアップで理解を深めながら進めていきましょう。

基本 111，112，113，114，115，118，119，121，122，123，126

標準 116，117，120，124，125

■ 第 15 章　統計的な推測 ■

期待値や分散の計算をできるようにしましょう。二項分布や正規分布に関しては，標準化したものを扱う典型的な問題が多いので，慣れれば得点しやすい分野です。

基本 127　標準 128，129

■ 第 16 章　ベクトル ■

まずは，直線や平面のベクトル方程式を扱えるようにすること。ベクトル空間のイメージが掴めれば飛躍的に解けるようになるはずです。あとは内積計算ができるようになれば，平面でも空間でも対応できるはずです。全問しっかり押さえてください。

基本 130，131，133，134，135，136，137，139，140，141

標準 132，138，142，143

＊　＊

公式や問題の解き方をただ覚えるのでは解けるようにはなりません。公式，定理の成り立ちや意味を理解し，なぜそのように解くのかの深い理解が非常に大切なのです。解けたから終わりではなく，ブラッシュアップやちょっと一言なども参考に理解を深めてください。解き方や考え方がわかったら，自分がもっている問題集などで類題を見つけて演習するとさらに効果的ですよ。さらに，②共通テストレベル，③私大標準・国公立大レベルに挑戦してどんな問題でも対応できる力をつけましょう。

解答編

第1章 数と式

1 展開

アプローチ

(1) 普通に順番に展開していってもよいのですが，x^2+2 をかたまりで見れば，$(■+○)(■-○)$ が見えます．

あとは，$(a+b)(a-b)=a^2-b^2$ を用いて展開しましょう．

(2) すべて展開せず，

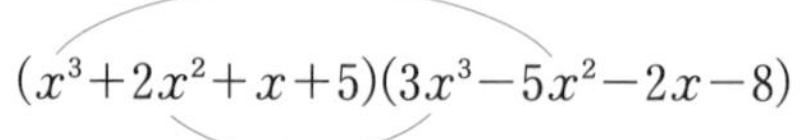

$$(x^3+2x^2+x+5)(3x^3-5x^2-2x-8)$$

のように，x^5 の項がどの組合せからできるか考えましょう．

◀すべて展開する場合も，x^6 はどの組合せでできるか，x^5 はどの組合せでできるか，…と考え，降べきの順に展開していく．

解答

(1) $(x^2+3x+2)(x^2-3x+2)$

$=\{(x^2+2)+3x\}\{(x^2+2)-3x\}$

$=(x^2+2)^2-(3x)^2=(x^4+4x^2+4)-9x^2$

$=\boldsymbol{x^4-5x^2+4}$

◀$a=x^2+2$，$b=3x$ と見れば $(a+b)(a-b)$ が見える．

(2) $(x^3+2x^2+x+5)(3x^3-5x^2-2x-8)$

x^5 の項は，$x^3\cdot(-5x^2)+2x^2\cdot3x^3=x^5$

x^3 の項は，$x^3\cdot(-8)+2x^2\cdot(-2x)+x\cdot(-5x^2)+5\cdot3x^3=-2x^3$

よって，展開式の x^5 の係数は **1**，x^3 の係数は **−2**

ブラッシュアップ

《乗法公式のチェック》

① $(a+b)^2=a^2+2ab+b^2$　② $(a-b)^2=a^2-2ab+b^2$

③ $(a+b)(a-b)=a^2-b^2$　④ $(x+a)(x+b)=x^2+(a+b)x+ab$

⑤ $(ax+b)(cx+d)=acx^2+(ad+bc)x+bd$

⑥ $(a+b)^3=a^3+3a^2b+3ab^2+b^3$　⑦ $(a-b)^3=a^3-3a^2b+3ab^2-b^3$

⑧ $(a+b)(a^2-ab+b^2)=a^3+b^3$　⑨ $(a-b)(a^2+ab+b^2)=a^3-b^3$

⑩ $(a+b+c)^2=a^2+b^2+c^2+2ab+2bc+2ca$

②，⑦，⑨は，それぞれ①，⑥，⑧で b を $-b$ に変えたものとして覚えましょう．

メインポイント

展開は，かたまりで公式に帰着できないか考えよ！
特定の項は，その項ができる組合せを拾い上げよう！

2 因数分解

アプローチ

因数分解の方針としては,

① **因数分解公式の利用**

② **なるべく低次の文字に整理する**

③ **共通因数を探せ！**

④ **置き換えの利用**

が主なものです.

◀因数定理を利用するものもあるが，それについては 63 因数定理の項を参照！

解答

(1) $8a^3-b^3=(2a)^3-b^3=(2a-b)\{(2a)^2+2ab+b^2\}$

$=\boldsymbol{(2a-b)(4a^2+2ab+b^2)}$

◀$a^3-b^3=(a-b)(a^2+ab+b^2)$ の利用.

(2) $6x^2-11xy+3y^2-x-2y-1$

$=6x^2-(11y+1)x+3y^2-2y-1$

$=6x^2-(11y+1)x+(y-1)(3y+1)$

$=\boldsymbol{(3x-y+1)(2x-3y-1)}$

$3 \diagdown\!\!\diagup -(y-1)$, $2 \diagup\!\!\diagdown -(3y+1)$

◀x の式と見て，降べきの順に整理.

◀各項を因数分解すると，たすき掛けができる.

(3) $x^2z-2xyz-3y^2z-2x^2+4xy+6y^2$

$=(x^2-2xy-3y^2)z-2x^2+4xy+6y^2$

$=(x^2-2xy-3y^2)z-2(x^2-2xy-3y^2)$

$=(x^2-2xy-3y^2)(z-2)$

$=\boldsymbol{(x-3y)(x+y)(z-2)}$

◀z の次数が最も低いので z について降べきの順に整理する．各項の係数を因数分解すると共通因数が見える.

(4) $(x+1)(x+2)(x+8)(x+9)-144$

$=(x+1)(x+9)(x+2)(x+8)-144$

$=(\boxed{x^2+10x}+9)(\boxed{x^2+10x}+16)-144$

$=(x^2+10x)^2+25(x^2+10x)$

$=(x^2+10x)(x^2+10x+25)$

$=\boldsymbol{x(x+10)(x+5)^2}$

◀展開する順番を変えると…，$\boxed{x^2+10x}$ のかたまりが見える！ 苦手な人は，さらに $x^2+10x=t$ などとおいて考えるとわかりやすいでしょう.

ちょっと一言

前ページの乗法公式を逆に使ったものが因数分解公式になります.

メインポイント

因数分解では

① 公式 ② 低次の文字に整理 ③ 共通因数を探せ！ ④ 置き換え

3 無理数の計算

アプローチ

まずはxなら$2-\sqrt{3}$，yなら$2+\sqrt{3}$を分母・分子にかけて，分母を有理化しましょう．x^2+y^2，x^3+y^3のように，xとyを入れ替えても値の変わらない式をx，yの対称式といいます．x，yの対称式は$x+y$とxyで表せるという性質があるので

$$\boldsymbol{x^2+y^2=(x+y)^2-2xy} \quad \cdots ①$$

$$\boldsymbol{x^3+y^3=(x+y)^3-3xy(x+y)} \quad \cdots ②$$

を利用して，和と積を主役にして計算します．

◀$a+b\sqrt{r}$に対して，$a-b\sqrt{r}$を共役な無理数といいます．

◀この公式はしっかり覚えよう！

解答

$$x=\frac{2-\sqrt{3}}{2+\sqrt{3}}\times\frac{2-\sqrt{3}}{2-\sqrt{3}}=\frac{(2-\sqrt{3})^2}{2^2-(\sqrt{3})^2}=7-4\sqrt{3}$$

$$y=\frac{2+\sqrt{3}}{2-\sqrt{3}}\times\frac{2+\sqrt{3}}{2+\sqrt{3}}=\frac{(2+\sqrt{3})^2}{2^2-(\sqrt{3})^2}=7+4\sqrt{3}$$

(1)　$x+y=(7-4\sqrt{3})+(7+4\sqrt{3})=\mathbf{14}$

　　$xy=(7-4\sqrt{3})(7+4\sqrt{3})=7^2-(4\sqrt{3})^2=\mathbf{1}$

(2)　$x^2+y^2=(x+y)^2-2xy=14^2-2\cdot1=\mathbf{194}$

(3)　$x^3+y^3=(x+y)^3-3xy(x+y)$

$$=14^3-3\cdot1\cdot14$$

$$=14(14^2-3)=\mathbf{2702}$$

◀分母の有理化

◀$(2-\sqrt{3})^2$の計算は最初にルートのつかない部分
　$2^2+(\sqrt{3})^2=7$
を暗算して$-4\sqrt{3}$を加える．

◀対称式の問題は，和と積を主役にして考えます．

◀共通因数でくくると計算しやすくなる．

ブラッシュアップ

①，②は，それぞれ展開公式から

$(x+y)^2=x^2+2xy+y^2$　より　$x^2+y^2=(x+y)^2-2xy$

$(x+y)^3=x^3+3x^2y+3xy^2+y^3$　より

$$x^3+y^3=(x+y)^3-3x^2y-3xy^2=(x+y)^3-3xy(x+y)$$

と導かれます．成り立ちもしっかり理解して覚えましょう．

メインポイント

対称式の問題では，和と積を主役にして考えよ！

4 2重根号・整数部分・小数部分

アプローチ

2重根号は，$a>b>0$ のとき，

$$\sqrt{\underset{\text{和}}{(a+b)}\pm 2\underset{\text{積}}{\sqrt{ab}}}=\underset{\text{大}}{\sqrt{a}}\pm\underset{\text{小}}{\sqrt{b}}\quad(\text{複号同順})$$

を利用して外します．

また，小数部分を求めるには

[全体]=[整数部分]+[小数部分]

を利用しましょう．

◀外せるのは $\sqrt{\text{和}\pm 2\sqrt{\text{積}}}$ の形のとき！
公式を忘れたら，右辺を2乗して，
$(\sqrt{a}\pm\sqrt{b})^2=a+b\pm 2\sqrt{ab}$
とすればイメージできますね．

解答

$\sqrt{6+4\sqrt{2}}=\sqrt{6+2\sqrt{8}}=\sqrt{4}+\sqrt{2}=2+\sqrt{2}$

$1<\sqrt{2}<2$ より，$3<2+\sqrt{2}<4$ となり，

◀$\sqrt{2}=1.414\cdots$

$\sqrt{6+4\sqrt{2}}$ の整数部分は3である．

よって，$2+\sqrt{2}=3+a$ より，$\boldsymbol{a=\sqrt{2}-1}$

◀(全体)=(整数部分)+(小数部分)を考えるだけ！

$$\therefore\quad \frac{1}{a}=\frac{1}{\sqrt{2}-1}=\frac{1}{\sqrt{2}-1}\cdot\frac{\sqrt{2}+1}{\sqrt{2}+1}=\sqrt{2}+1$$

$$\therefore\quad a^2-\frac{1}{a^2}=(\sqrt{2}-1)^2-(\sqrt{2}+1)^2$$

$$=(3-2\sqrt{2})-(3+2\sqrt{2})=\boldsymbol{-4\sqrt{2}}$$

ブラッシュアップ

《2重根号の外し方》

2重根号を外す際に，ルートの前に2がない場合は，自分でつくり出します．

$\sqrt{7-\sqrt{48}}=\sqrt{7-2\sqrt{12}}=\sqrt{4}-\sqrt{3}=2-\sqrt{3}$ ［ルートの中から2を取り出す！］

$\sqrt{2+\sqrt{3}}=\sqrt{\dfrac{4+2\sqrt{3}}{2}}=\dfrac{\sqrt{3}+1}{\sqrt{2}}=\dfrac{\sqrt{6}+\sqrt{2}}{2}$ ［分母・分子に $\sqrt{2}$ をかける！］

メインポイント

2重根号は，$\sqrt{(a+b)\pm 2\sqrt{ab}}$ となる a，b に対して $\sqrt{a}\pm\sqrt{b}$（複号同順）
小数部分を求めるには [全体]=[整数部分]+[小数部分] の利用！

5 循環小数

アプローチ

実数は，整数 $m\ (\neq 0)$，n を用いて $\dfrac{n}{m}$ と表される数（**有理数**）と，表せない数（**無理数**）からなっています．もちろん，整数 n は $\dfrac{n}{1}$ と表せるので有理数です．

整数以外の有理数を小数表記すると，$\dfrac{1}{5}=0.2$ のように**有限小数**で表せるものと，$\dfrac{5}{37}=0.135135\cdots$ のように小数部分が限りなく続き，有限小数で表せないもの（**無限小数**）にわかれますが，この場合は必ず同じ数字の繰り返しとなり**循環小数**となります．

◀正確には，有限小数も $0.3=0.3000\cdots$ や，$0.29999\cdots$ などと表記できるので，すべての有理数は循環小数表示できる．

循環小数は，循環節の初めと終わりに・をつけて

$$0.135135\cdots=0.\dot{1}3\dot{5},\ 0.3333\cdots=0.\dot{3}$$

のように表します．

また，**無理数は循環しない無限小数**となります．

(1) 両辺を 100 倍して，小数点以下を消去しましょう．

(2) 割り算を実行すると右のようになり，再び 277 が現れますから，その後，商は繰り返し（周期 3），循環小数となります．

```
        0.8 3 1
333)2 7 7
    2 6 6 4
      1 0 6 0
        9 9 9
        6 1 0
        3 3 3
        2 7 7
```

◀有理数は，有限小数とならないときは，必ず循環小数なので，数字が繰り返されます．

解答

(1) $r=1.121212\cdots$ $\cdots$①

の両辺を 100 倍すると，$100r=112.121212\cdots$ $\cdots$②

◀100 倍して循環節をそろえる．

②−① より，$99r=111$ $\therefore\ r=\dfrac{111}{99}=\mathbf{\dfrac{37}{33}}$

(2) $\dfrac{277}{333}=0.\dot{8}3\dot{1}$ より，831 を繰り返すので，

$2016=3\times 672$ から小数点以下第 2016 番目は **1**．

◀周期 3 で繰り返すので，2016 を 3 で割った余りがポイントである．

メインポイント

有理数を無限小数として表した場合，常に循環小数となり，その数字は繰り返される！

6 絶対値

アプローチ

$|x|$（xの絶対値）は数直線上の原点とxの距離を表します．

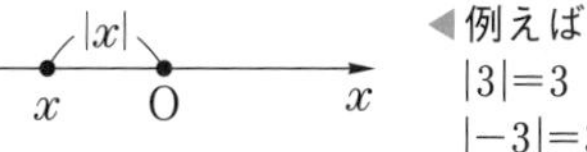

◀例えば
$|3|=3$
$|-3|=3$

例えば，

$|x|=1 \iff x=\pm1$（原点とxの距離が1）

$|x|<1 \iff -1<x<1$（原点とxの距離が1未満）

$|x|>1 \iff x<-1$ または $1<x$

（原点とxの距離が1より大）

◀一般に，
$a>0$ のとき，
$|x|=a \iff x=\pm a$
$|x|<a \iff -a<x<a$
$|x|>a$
$\iff x<-a$ または $a<x$
などが成り立ちます．

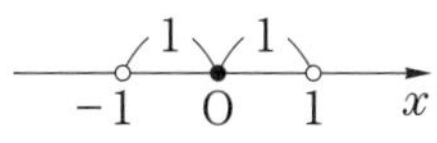

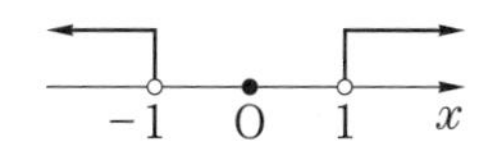

となります．数直線上の距離としてしっかりイメージしましょう．

これを用いて(1)では，$|\boxed{4x+1}|\leqq 21$ のように，$4x+1$ をかたまりとみて

$$-21\leqq\boxed{4x+1}\leqq 21$$

と大胆に絶対値を外します．

(2)では(1)の考え方が使えませんので，絶対値を外すには場合分けが必要になります．この際，

$$|x|=\begin{cases} x & (x\geqq 0) \\ -x & (x\leqq 0) \end{cases}$$

◀絶対値は0以上！

を利用するわけですが，ポイントになるのは，**絶対値の中身が正か負か**です．$2x-1$ が正になるか負になるかで場合分けしましょう．

◀詳しくは，ブラッシュアップ参照！

解答

(1) 両辺×3 より $|4x+1|\leqq 21$

◀大胆に外す！

$\therefore\ -21\leqq 4x+1\leqq 21 \qquad \therefore\ -22\leqq 4x\leqq 20$

よって，$\boldsymbol{-\dfrac{11}{2}\leqq x\leqq 5}$

(2) $x^2-|2x-1|-3=0$

◀絶対値の中身の $2x-1$ が正か負かで場合分けする．
x が $\dfrac{1}{2}$ の前後で正負が変わる！詳しくは，ブラッシュアップ参照！

① $x\geqq\dfrac{1}{2}$ のとき，$x^2-(2x-1)-3=0$

$\therefore\ x^2-2x-2=0 \qquad \therefore\ x=1+\sqrt{3}\ \left(\geqq\dfrac{1}{2}\right)$

② $x\leqq\dfrac{1}{2}$ のとき，$x^2+(2x-1)-3=0$

$\therefore\quad x^2+2x-4=0 \qquad \therefore\quad x=-1-\sqrt{5}\ \left(\leqq\frac{1}{2}\right)$

よって，$\boldsymbol{x=1+\sqrt{3},\ -1-\sqrt{5}}$

ブラッシュアップ

絶対値を外す場合は，絶対値の**中身が正か負か**がポイントになります．

$$|\boldsymbol{x}|=\begin{cases}\boldsymbol{x} & (\boldsymbol{x}\geqq 0)\\ -\boldsymbol{x} & (\boldsymbol{x}\leqq 0)\end{cases}$$

この際，絶対値の中身のグラフをかくと効果的です．

例えば，$|2x-1|$ の場合，右図のように絶対値の中身のグラフ $y=2x-1$ をイメージすれば，$\dfrac{1}{2}$ の前後で符号が－から＋に変わるのがわかりますね．

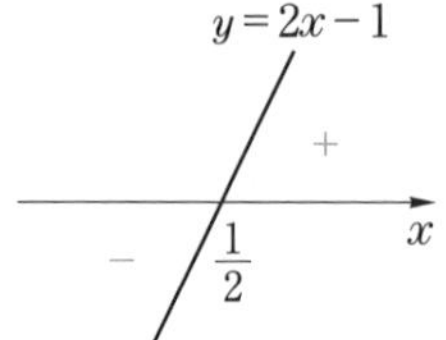

よって，$|2x-1|=\begin{cases}2x-1 & \left(\dfrac{1}{2}\leqq x\right)\\ -(2x-1) & \left(x\leqq\dfrac{1}{2}\right)\end{cases}$

となります．

これは，絶対値が複数ある場合も同じで，例えば，$|x-1|+|x-2|$ の場合，右図のように，絶対値の中身のグラフ $y=x-1$ と $y=x-2$ をかけば，それぞれ $x=1$，$x=2$ の前後で符号が変わるのがわかります．よって，

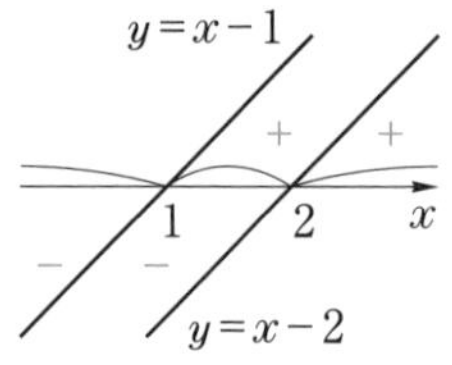

$$|x-1|+|x-2|=\begin{cases}-(x-1)-(x-2)=-2x+3 & (x\leqq 1)\\ (x-1)-(x-2)=1 & (1\leqq x\leqq 2)\\ (x-1)+(x-2)=2x-3 & (2\leqq x)\end{cases}$$

となります．

メインポイント

絶対値は，数直線上の原点との距離を表す．

$\boldsymbol{a>0}$ **のとき，**

$$|\boldsymbol{x}|=\boldsymbol{a} \iff \boldsymbol{x}=\pm\boldsymbol{a}$$

$$|\boldsymbol{x}|<\boldsymbol{a} \iff -\boldsymbol{a}<\boldsymbol{x}<\boldsymbol{a}$$

$$|\boldsymbol{x}|>\boldsymbol{a} \iff \boldsymbol{x}<-\boldsymbol{a} \text{ または } \boldsymbol{a}<\boldsymbol{x}$$

を利用して大胆に外せ！

これが利用できない場合は，絶対値の中身が正か負かで場合分けしよう！

第2章 集合と論理

7 集合

アプローチ

集合Xの要素の個数を$n(X)$で表すとき，

$\boldsymbol{n(A\cup B)}$
$\boldsymbol{=n(A)+n(B)-n(A\cap B)}$

となることに注意しましょう．

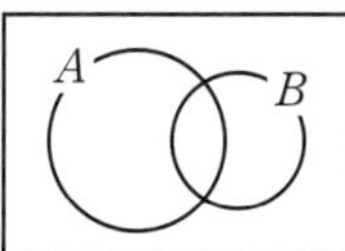

◀重複が起こる可能性があることに注意しましょう！重複がある場合は，左のように共通部分を引きます！

解答

(1) $n(B\cap C)$は，4かつ5の倍数，すなわち $4\times5=20$ の倍数となるから，$100\div20=5$ より，$n(B\cap C)=\mathbf{5}$

(2) $100\div4=25$ より，$n(B)=25$　$100\div5=20$ より，$n(C)=20$ であるから
$n(B\cup C)=n(B)+n(C)-n(B\cap C)=25+20-5=\mathbf{40}$

ブラッシュアップ

《集合の記号の整理》 集合を表すときには，次のように中かっこで表し

$P=\{1,\ 2,\ 3\}$ ［要素をすべて書く］

すべて書き出せないとき，例えば，$1\leqq x\leqq3$ の集合は

$Q=\{x|1\leqq x\leqq3\}$ ［｜の後ろの条件を満たすxの集合］

のように表します．集合Pで，1がPの要素であることを，記号$\in$を用いて$1\in P$，0がPの要素でないことを $0\notin P$ と表します．また，要素がない集合をϕで表し，空集合といいます．$\phi=\{\ \ \}$ です．

①

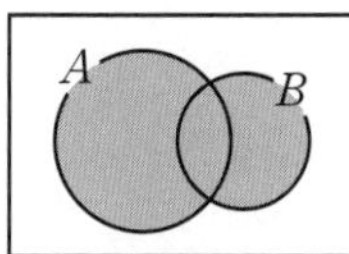

②

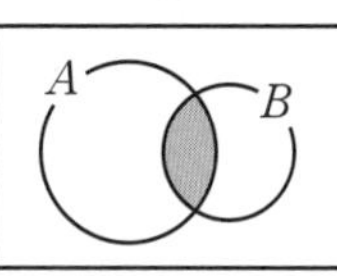

③

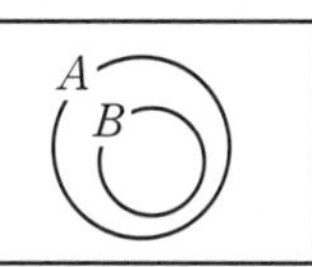

④

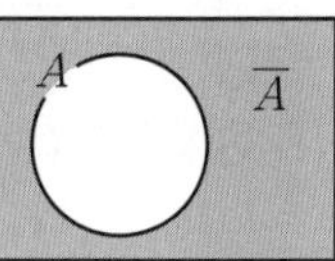

① $A\cup B$ ［和集合（または）］　② $A\cap B$ ［共通部分（かつ）］
③ $B\subset A$ ［BはAの部分集合］　④ $\overline{A}$ ［補集合（Aでない集合）］

メインポイント

和集合の要素の個数は，重複に注意！

$\boldsymbol{n(A\cup B)=n(A)+n(B)-n(A\cap B)}$

8 否定・逆・裏・対偶

アプローチ

(1) ド・モルガンの法則がポイントです．集合をP，Qとするとき，

1°) $\overline{\boldsymbol{P}\text{かつ}\boldsymbol{Q}} \iff \overline{\boldsymbol{P}}\text{または}\overline{\boldsymbol{Q}}$

2°) $\overline{\boldsymbol{P}\text{または}\boldsymbol{Q}} \iff \overline{\boldsymbol{P}}\text{かつ}\overline{\boldsymbol{Q}}$

◀「または」の否定は「かつ」，「かつ」の否定は「または」．ベン図で確認しましょう！

(2) 命題 $p \Longrightarrow q$ の

逆は $q \Longrightarrow p$，裏は $\overline{p} \Longrightarrow \overline{q}$，対偶は $\overline{q} \Longrightarrow \overline{p}$

となります．また，$\boldsymbol{\sqrt{x^2}=|x|}$ に注意しましょう．

◀$\sqrt{x^2}=|x|$ は盲点です！

$\sqrt{3^2}=3$，$\sqrt{(-3)^2}=3$ から $\sqrt{x^2}$ は必ず0以上になります．

解答

(1) $\overline{ab>0 \text{ かつ } a+b \geqq 1} \iff \overline{ab>0} \text{ または } \overline{a+b \geqq 1}$

$\iff \boldsymbol{ab \leqq 0} \textbf{ または } \boldsymbol{a+b<1}$

◀ド・モルガンの法則を利用！

(2) 命題Pの対偶は，$\boldsymbol{x<0}$ **ならば** $\boldsymbol{\sqrt{x^2}<0}$

◀対偶は $\overline{q} \Longrightarrow \overline{p}$

$\sqrt{x^2}=|x|$ であるから，命題Pは「$|x| \geqq 0$ ならば $x \geqq 0$」となり，**偽**である．(反例は，$\boldsymbol{x=-1}$)

◀反例を1つ見つけられれば，偽であることが示せる．

◀対偶証明法は下欄で！

ブラッシュアップ

1°) 条件pの集合をP，条件qの集合をQとすると $p \Longrightarrow q$ が真であるとは，条件pを満たすものがすべて条件qを満たすことですから，$P \subset Q$ が成り立つことと同値です．

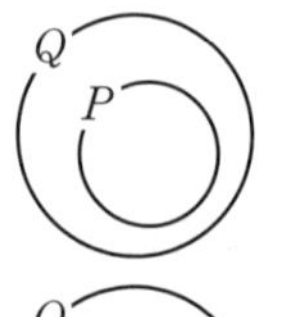

$\boxed{p \Longrightarrow q} \iff \boxed{P \subset Q}$

ですから，pを満たすものでqを満たさないものが1つでもあれば偽になるわけです．これが反例です．

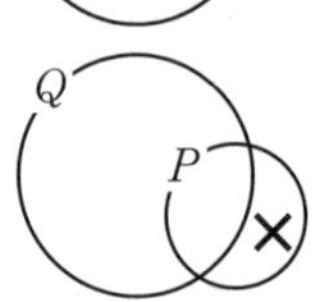

2°) **対偶と元の命題は真偽が一致する**ことも大切です．

「東京に住んでいれば，日本に住んでいる」は真ですが，「日本に住んでいなければ，東京には住んでいない」も，もちろん真ですね．この性質を用いると，(2)のPの対偶は明らかに偽ですから，元の命題も偽とすることもできます．このような証明法を「**対偶証明法**」といいます．元の命題が証明しにくいときに威力を発揮します．

メインポイント

「かつ」「または」の否定は，ド・モルガンの法則の利用！

命題 $p \Longrightarrow q$ の逆は $q \Longrightarrow p$，裏は $\overline{p} \Longrightarrow \overline{q}$，対偶は $\overline{q} \Longrightarrow \overline{p}$

9 必要条件・十分条件

アプローチ

命題 $p \Longrightarrow q$ が真のとき，条件 p は条件 q の**十分条件**，条件 q は条件 p の**必要条件**といいます．

◀ p を東京に住む！
q を日本に住む！
とします．東京に住むためには，日本に住むことが必要ですので，q は必要条件です．必要条件は大雑把な条件です．

$p \Longrightarrow q$ が真

十分条件　　必要条件

小　　大

これは **8** で説明したように

$P \subset Q$ と同値です．ですから，必要条件か十分条件かを判定するには，

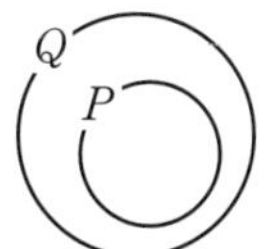

① **矢印が成り立つかを調べる．**

② **集合の包含関係を調べる．**

の 2 つの方法がありますが，それぞれ

◀ 矢印と集合のどちらか考えやすい方法で調べましょう！

矢印の根元が十分条件！　先っぽが必要条件！

小さい方が十分条件！　大きい方が必要条件！

をイメージして判別しましょう．

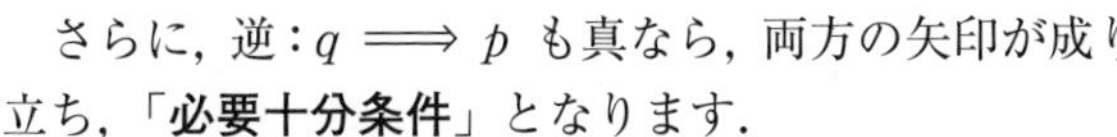

さらに，逆：$q \Longrightarrow p$ も真なら，両方の矢印が成り立ち，「**必要十分条件**」となります．

◀ 条件 p と条件 q は同値ともいいます．

$p \Longleftrightarrow q$

このとき，$P=Q$　すなわち，同じ集合となります．

ちょっと一言《手順》

[step 1]　まず，どの条件について聞かれているか？
主語をチェック！

[step 2]　①矢印，②集合 のうち考えやすい方で調べていく．
その際，各条件がとらえにくいときは，翻訳してわかりやすい条件に直して考えよう！

解答

(1)　$x=2 \underset{\times}{\overset{\bigcirc}{\rightleftarrows}} x^2=4$

◀ 主語は $x=2$

$x=2$ ならば $x^2=4$ は成り立つ．

$x^2=4$ ならば $x=2$ は偽である．(反例：$x=-2$)

◀ 偽であることを示すには，反例を 1 つ見つければよい．

よって，$x=2$ は $x^2=4$ であるための十分条件である．(**イ**)

別解 集合をイメージして考えてもよい．$x^2=4$ を解くと $x=2$ または -2

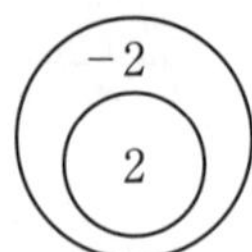

◀$x^2=4$ を翻訳してわかりやすい条件に直す．

よって，$\{2\}\subset\{2,\ -2\}$ となるので，$x=2$ は $x^2=4$ であるための十分条件である．

◀小さい方が十分条件

(2) 条件 $x\geqq 0$ の集合をP，条件 $x^2-5x+6\leqq 0$ の集合をQとする．Qは

◀主語は $x\geqq 0$，条件を翻訳して数直線で考えよう！

$(x-2)(x-3)\leqq 0 \qquad \therefore\ \ 2\leqq x\leqq 3$

よって，$P\supset Q$ となり，条件 $x\geqq 0$ は条件 $x^2-5x+6\leqq 0$ であるための必要条件である．(ア)

◀大きい方が必要条件

(3) m，nがともに偶数 $\overset{\bigcirc}{\underset{\bigcirc}{\rightleftarrows}}$ $m+n$，mnがともに偶数

◀m，nがともに偶数が主語！

($\Longrightarrow$) について

m，nがともに偶数なら$m+n$，mnともに偶数になる．(真)

($\Longleftarrow$) について

mnが偶数のとき，m，nの少なくとも一方は偶数である．仮にmが偶数とすると，$m+n=$(偶数)より，

$n=$(偶数)$-m=$(偶数)

となり，nも偶数である．これは，nが偶数としても成立するので真となる．

したがって，m，nがともに偶数であることは，$m+n$，mnがともに偶数であるための必要十分条件である．(ウ)

◀両矢印が真なので，必要十分条件！

メインポイント

p $\Longrightarrow$ q が真

十分条件　　必要条件

小　　大

逆も成り立てば，必要十分条件になる．

第3章　2次関数

10 平行移動・対称移動

アプローチ

一般に，$y=f(x)$ のグラフを x 軸方向に p，y 軸方向に q だけ平行移動したグラフは

$$\boldsymbol{y-q=f(x-p)}$$

◀ 平行移動は x の代わりに $x-p$，y の代わりに $y-q$

x 軸対称移動したグラフは

$$\boldsymbol{-y=f(x)}$$

y 軸対称移動したグラフは

$$\boldsymbol{y=f(-x)}$$

原点対称移動したグラフは

$$\boldsymbol{-y=f(-x)}$$

となります．

◀ x 軸対称移動は y の代わりに $-y$，y 軸対称移動は x の代わりに $-x$，原点対称移動は両方マイナス

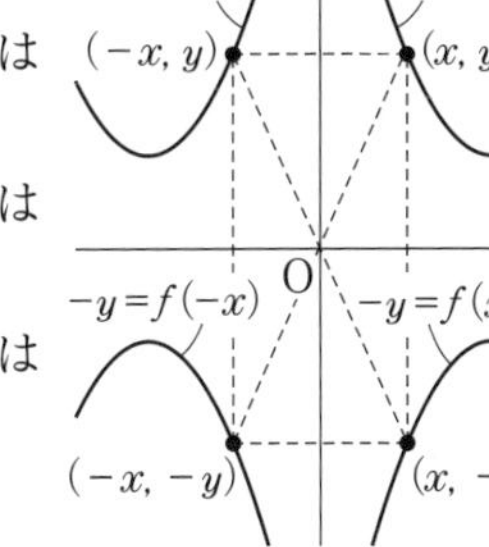

解答

放物線 $y=3x^2$ を x 軸方向に p，y 軸方向に q だけ平行移動すると

◀ x の代わりに $x-p$，y の代わりに $y-q$

$$y=3(x-p)^2+q$$

さらに，x 軸に関して対称移動すると

$$-y=3(x-p)^2+q$$

◀ y の代わりに $-y$

$$\therefore\quad y=-3(x-p)^2-q$$

これと，$y=-3x^2+18x-25$

$$=-3(x^2-6x)-25$$
$$=-3\{(x-3)^2-3^2\}-25$$
$$=-3(x-3)^2+2$$

◀ 平方完成は $x^2+2ax=(x+a)^2-a^2$ が基本！

を比較して，$\boldsymbol{p=3,\ q=-2}$

別解 頂点の移動を考えるのも効果的です．

$y=-3(x-3)^2+2$ から逆にたどると，頂点は

$$(3,\ 2)\ \overset{x\text{軸対称移動}}{\Longrightarrow}\ (3,\ -2)\ \overset{\text{平行移動}}{\Longrightarrow}\ (0,\ 0)$$

となるので，$y=3x^2$ を x 軸方向に 3，y 軸方向に -2 だけ平行移動して，x 軸対称移動したものが $y=-3x^2+18x-25$ となります．

解答のように機械的にやるのもよいですが，

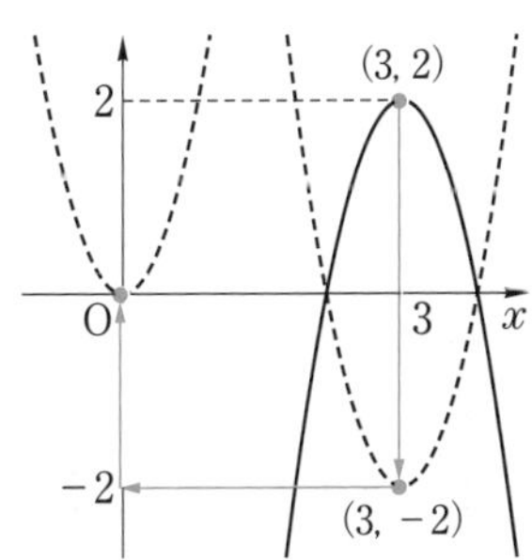

頂点の移動はかなり使える場面が多いので，うまく活用してください．ただし，x 軸対称移動する場合は，凹凸が変わり x^2 の係数がマイナス倍になることに注意すること！

ブラッシュアップ

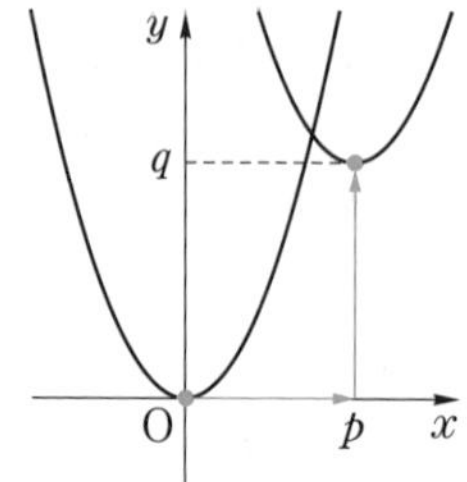

$y=ax^2$ のグラフを x 軸方向に p，y 軸方向に q だけ平行移動したグラフは

$$\boldsymbol{y=a(x-p)^2+q}$$

であり，対称軸が直線 $x=p$，頂点が $(p,\ q)$ の放物線です．これを展開すると，一般に

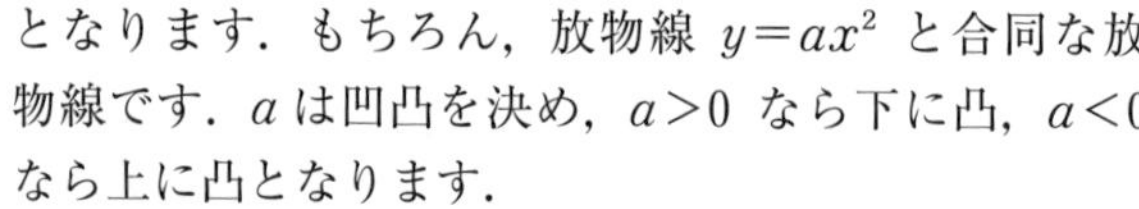

$$y=ax^2\underbrace{-2apx}_{b}+\underbrace{ap^2+q}_{c}$$

$$\boldsymbol{=ax^2+bx+c}$$

となります．もちろん，放物線 $y=ax^2$ と合同な放物線です．a は凹凸を決め，$a>0$ なら下に凸，$a<0$ なら上に凸となります．

ちょっと一言《平方完成の仕方》

平方完成の基本は

$$\boldsymbol{x^2+2\underbrace{ax}_{\text{半分}}=(x+\underbrace{a}_{})^2-a^2}$$

です．平方完成の手順は

$$\begin{aligned} y&=2x^2-4x+3 \\ &=2(x^2-2x)+3 && [x^2 \text{ の係数でくくる！}] \\ &=2\{(x-1)^2-1^2\}+3 && [\text{上の式の（　）の中を平方完成する！}] \\ &=2(x-1)^2-2\cdot1+3 && [\text{展開する！}] \\ &=2(x-1)^2+1 \end{aligned}$$

となります．最終的には暗算でできるように練習しましょう！

メインポイント

2次関数の平行移動，対称移動をしっかり理解しよう．頂点の移動も効果的なことが多いので，視覚的に考えることも大切！

11 グラフの決定

アプローチ

2次関数の基本3タイプは

① $\boldsymbol{y=ax^2+bx+c}$ (一般形)

② $\boldsymbol{y=a(x-p)^2+q}$ (頂点主役)

③ $\boldsymbol{y=a(x-\alpha)(x-\beta)}$ (交点主役)

です．2次関数の決定問題では，これらを適切に使いましょう．

解答

(1) 放物線 $y=ax^2+bx+c$ が3点 $(-1,\ 2)$, $(0,\ -7)$, $(1,\ -10)$ を通る条件はそれぞれ ◀一般形の利用！

$2=a-b+c$ …①　$-7=c$ …②　$-10=a+b+c$ …③

①−③ より，$12=-2b$　∴　$b=-6$

①に $b=-6$, $c=-7$ を代入して $a=3$

よって，$y=3x^2-6x-7=3(x-1)^2-10$ より，軸は直線 $\boldsymbol{x=1}$

(2) 頂点が $(-2,\ -5)$ より，$y=a(x+2)^2-5$ と書ける．点 $(2,\ 27)$ を通ることから， ◀頂点主役

$$27=a\cdot4^2-5 \qquad \therefore\ a=2$$

よって，$y=2(x+2)^2-5=\boldsymbol{2x^2+8x+3}$

(3) 2点 $(1,\ 0)$, $(3,\ 0)$ を通ることから，$y=a(x-1)(x-3)$ とおける．これが点 $(-1,\ 16)$ を通ることから， ◀ x 軸との交点主役！

$$16=a\cdot(-2)\cdot(-4) \qquad \therefore\ a=2$$

したがって，$\boldsymbol{y}=2(x-1)(x-3)=\boldsymbol{2x^2-8x+6}$

ブラッシュアップ

2点 $(1,\ 3)$, $(3,\ 3)$ を通る放物線の式はどうおくのがよいでしょうか？　y 座標が等しいことに着目すれば，

$$y=a(x-1)(x-3)+3$$

とおけます．

2点 $(1,\ 0)$, $(3,\ 0)$ を通る放物線 $y=a(x-1)(x-3)$ を y 軸方向に3だけ平行移動したと考えればわかりますね．

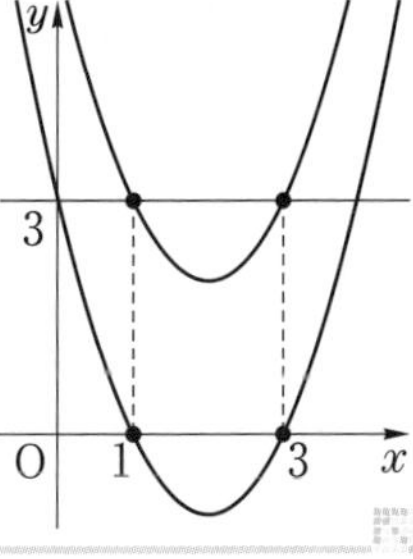

メインポイント

2次関数の基本3タイプは　「一般形」「頂点主役」「交点主役」

12 最大・最小 1

アプローチ

前半は，**11** でやったグラフの決定問題です．
まずはグラフを決定しましょう．
後半の最大・最小問題では，

軸と区間の位置関係

がポイントになります．

解答

$y=ax^2+bx+c$ とおくと，2 点 $(-1,\ 6)$，$(5,\ 6)$ を通ることから，

$6=a-b+c$ …①，$6=25a+5b+c$ …②

◀ 3 文字 2 式なので，a，b，c はまだ決定しない．b，c を a で表そう．

②−① より，$0=24a+6b$　∴　$b=-4a$

①に代入して，$c=6-a+b=6-5a$

よって，

$$y=ax^2-4ax+6-5a$$
$$=a(x-2)^2+6-9a$$

より，軸は直線 $x=\mathbf{2}$ である．

さらに，グラフが点 $(1,\ -2)$ を通ることから

$-2=a(1-2)^2+6-9a$

∴　$8a=8$　∴　$a=1$

$y=(x-2)^2-3$ $(1\leqq x\leqq 4)$

は $x=2$ で最小値 $\mathbf{-3}$

$x=4$ で最大値 $\mathbf{1}$ をとる．

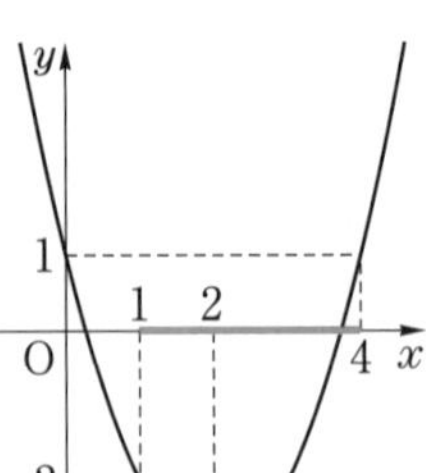

◀ 軸と区間の位置関係をしっかり把握しよう！

ちょっと一言

点 $(-1,\ 6)$ と点 $(5,\ 6)$ の y 座標が同じなので，グラフをイメージすると $x=\dfrac{-1+5}{2}=2$ に関して対称なことがわかります．よって，軸は直線 $x=2$ です．さらに，**11** の **ブラッシュアップ** の考え方を利用すると，$y=a(x+1)(x-5)+6$ とも表せます．

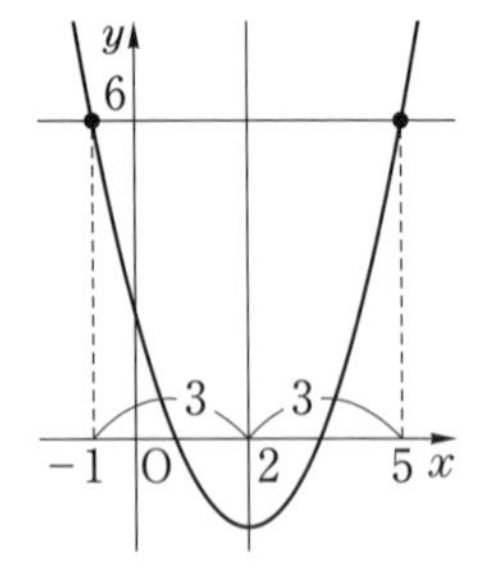

ブラッシュアップ

2次関数の最大・最小問題でポイントになるのは

下に凸のとき

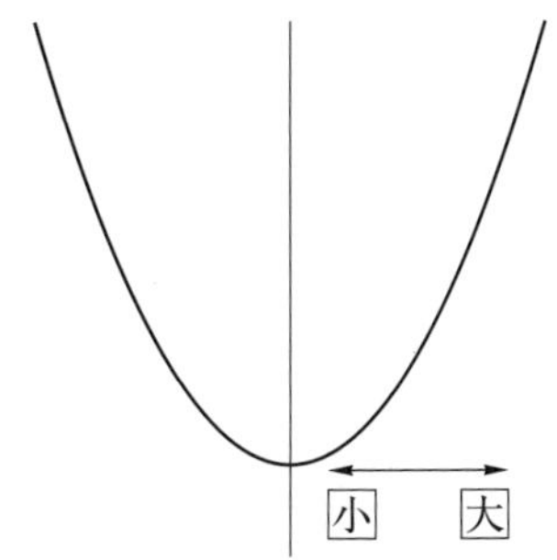

y の値は軸に近いと小さくなり，
軸から離れると大きくなる．

上に凸のとき

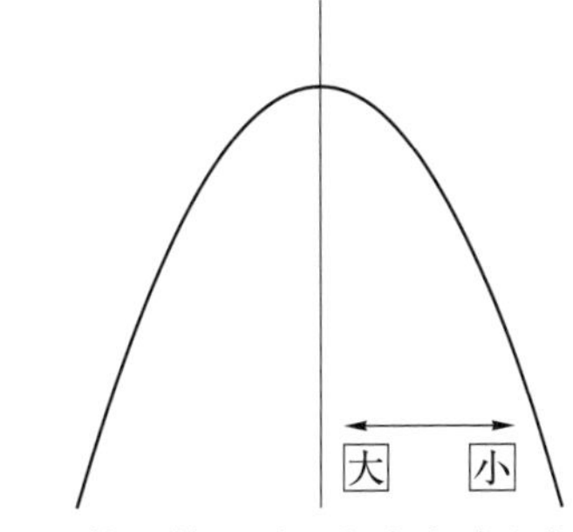

y の値は軸に近いと大きくなり，
軸から離れると小さくなる．

これだけです．ですから，2次関数の最大・最小は

軸と区間の位置関係

で決まります．問題が複雑になっても，この関係がしっかり把握できれば解決できます．

第3章

メインポイント

2次関数の最大・最小は「軸」と「区間」の位置関係がポイント！

13 最大・最小 2

アプローチ

条件付きの最大・最小問題です．条件を利用して，**どちらかの文字を消去**して変数を減らしましょう．このとき，**文字の変域**に注意しなければいけません．置き換え，文字消去の際には必ずチェックしましょう．

◀文字は消えて遺言残す！

解答

(1) $x=1-2y\geqq 0$ より，$y\leqq\dfrac{1}{2}$ 　$\therefore$ 　$0\leqq y\leqq\dfrac{1}{2}$

x^2+xy+y^2+2y

$=(1-2y)^2+(1-2y)y+y^2+2y$

$=3y^2-y+1=3\left(y-\dfrac{1}{6}\right)^2+\dfrac{11}{12}$

よって，$y=\dfrac{1}{6}$ で**最小値 $\dfrac{11}{12}$**

◀ x を消去する際に，x の条件 $x\geqq 0$ を y に伝える．すなわち，$x=1-2y\geqq 0$ から，$y\leqq\dfrac{1}{2}$

◀ 軸 $y=\dfrac{1}{6}$ は $0\leqq y\leqq\dfrac{1}{2}$ に含まれる．

(2) $y^2=\dfrac{1-x^2}{3}\geqq 0$ より，$x^2-1\leqq 0$

$\therefore$ 　$(x+1)(x-1)\leqq 0$ 　$\therefore$ 　$-1\leqq x\leqq 1$

$x+y^2=x+\dfrac{1-x^2}{3}$

$=-\dfrac{1}{3}x^2+x+\dfrac{1}{3}$

$=-\dfrac{1}{3}\left(x-\dfrac{3}{2}\right)^2+\dfrac{13}{12}$

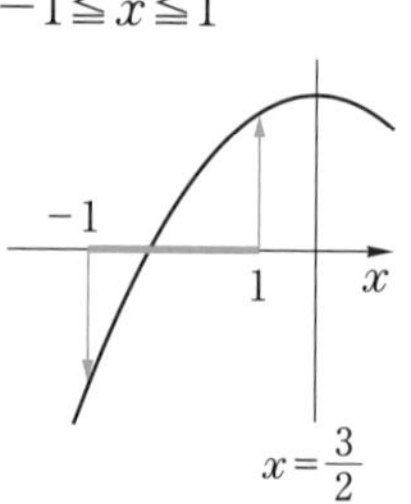

よって，**$x=1$，$y=0$ で最大値 1**，**$x=-1$，$y=0$ で最小値 -1** をとる．

◀ y^2 は 0 以上しか変化しないので，

$$y^2=\frac{1-x^2}{3}\geqq 0$$

より，x の範囲は限定される．特に，2 乗を消去するときは 0 以上の条件を忘れないようにしましょう．

ブラッシュアップ

(1)は図形的には，$x\geqq 0$，$y\geqq 0$，$x+2y=1$ の表す図形は右の線分ですから，$0\leqq x\leqq 1$，$0\leqq y\leqq\dfrac{1}{2}$ となります．

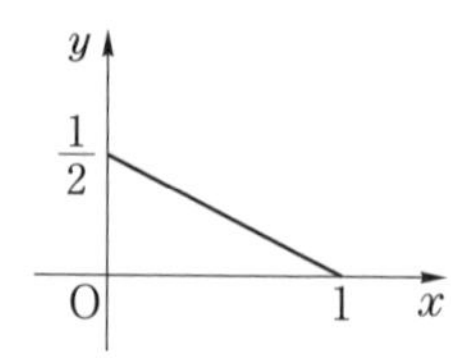

(2)の x，y の範囲について，数学Cを学んだ人は $x^2+3y^2=1$ を楕円とイメージするとよいでしょう．

メインポイント

条件付き最大・最小問題は 1 文字消去！　ただし，変数の範囲に注意！

14 最大・最小 3

アプローチ

$f(x)=(x-a)^2-a^2+3a$ より軸は直線 $x=a$ です．a の値は決まっていないので，区間 $0 \leqq x \leqq 4$ と軸の位置関係で場合分けする必要があります．

最小値 m：グラフは下に凸なので，区間内に軸があれば軸で最小，区間内に軸がなければ，軸に近い方で最小となります．

◀区間に対して，軸を動かして場合分けの基準をしっかり理解してください．

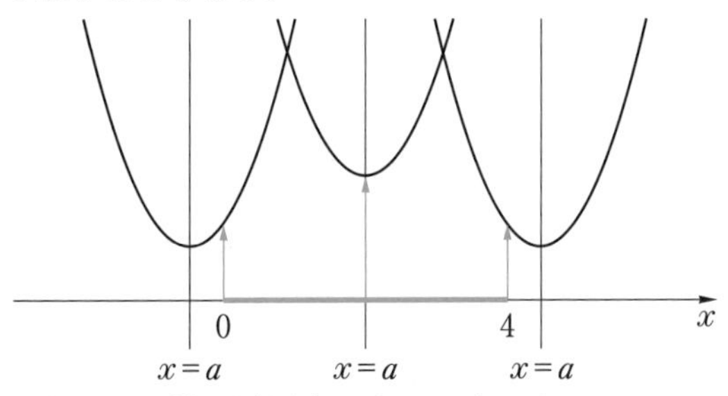

ですから，軸が区間内にあるかないかで

「軸≦0」，「0≦軸≦4」，「4≦軸」

の 3 つの場合分けになります．

◀下に凸の場合，軸が区間にあるかないかで 3 つの場合分け！

最大値 M：グラフは下に凸なので，y の値は軸から離れるほど大きくなり，軸に近いと小さくなります．軸が区間 $0 \leqq x \leqq 4$ の中央の $x=2$ にあると，区間の両端までの距離は等しいので，両端 $x=0$，4 で最大となります．

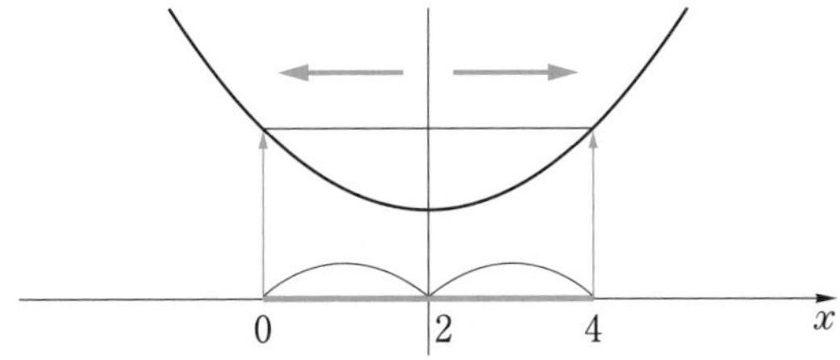

軸が中央より左に行けば $x=4$（遠い方）で最大，右に行けば $x=0$（遠い方）で最大になります．すなわち，**区間の中央で場合分け**になります．

◀下に凸の場合，軸が区間の中央より右か左かで 2 つの場合分け！

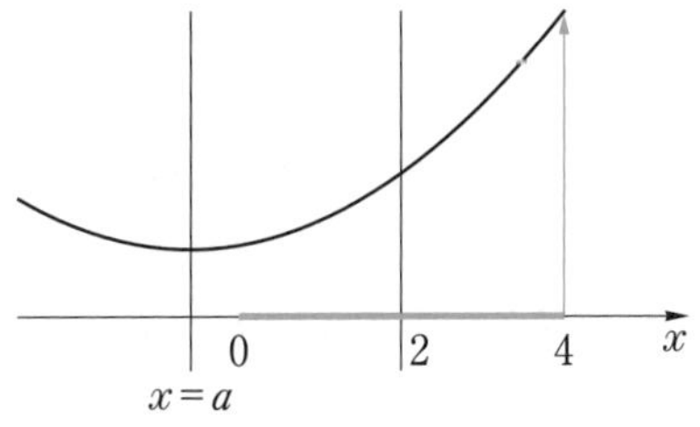

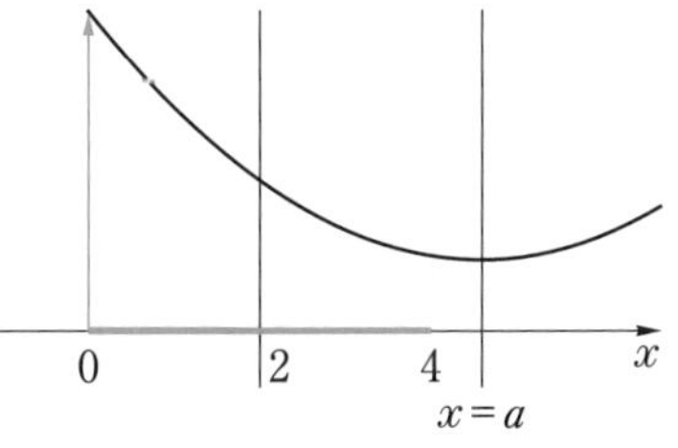

解答

(1) $f(x)=x^2-2ax+3a=(x-a)^2-a^2+3a$

より，$0\leqq x\leqq 4$ における最小値 m は

① $\boldsymbol{a\leqq 0}$ **のとき，**$\boldsymbol{m=f(0)=3a}$

② $\boldsymbol{0\leqq a\leqq 4}$ **のとき，**$\boldsymbol{m=f(a)=-a^2+3a}$

③ $\boldsymbol{4\leqq a}$ **のとき，**$\boldsymbol{m=f(4)=16-5a}$

◀軸が直線 $x=a$ より，区間 $0\leqq x\leqq 4$ との関係を考えて場合分けする．
もちろん図をイメージして考えます．**アプローチ** にかいたので省略しています．

(2) $0\leqq x\leqq 4$ での最大値 M は

(ア) $\boldsymbol{a\leqq 2}$ **のとき，**$\boldsymbol{M=f(4)=16-5a}$

(イ) $\boldsymbol{2\leqq a}$ **のとき，**$\boldsymbol{M=f(0)=3a}$

(3) $m=-4$ のとき，(1)より

① $a\leqq 0$ のとき，$m=3a=-4$ 　$\therefore\ a=-\dfrac{4}{3}$

このとき，(ア)より，$M=16-5\left(-\dfrac{4}{3}\right)=\dfrac{68}{3}$

◀求まった a に対して，対応する M が(ア)と(イ)のどちらであるかに注意して求めましょう．

② $0\leqq a\leqq 4$ のとき，$m=-a^2+3a=-4$

$\therefore\ a^2-3a-4=0$ 　$\therefore\ (a-4)(a+1)=0$

よって，$a=4$ であり，このとき，(イ)より

$M=3\times 4=12$

③ $4\leqq a$ のとき，$m=16-5a=-4$ 　$\therefore\ a=4$

となり②と同じである．

以上より，$m=-4$ となる a，M の組は

$(a,\ M)=\left(-\dfrac{4}{3},\ \dfrac{68}{3}\right)$，$(4,\ 12)$

ブラッシュアップ

グラフが上に凸の場合は最大値と最小値の立場が逆転し

最大値は，軸が区間内にあるかないかで3つの場合分け

最小値は，区間の中央より右か左かで2つの場合分け

になることも確認しておきましょう．

メインポイント

軸や区間に文字が入った2次関数の区間 $\boldsymbol{p\leqq x\leqq q}$ の最大・最小問題では，

下に凸のとき，最小値は3つ，最大値は2つの場合分け

上に凸のとき，最大値は3つ，最小値は2つの場合分け

が基本！

15 2次方程式

アプローチ

2次方程式 $ax^2+bx+c=0\ (a\neq 0)$ …(＊)

の解の公式

$$\boldsymbol{x=\frac{-b\pm\sqrt{b^2-4ac}}{2a}}$$

において，$\boldsymbol{D=b^2-4ac}$ を**判別式**といい，

$D>0$ のとき，異なる2つの実数解をもつ

$D=0$ のとき，実数の重解 $x=-\dfrac{\boldsymbol{b}}{\boldsymbol{2a}}$ をもつ

$D<0$ のとき，虚数解をもつ

となります．特に，b が2の倍数のときは，

$ax^2+2b'x+c=0\ (a\neq 0)$ …(＊＊)

$$x=\frac{-2b'\pm\sqrt{(2b')^2-4ac}}{2a}=\frac{-2b'\pm\sqrt{4(b'^2-ac)}}{2a}=\boldsymbol{\frac{-b'\pm\sqrt{b'^2-ac}}{a}}$$

を利用しましょう．このとき，$\boldsymbol{\dfrac{D}{4}=b'^2-ac}$ となります．

◀(＊)の解は，放物線 $y=ax^2+bx+c$ と x 軸の交点の x 座標なので，判別式の代わりにグラフを用いて，頂点の y 座標の符号を調べることによって解の個数を判別できます．(ただし，a の符号に注意する．) こちらの方が解きやすいこともあります．ちなみに，重解は接点の x 座標ですから直線 $x=-\dfrac{b}{2a}$ は放物線の軸です．

解答

$(a^2-4)x^2+2(a-2)x-3=0$ …① は2次方程式だから $a^2-4\neq 0$ より，$a\neq\pm 2$ である．このとき，①の判別式を D とすると，重解をもつ条件は

$\dfrac{D}{4}=(a-2)^2-(a^2-4)\cdot(-3)=0$

∴ $4a^2-4a-8=0$ ∴ $a^2-a-2=0$

∴ $(a-2)(a+1)=0$ $a\neq\pm 2$ より，$\boldsymbol{a=-1}$

このとき，①の重解は $x=-\dfrac{a-2}{a^2-4}=-\dfrac{1}{a+2}$ であるから，$a=-1$ のとき，重解 $\boldsymbol{x=-1}$

◀(＊＊)の重解は $x=-\dfrac{b'}{a}$ です．

ちょっと一言

重解を求める際には，値を2次方程式に代入して解くのではなく，(＊)なら $x=-\dfrac{b}{2a}$，(＊＊)なら $x=-\dfrac{b'}{a}$ に代入して求めましょう．

メインポイント

2次方程式の解の個数は判別式で！ 重解は放物線の軸 $\boldsymbol{x=-\dfrac{b}{2a}}$

16 2次不等式

アプローチ

2次不等式を解く際には，グラフをイメージすることが大切です．

例えば，$x^2-x-2<0$ を解く場合，左辺の2次関数 $y=x^2-x-2$ の y 座標が負となる x の範囲を求めなさいということですので，下の図をイメージして

$$(x-2)(x+1)<0$$

$$\therefore\quad -1<x<2$$

となります．もちろん，

$x^2-x-2>0$ を解く場合は

$$x<-1,\ 2<x$$

となります．

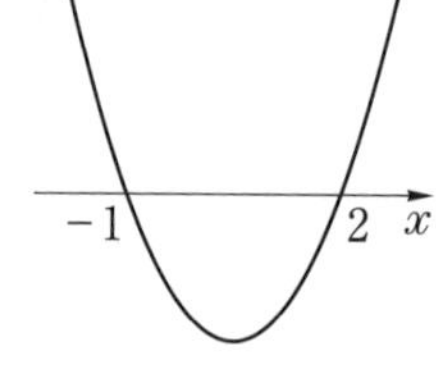

◀因数分解して，x 軸との交点をチェックする．

不等号の向きで暗記するのではなく，グラフをイメージして処理しましょう．

解答

(1) $x^2-4x-6=0$ を解くと，$x=2\pm\sqrt{10}$

これより，$x^2-4x-6<0$ は

$$2-\sqrt{10}<x<2+\sqrt{10}$$

ここで，$3<\sqrt{10}<4$ ($\sqrt{10}\fallingdotseq 3.16$) より，

$-2<2-\sqrt{10}<-1$，$5<2+\sqrt{10}<6$ であるから

◀交点を求めたら下図をイメージする．

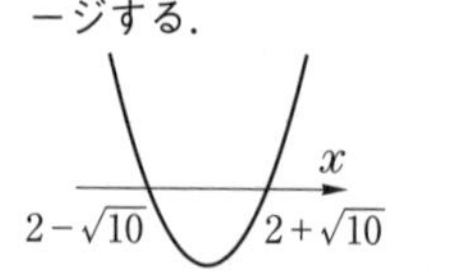

与式を満たす整数は，$x=-1$，0，1，2，3，4，5 の **7個**ある．

(2) $ax^2-x+b>0$ の解が

$$-2<x<1$$

となることから，右図がイメージできる．よって，$a<0$（上に凸）であり，

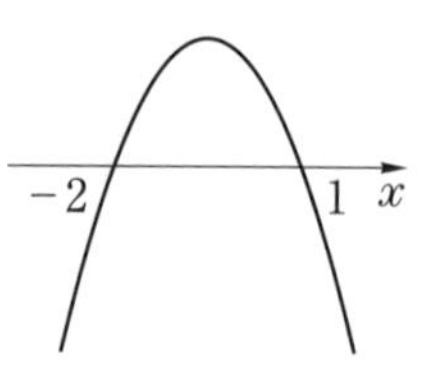

◀グラフをイメージすれば，視覚的にとらえることができる．

$$ax^2-x+b=a(x-1)(x+2)=ax^2+ax-2a$$

◀交点主役！

係数を比較して，

$$-1=a,\ b=-2a \qquad \therefore\quad \boldsymbol{a=-1,\ b=2}$$

これは，$a<0$ を満たすから適する．

(3) $f(x)=x^2-2(k+1)x+k+7$ とおくと

$$\begin{aligned} f(x)&=x^2-2(k+1)x+k+7\\ &=\{x-(k+1)\}^2-(k+1)^2+k+7\\ &=\{x-(k+1)\}^2-k^2-k+6 \end{aligned}$$

よって，すべての実数 x で $f(x)>0$ となる条件は

◀すべての x で $f(x)>0$ が成り立つとは，グラフが x 軸の上にあること！

$f(k+1)=-k^2-k+6>0$

$\therefore\quad k^2+k-6<0$

$\therefore\quad (k+3)(k-2)<0$

$\therefore\quad$ **$-3<k<2$**

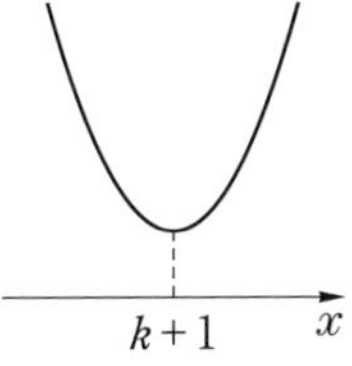

ちょっと一言

$f(x)$ のグラフは下に凸の放物線なので，すべての実数 x で $f(x)>0$ であることは，$f(x)=0$ が実数解をもたないことと同じです．$f(x)=0$ の判別式を D として

$$\frac{D}{4}=(k+1)^2-(k+7)=k^2+k-6<0$$

と解くこともできます．頂点を求めるのが面倒なときは，こちらで処理するとよいでしょう．

ブラッシュアップ

$x^2+1\geqq 0$ は解けますか？

左辺のグラフをイメージすれば，どんな x でも成り立ちますから，解はすべての実数です．

同様に，$x^2+1<0$ はどんな x でも成り立ちませんから解なしです．

常に，左辺のグラフが x 軸と共有点をもつとは限りません．グラフをイメージすることによって，どんな問題にも対応できるようにしましょう．

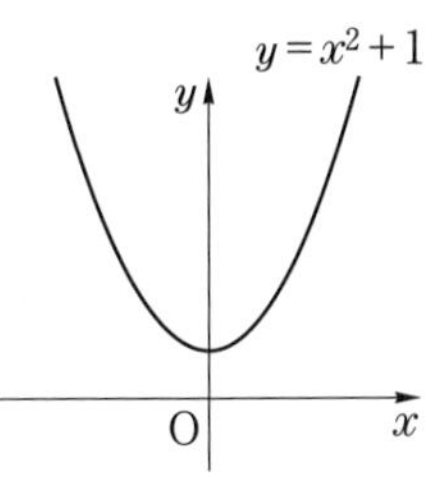

メインポイント

2 次不等式は，グラフをイメージせよ！

17 解の配置

アプローチ

この問題のように，2 次方程式の解が，ある範囲にあるような条件を求める問題を「解の配置」の問題といいます．解の配置の問題では，グラフを利用して，

① 区間の端点の値　② 軸の位置

③ 判別式（頂点の y 座標）

を調べて条件を求めていくのが鉄則です．

◀余計なことをしないように，①②③の順番で調べる．ブラッシュアップ参照！

解答

$f(x)=x^2-(m-10)x+m+14$ とおく．

このグラフが $x>1$ の区間で x 軸と異なる 2 点で交わる条件は，

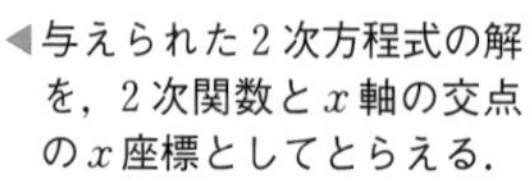

◀与えられた 2 次方程式の解を，2 次関数と x 軸の交点の x 座標としてとらえる．

$f(1)=1-(m-10)+m+14$

$\quad=25>0$ は成立　…①

軸　$x=\dfrac{m-10}{2}>1$

$\therefore\quad m>12$　…②

◀軸は $f(x)=\left(x-\dfrac{m-10}{2}\right)^2+▲$ より，$x=\dfrac{m-10}{2}$

判別式 D

$=(m-10)^2-4(m+14)$

$=m^2-24m+44$

$=(m-2)(m-22)>0$

$\therefore\quad m<2,\ 22<m$　…③

①，②，③の共通部分を考えて，$\boldsymbol{m>22}$

また，グラフが x 軸の正の部分と負の部分の両方と交わるとき，

$f(0)=m+14<0\qquad\therefore\quad \boldsymbol{m<-14}$

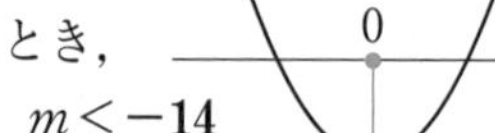

◀$f(0)<0$ なら，正の解と負の解をもつ．

ちょっと一言

③の条件は，(頂点の y 座標)<0 としてもよい．その場合は，

$$f(x)=\left(x-\frac{m-10}{2}\right)^2-\left(\frac{m-10}{2}\right)^2+m+14$$

$$=\left(x-\frac{m-10}{2}\right)^2+\frac{-m^2+24m-44}{4}$$

より，$\dfrac{-m^2+24m-44}{4}<0$ として計算する．本問では，判別式を利用した方が楽ですね．

ブラッシュアップ

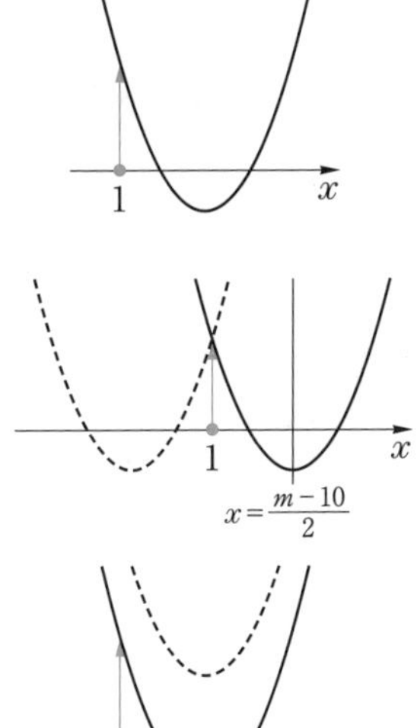

1より大きい異なる2つの解をもつ条件は，次のようにして絞ります．グラフが右図のようになればよいので，まずは，区間 $x>1$ の端点 $x=1$ での値は正である必要があります．

よって，$f(1)>0$ …①

ところが，$f(1)>0$ の条件を満たすものの中には，点線のようなグラフも含まれてしまいますので，これを除外するためには，軸が1より大きい必要があります．

よって，軸>1 …②が必要です．

最後に，①，②の条件を満たしても，右図の点線のグラフのように，x 軸と交わらないグラフがあるので，最後に 判別式>0，または頂点の y 座標を負にして強制的に x 軸とぶつけます． …③

これでめでたく $x>1$ で x 軸と異なる2点で交わる放物線が存在する条件がつくれるわけです．

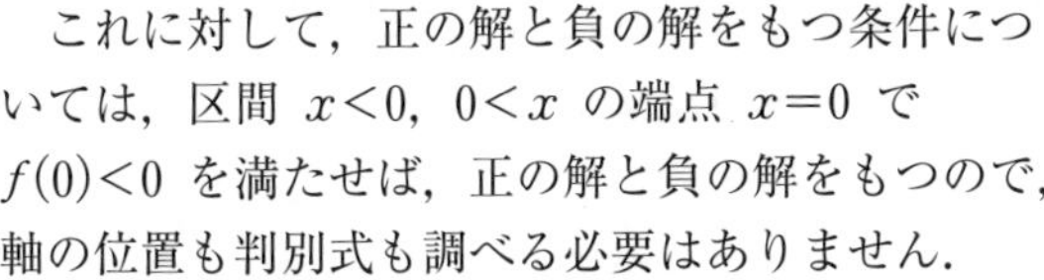

これに対して，正の解と負の解をもつ条件については，区間 $x<0$，$0<x$ の端点 $x=0$ で $f(0)<0$ を満たせば，正の解と負の解をもつので，軸の位置も判別式も調べる必要はありません．

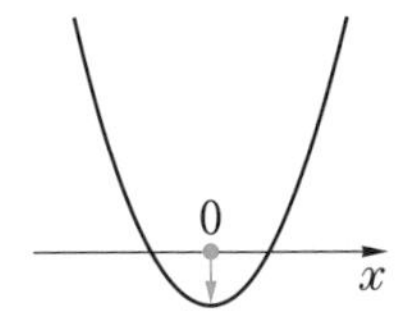

解の配置の問題では，グラフを利用して，3つの条件を調べていくのが基本ですが，すべて調べる必要がない場合もありますから，

① **区間の端点の値**

② **軸の位置**

③ **判別式（頂点の y 座標）**

の順に条件を絞り込んでいきましょう．

メインポイント

解の配置は3条件！

① **区間の端点の値**　② **軸の位置**　③ **判別式（頂点の y 座標）**

第4章 三角比

18 三角比の定義

アプローチ

$\tan\alpha=\dfrac{1}{4}$ とは，α を角にもつ直角三角形の辺の比が右図のようになるということです．
(ただし，α は鋭角)

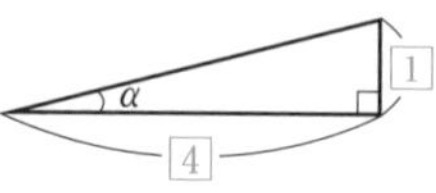

◀ $\tan\alpha=\dfrac{1}{4}$ から，α がどんな角かイメージできます！

さらに，ピタゴラスの定理を用いれば，

$$斜辺=\sqrt{1^2+4^2}=\sqrt{17}$$

となり，α を角にもつ直角三角形の辺の比は右図のようになり

$$\sin\alpha=\frac{1}{\sqrt{17}},\ \cos\alpha=\frac{4}{\sqrt{17}}$$

もわかります．

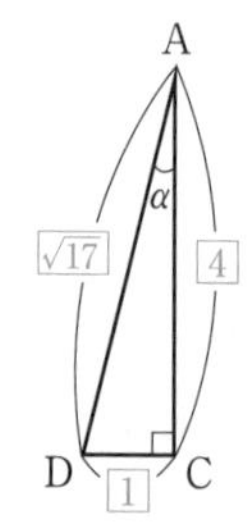

三角比は，直角三角形の辺の比です．サイン，コサイン，タンジェントのいずれか1つがわかれば，どのような角かイメージできることをしっかり押さえてください．

◀ ただし，鈍角の場合は，符号に注意する必要があります．

解答では，3辺の比に着目してみます．

解答

α は鋭角で $\tan\alpha=\dfrac{1}{4}$ より，
α を角にもつ直角三角形は，
次のようになる．

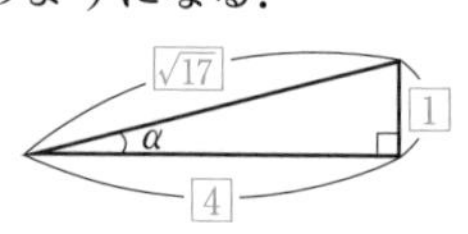

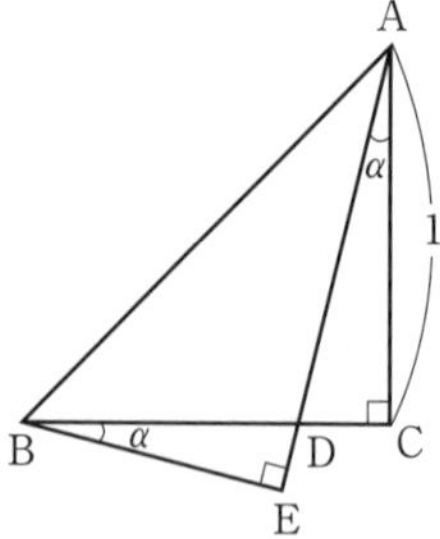

◀ α を角にもつ直角三角形の3辺の比が $1:4:\sqrt{17}$ であることを利用して解いています．サインやタンジェントを用いて表す方法は，ブラッシュアップ 参照！

$\angle CAD=\alpha$ より

$$CD=\frac{1}{4}CA=\mathbf{\frac{1}{4}}$$

$AC=BC=1$ より，$BD=BC-CD=1-\dfrac{1}{4}=\mathbf{\dfrac{3}{4}}$

$\triangle ACD\backsim\triangle BED$ より，$\angle DBE=\angle DAC=\alpha$

よって，$\mathrm{DE}=\frac{1}{\sqrt{17}}\mathrm{BD}=\frac{1}{\sqrt{17}}\cdot\frac{3}{4}=\mathbf{\frac{3\sqrt{17}}{68}}$

ちょっと一言

角が 30° や 60° などとわかるとなぜ嬉しいのでしょう．それは辺の比や三角比の値がわかるからです．23° とわかっても嬉しくありませんが，角度がわからなくとも $\tan\alpha=\frac{1}{4}$ とわかれば，辺の比や三角比の値がイメージできるのです．

ブラッシュアップ

$$\begin{cases}\sin\theta=\dfrac{b}{c} \iff b=c\sin\theta \\ \cos\theta=\dfrac{a}{c} \iff a=c\cos\theta \\ \tan\theta=\dfrac{b}{a} \iff b=a\tan\theta\end{cases}$$

サイン，コサイン，タンジェントはあくまでも直角三角形の辺の比を表します．

上の式から

斜辺 c に $\sin\theta$ をかけると b
斜辺 c に $\cos\theta$ をかけると a
a に $\tan\theta$ をかけると b

が出てきます．

この考えを用いると，問題の解答は

$$\mathrm{CD}=\mathrm{AC}\tan\alpha=\frac{1}{4}$$

$$\mathrm{DE}=\mathrm{BD}\sin\alpha=\frac{3}{4}\cdot\frac{1}{\sqrt{17}}=\frac{3\sqrt{17}}{68}$$

とすることもできます．このような求め方もできるようにしましょう．

メインポイント

三角比は直角三角形の辺の比！

19 三角比の相互関係

アプローチ

$\sin\theta$, $\cos\theta$, $\tan\theta$ の間には

① $\boldsymbol{\sin^2\theta+\cos^2\theta=1}$

② $\boldsymbol{\tan\theta=\dfrac{\sin\theta}{\cos\theta}}$

③ $\boldsymbol{1+\tan^2\theta=\dfrac{1}{\cos^2\theta}}$

◀なぜ成り立つかは，ブラッシュアップで！

の関係が成立します．①を用いると

$$(\sin\theta\pm\cos\theta)^2$$
$$=\sin^2\theta+\cos^2\theta\pm2\sin\theta\cos\theta\text{(複号同順)}$$

より

$$\boldsymbol{(\sin\theta+\cos\theta)^2=1+2\sin\theta\cos\theta}$$

◀和と積の関係

$$\boldsymbol{(\sin\theta-\cos\theta)^2=1-2\sin\theta\cos\theta}$$

◀差と積の関係

も重要公式です．また，変換公式

$$\begin{cases}\sin(90^\circ-\theta)=\cos\theta\\ \cos(90^\circ-\theta)=\sin\theta\\ \tan(90^\circ-\theta)=\dfrac{1}{\tan\theta}\end{cases}\quad\begin{cases}\sin(180^\circ-\theta)=\sin\theta\\ \cos(180^\circ-\theta)=-\cos\theta\\ \tan(180^\circ-\theta)=-\tan\theta\end{cases}$$

◀なぜ成り立つかは，ブラッシュアップで！

はすぐに書けるように練習しておきましょう．

解答

(1) $(\sin\theta+\cos\theta)^2=1+2\sin\theta\cos\theta=\left(\dfrac{4}{3}\right)^2$

◀和と積の関係を利用！

$\therefore\ 2\sin\theta\cos\theta=\dfrac{16}{9}-1=\dfrac{7}{9}\quad\therefore\ \sin\theta\cos\theta=\boldsymbol{\dfrac{7}{18}}$

また，$\tan\theta+\dfrac{1}{\tan\theta}=\dfrac{\sin\theta}{\cos\theta}+\dfrac{\cos\theta}{\sin\theta}$

◀$\tan\theta=\dfrac{\sin\theta}{\cos\theta}$ の利用！

$$=\frac{\sin^2\theta+\cos^2\theta}{\sin\theta\cos\theta}=\boldsymbol{\frac{18}{7}}$$

◀$\sin^2\theta+\cos^2\theta=1$ の利用！

(2) $\tan(90^\circ-\theta)=\dfrac{1}{\tan\theta}=\dfrac{1}{3}\quad\therefore\ \tan\theta=3$

◀変換公式の利用！

よって，$\tan(180^\circ-\theta)=-\tan\theta=\boldsymbol{-3}$

また，$0^\circ<\theta<90^\circ$ より，

$$\sin\theta=\frac{3}{\sqrt{10}}=\boldsymbol{\frac{3\sqrt{10}}{10}}$$

$\sqrt{10}$　3　θ　1

◀$\tan\theta$ から $\cos\theta$ を求めるには

$$1+\tan^2\theta=\frac{1}{\cos^2\theta}$$

の利用もできますが，$\tan\theta=3$ から，左図のイメージをもてばすぐにわかりますね．

ブラッシュアップ

三角比を鈍角に拡張するには，単位円で定義します．すなわち，右図で

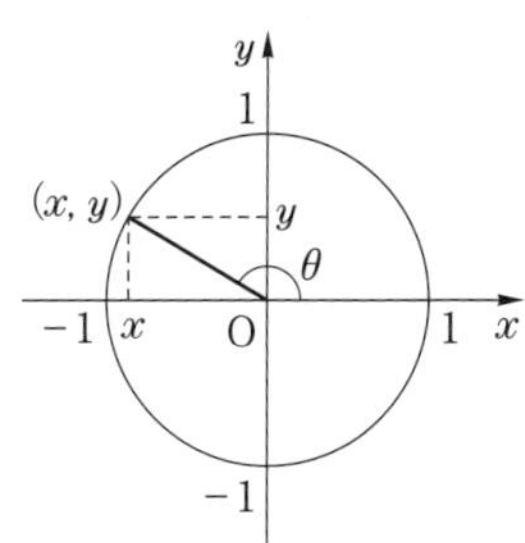

$$\begin{cases} \sin\theta = \dfrac{y}{1} = y \\ \cos\theta = \dfrac{x}{1} = x \\ \tan\theta = \dfrac{y}{x} = \dfrac{\sin\theta}{\cos\theta} \end{cases}$$

これより，単位円周上で

サイン は $\boldsymbol{y}$，コサインは $\boldsymbol{x}$，タンジェントは傾き

となります．$x^2+y^2=1$ から，$\boldsymbol{\sin^2\theta+\cos^2\theta=1}$ が成り立ち，この両辺を $\cos^2\theta$ で割ると

$$\frac{\sin^2\theta}{\cos^2\theta}+\frac{\cos^2\theta}{\cos^2\theta}=\frac{1}{\cos^2\theta} \qquad \therefore \quad \boldsymbol{1+\tan^2\theta=\frac{1}{\cos^2\theta}}$$

また，変換公式に関しては，右の図から

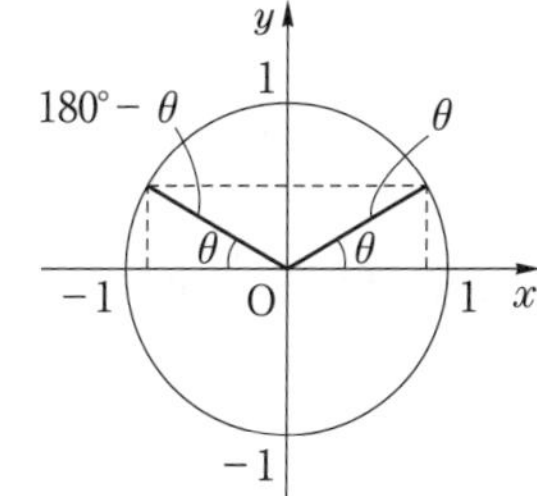

円周上の θ と $180°-\theta$ の点の y 座標は同じなので

$$\boldsymbol{\sin(180°-\theta)=\sin\theta}$$

x 座標はマイナス倍なので

$$\boldsymbol{\cos(180°-\theta)=-\cos\theta}$$

傾きもマイナス倍なので

$$\boldsymbol{\tan(180°-\theta)=-\tan\theta}$$

また，$90°-\theta$ の方は，直角三角形を考えればわかりやすいでしょう．

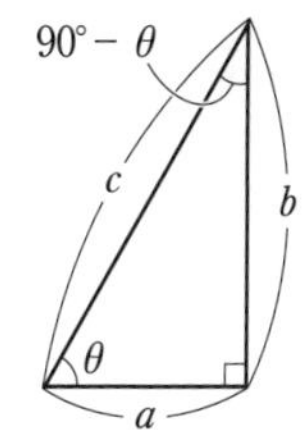

$$\sin(90°-\theta)=\frac{a}{c}=\cos\theta$$

$$\cos(90°-\theta)=\frac{b}{c}=\sin\theta$$

立場が逆転するので，**サインとコサインが入れ替わります．**

したがって，

$$\tan(90°-\theta)=\frac{\sin(90°-\theta)}{\cos(90°-\theta)}=\frac{\cos\theta}{\sin\theta}=\frac{1}{\tan\theta}$$

のように逆数になります．

メインポイント

三角比の相互関係は，なぜそうなるかも考えて覚えよう！

20 正弦定理・余弦定理

アプローチ

余弦定理，正弦定理の練習問題です．

◀まずは使い方をしっかりマスターしましょう．余弦定理の成り立ちについては ブラッシュアップ 参照！

《余弦定理》

$\boldsymbol{a^2=b^2+c^2-2bc\cos A}$

余弦定理は「**3辺と1つの角の関係**」です．このうちのどれか3つの要素がわかれば，残りの1つを求めることができます．

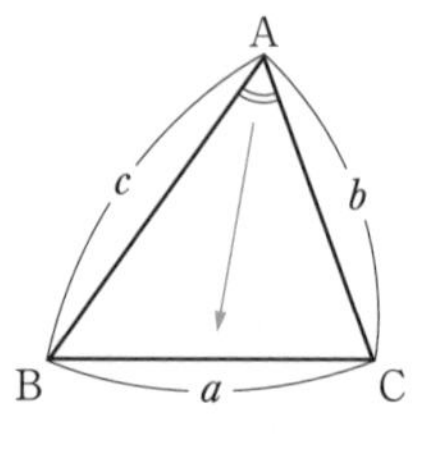

《正弦定理》

△ABC の外接円の半径を R とすると

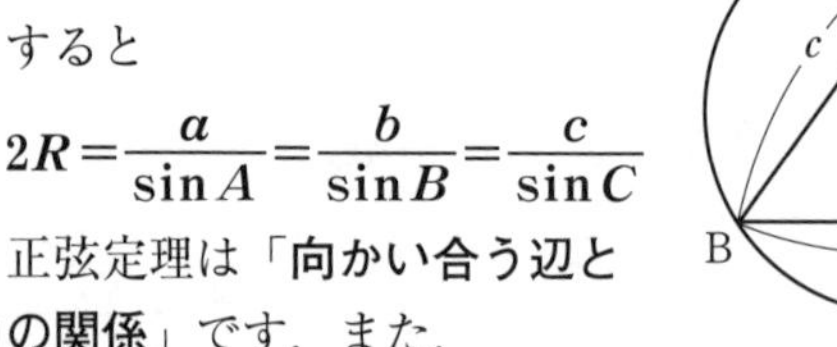

$$\boldsymbol{2R=\frac{a}{\sin A}=\frac{b}{\sin B}=\frac{c}{\sin C}}$$

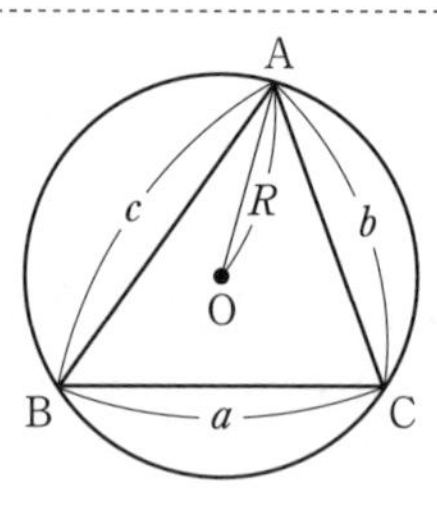

正弦定理は「**向かい合う辺と角の関係**」です．また，

$\sin A:\sin B:\sin C=a:b:c$ より，「**サインの比は辺の比**」です．

解答

(1) △ABC において，余弦定理より

◀2辺と間の角がわかっているので余弦定理の出番！

$$\begin{aligned}\mathrm{CA}^2&=7^2+(4\sqrt{2})^2\\&\quad-2\cdot7\cdot4\sqrt{2}\cdot\cos45^\circ\\&=49+32-56=25\end{aligned}$$

よって，CA$=\boldsymbol{5}$

さらに，正弦定理より

◀向かい合う辺と角の関係は正弦定理！

$$\frac{4\sqrt{2}}{\sin A}=\frac{5}{\sin45^\circ}=\frac{5}{\frac{1}{\sqrt{2}}}=5\sqrt{2}\qquad\therefore\quad \sin A=\boldsymbol{\frac{4}{5}}$$

(2) △ABC の外接円の半径を R とすると，正弦定理より

◀外接円の半径ときたら，正弦定理です！

$$2R=\frac{5}{\sin45^\circ}=5\sqrt{2}\qquad\therefore\quad R=\boldsymbol{\frac{5\sqrt{2}}{2}}$$

ちょっと一言

有名角の三角比は右図がベースですね．解答では，

$\cos 45° = \sin 45° = \dfrac{1}{\sqrt{2}}$ を利用しました．

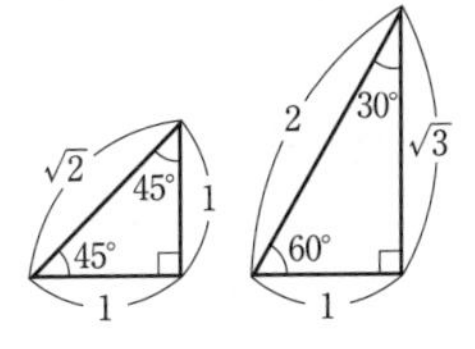

ブラッシュアップ

余弦定理や正弦定理を知らなかった中学時代はどのように求めていたか覚えていますか？

45° を角にもつ直角三角形をつくるために，右図のように点Cから垂線を下ろすと，AC＝5，さらに直角三角形 ACH に着目すると，$\sin A = \dfrac{4}{5}$ もわかります．**「垂線を下ろす」という操作は補助線の引き方のうちで最も重要なものの１つです．**

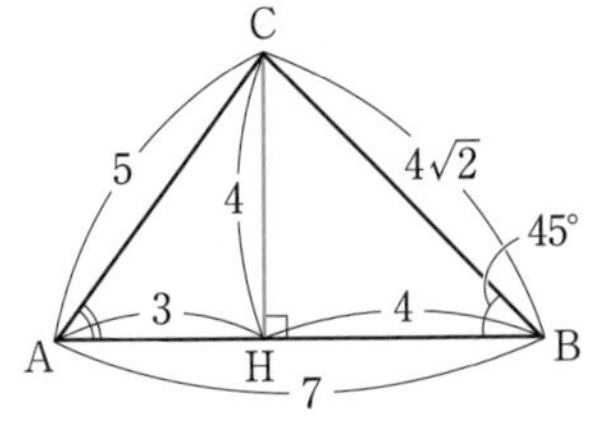

実はこの操作に，高校で習う三角比の考えを融合すると余弦定理が証明できます．

右図において，点Cから AB に垂線 CH を下ろすと，

$$\mathrm{CH} = b\sin A,\quad \mathrm{AH} = b\cos A$$

よって，$\mathrm{BH} = c - b\cos A$ となるので，

△BHC でピタゴラスの定理を用いて

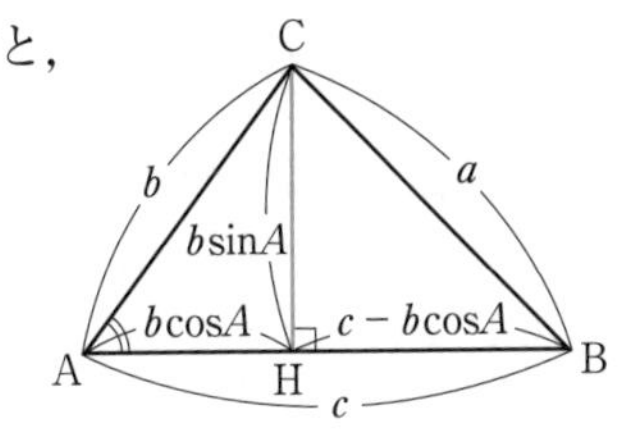

$$\begin{aligned} a^2 &= (b\sin A)^2 + (c - b\cos A)^2 \\ &= b^2\sin^2 A + c^2 - 2bc\cos A + b^2\cos^2 A \\ &= b^2(\underbrace{\sin^2 A + \cos^2 A}_{1}) + c^2 - 2bc\cos A \\ &= b^2 + c^2 - 2bc\cos A \end{aligned}$$

今は特殊な場合しか証明していませんが，証明のアウトラインはつかめたと思います．サイン，コサインの使い方も含めてしっかり押さえましょう！

ついでに，△ABC の面積は，図から底辺 c，高さ $b\sin A$ なので

$$\triangle\mathrm{ABC} = \frac{1}{2}\mathrm{AB}\cdot\mathrm{CH} = \frac{1}{2}c\cdot b\sin A = \frac{1}{2}bc\sin A$$

とわかります．

メインポイント

余弦定理，正弦定理の使い方，成り立ちをしっかりチェック！　垂線という補助線の引き方も覚えておこう！

21 面積・内接円の半径・角の2等分線の長さ

アプローチ

$a:b:c=7:5:3$ より，$a=7k$，$b=5k$，$c=3k$ とおけますが，(1)では辺の比が決まれば角度は決まりますので（相似），$k=1$ すなわち $a=7$，$b=5$，$c=3$ として計算しましょう．(3)の内接円の半径は下の面積公式を利用します．また，(4)の角の2等分線の長さは，面積を分割して2通りに表すのがポイントです．

《三角形の面積公式》

1°) $\triangle ABC=\boldsymbol{\frac{1}{2}bc\sin A}$

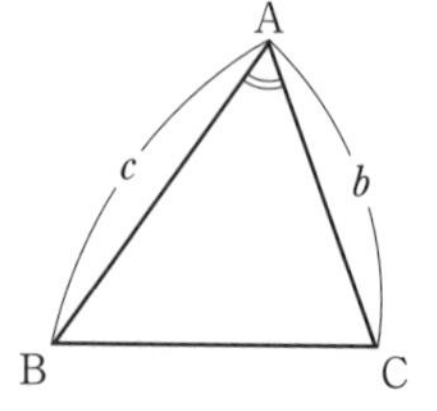

◀証明のアウトラインは前問の **ブラッシュアップ** 参照！

2°) △ABC の内接円の半径を r，内接円の中心をⅠとすると

$$\triangle ABC=\triangle IBC+\triangle ICA+\triangle IAB$$
$$=\frac{1}{2}ar+\frac{1}{2}br+\frac{1}{2}cr$$
$$=\boldsymbol{\frac{r}{2}(a+b+c)}$$

◀証明も含めてしっかり理解して覚えましょう！

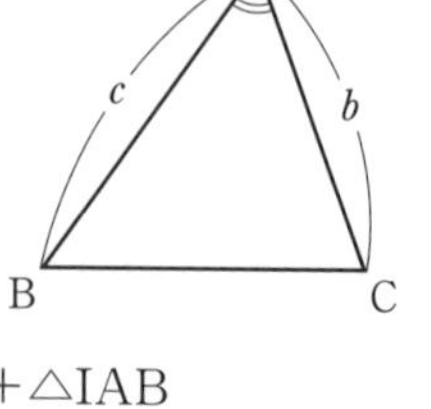

通常，内接円の半径を求める際には，この公式を利用します．

解答

(1) ∠BAC は3辺の比で決まるから，

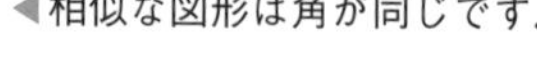

◀相似な図形は角が同じです．

$a:b:c=7:5:3$ より $a=7$，$b=5$，$c=3$ としてよく，△ABC で余弦定理から

$$\cos\angle BAC=\frac{5^2+3^2-7^2}{2\cdot5\cdot3}=\frac{-15}{30}=-\frac{1}{2}$$

$$\therefore\quad \angle BAC=\boldsymbol{120°}$$

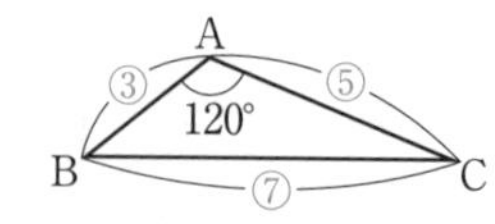

(2) $a=7k$，$b=5k$，$c=3k$ $(k>0)$ とおくと，

◀三角形の面積公式の利用！

$$\triangle ABC=\frac{1}{2}\cdot5k\cdot3k\sin120°=\frac{15}{4}\sqrt{3}\,k^2=60\sqrt{3}$$

$$\therefore\quad k^2=16\qquad\therefore\quad k=4\qquad\therefore\quad a=\boldsymbol{28}$$

(3) △ABC の外接円の半径を R とすると，正弦定理より

◀外接円の半径は正弦定理！

$$2R=\frac{28}{\sin120°}\qquad\therefore\quad R=\frac{28}{\sqrt{3}}=\boldsymbol{\frac{28\sqrt{3}}{3}}$$

$\triangle$ABC の内接円の半径を r とすると

$$\triangle ABC=\frac{r}{2}(a+b+c)=\frac{r}{2}(28+20+12)$$

$$=30r=60\sqrt{3}$$

$$\therefore\quad r=\mathbf{2\sqrt{3}}$$

◀内接円の半径は $S=\frac{r}{2}(a+b+c)$ を利用する.

(4) AD$=x$ とすると,

$\triangle$ABC$=\triangle$ABD$+\triangle$ACD より

$$60\sqrt{3}=\frac{1}{2}\cdot 12x\sin 60^\circ+\frac{1}{2}\cdot 20x\sin 60^\circ=8\sqrt{3}\,x$$

$$\therefore\quad x=\frac{60}{8}=\mathbf{\frac{15}{2}}(=\mathrm{AD})$$

◀角の2等分線の長さは，面積の利用！

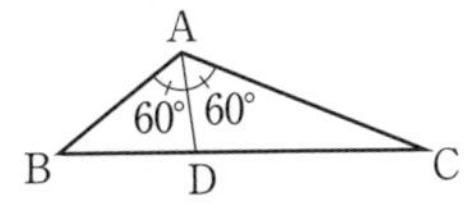

ブラッシュアップ

ADの長さを求める際，今回は $\angle$BAD$=\angle$CAD$=60^\circ$ とわかっていたので，面積の利用が効果的ですが，これがわからない場合は，まず余弦定理を用いて

$$\cos\angle ABD=\frac{3^2+7^2-5^2}{2\cdot 3\cdot 7}=\frac{11}{14}$$

角の2等分線の性質

$$AB:AC=BD:DC=3:5$$

を用いて，$\mathrm{BD}=28\times\frac{3}{8}=\frac{21}{2}$

$\triangle$ABDで余弦定理より

$$AD^2=12^2+\left(\frac{21}{2}\right)^2-2\cdot 12\cdot\frac{21}{2}\cos\angle ABD$$

$$=3^2\cdot\frac{25}{4}\qquad\therefore\quad AD=\frac{15}{2}$$

とすることもできます.

《角の2等分線の性質》

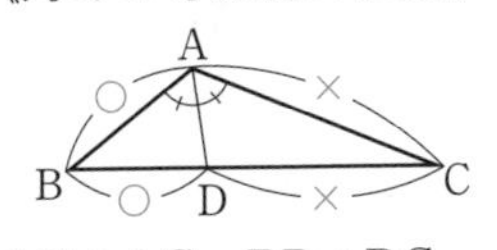

AB : AC＝BD : DC

ちょっと一言《知ってると得する有名三角形》

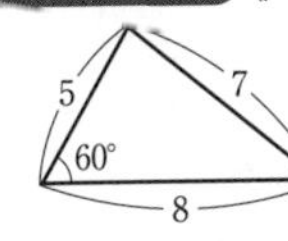

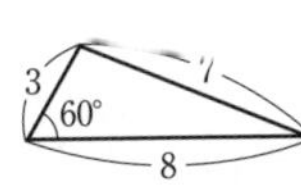

はなこ，はなさん（気持ちを込めて）

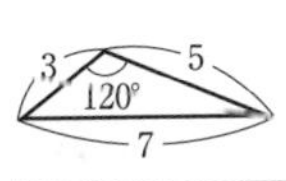

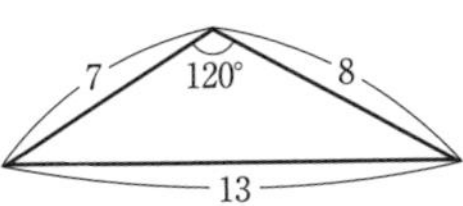

みなこ，父さんはな（語りかけるように）

本問の三角形は「みなこ」です.

メインポイント

内接円の半径，角の2等分線の長さの求め方をしっかり押さえよう！

22 円に内接する四角形

アプローチ

円に内接する四角形の角の余弦と面積を求める問題です．**円に内接する四角形の対角の和が 180° である**ことと

$$\cos(180°-\theta)=-\cos\theta$$

を利用して，△ABC と △ACD で余弦定理を用いて AC と cos∠ADC の連立方程式をつくるのが鉄則です．

四角形 ABCD の面積は

$$\sin(180°-\theta)=\sin\theta$$

を利用して，△ABC と △ACD の和と考えます．

◀対角線の長さが問われる場合もある．

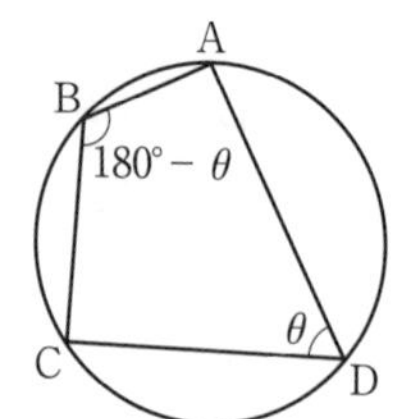

解答

∠ADC＋∠ABC＝180° より，

△ACD で余弦定理を用いて

$$AC^2=3^2+4^2-2\cdot3\cdot4\cos\angle ADC$$
$$=25-24\cos\angle ADC \quad \cdots①$$

△ABC で余弦定理を用いて

$$AC^2=1^2+2^2-2\cdot1\cdot2\cos(180°-\angle ADC)$$
$$=5+4\cos\angle ADC \quad \cdots②$$

①＝②より

$$25-24\cos\angle ADC=5+4\cos\angle ADC$$

$$\therefore\ 28\cos\angle ADC=20 \qquad \therefore\ \cos\angle ADC=\mathbf{\frac{5}{7}}$$

よって，$\sin\angle ADC=\sqrt{1-\left(\frac{5}{7}\right)^2}=\frac{2\sqrt{6}}{7}$

$$\sin\angle ABC=\sin(180°-\angle ADC)=\sin\angle ADC=\frac{2\sqrt{6}}{7}$$

であるから，四角形の面積は

△ABC＋△ACD

$$=\frac{1}{2}\cdot1\cdot2\cdot\underbrace{\sin\angle ABC}_{=\sin\angle ADC}+\frac{1}{2}\cdot3\cdot4\cdot\sin\angle ADC=7\sin\angle ADC=\mathbf{2\sqrt{6}}$$

◀対角の和が 180° を利用してダブル余弦定理．

◀対角線は②から

$$AC^2=5+4\cdot\frac{5}{7}=\frac{55}{7}$$

$$\therefore\ AC=\sqrt{\frac{55}{7}}$$

メインポイント

円に内接する四角形の対角線や角を求めるには，対角の和が 180° であることを利用して，ダブル余弦定理！

第5章 データの分析

23 四分位数・四分位偏差

アプローチ

用語の定義と意味をチェックしましょう．

解答

点数の低い順に並べると，

$\underbrace{3,\ 4,\ ④,\ 4,\ 6}_{\text{下組}}\ \Big|\ \underbrace{7,\ 7,\ ⑧,\ 8,\ 9}_{\text{上組}}$ となり，

◀中央項がないので，中央値は5番目と6番目の平均

平均値は $\dfrac{3+4+4+4+6+7+7+8+8+9}{10}=\dfrac{60}{10}=\mathbf{6}$ (点)

最頻値は **4** (点)，中央値は $\dfrac{6+7}{2}=\mathbf{6.5}$ (点) $=Q_2$

◀最頻値は最も個数の多い値.

第1四分位数は $Q_1=\mathbf{4}$ (点)，第3四分位数は $Q_3=\mathbf{8}$ (点)

四分位範囲は $Q_3-Q_1=8-4=\mathbf{4}$ (点)，四分位偏差は $\dfrac{Q_3-Q_1}{2}=\dfrac{4}{2}=\mathbf{2}$ (点)

ブラッシュアップ

《用語をチェック！》

1 データの特徴を表す数値を**代表値**といい，主に「**平均値**」「**中央値**」「**最頻値**」が用いられます．

平均値 変量 x について，データの n 個の値が $x_1,\ x_2,\ \cdots,\ x_n$ であるとき，それらの総和を n で割ったものを，データの**平均値**といい，$\overline{x}$ で表します．

$$\overline{x}=\frac{x_1+x_2+\cdots+x_n}{n}$$

中央値 データの値を小さい順に並べたとき，中央の位置にくる値を**中央値** (**メジアン**) といいます．データの個数が偶数のときは，中央に2つの値が並びますが，その場合は2つの値の平均値を中央値とします．

最頻値 データにおいて，最も個数の多い値を**最頻値** (**モード**) といい，度数分布表では，度数が最も多い階級の階級値を最頻値とします．

2 **中央値を利用してデータの散らばりの度合いを表すには**
$\Longrightarrow$ **四分位数・四分位範囲**

範囲 データの最大値と最小値の差を**範囲**といいます．

四分位数　データの値を小さい順に並べたとき，4 等分する位置にくる値を**四分位数**といいます．四分位数は小さい方から**第 1 四分位数**，**第 2 四分位数**，**第 3 四分位数**といい，これらを順に Q_1，Q_2，Q_3 で表します．第 2 四分位数は中央値です．

✝四分位数は次の手順で求めます．

① データの値を小さい順に並べ，中央値(第 2 四分位数 Q_2)を求める．

② ①の中央値を境界としてデータの個数を 2 等分し，値が中央値以下の下組と値が中央値以上の上組に分ける．ただし，データの個数が奇数のとき，①の中央値は，上組，下組の両方に含めないものとする．

データの個数が奇数のとき

小 ← 値の大きさ → 大

[1，2，3]，5，[7，9，11]

下組　↑中央値　上組

データの個数が偶数のとき

小 ← 値の大きさ → 大

[1，2，3] [5，7，9]

下組　↑中央値　上組

③ 下組の中央値 (Q_1)，上組の中央値 (Q_3) を求める．

四分位範囲　データの第 3 四分位数 Q_3 と第 1 四分位数 Q_1 の差 Q_3-Q_1 を**四分位範囲**，また，四分位範囲の半分の値を**四分位偏差**といいます．

箱ひげ図　次のような図を箱ひげ図といいます．

箱ひげ図は，データの分布の特徴を 5 つの値

最小値，第 1 四分位数，中央値，第 3 四分位数，最大値

で表します．(平均値は省略することがある)

箱ひげ図は，ヒストグラムほどにはデータの分布が詳しく表現されませんが大まかな様子はわかります．箱ひげ図の箱の大きさは，データの散らばりの度合いを表しています．

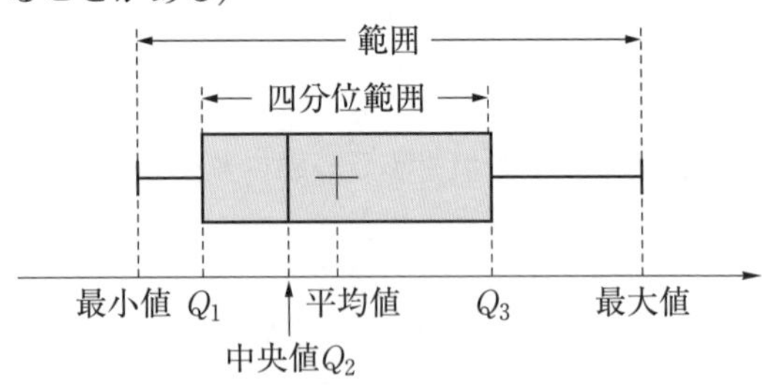

メインポイント

中央値を基準にしてデータの散らばりの度合いを表したものが四分位数，四分位偏差！

24 平均・分散・相関係数

アプローチ

平均，分散，標準偏差，共分散，相関係数の定義がしっかり身についているかを確認する問題です．定義に従って計算すればよいのですが，その際，表を利用すると計算しやすくなります．表をうまく活用しましょう．なお，公式は

$s_x{}^2=((x-\overline{x})^2$ の平均)　［分散は偏差の 2 乗の平均］

$s_x=\sqrt{(分散)}$　［標準偏差は $\sqrt{(分散)}$］

$s_{xy}=((x-\overline{x})(y-\overline{y})$ の平均)　［共分散は偏差の積の平均］

$r_{xy}=\dfrac{s_{xy}}{s_x s_y}$　［相関係数は共分散割る標準偏差の積］

◀ $x-\overline{x}$ を平均からの偏差といいます．

◀定義があやしい人は，教科書などで確認してください．

のように言葉でとらえておきましょう！

解答

(1)，(2)，(3)　条件より表を作成すると

						計
x	25	-5	-15	5	40	50
y	1	-3	-7	9	15	15
$x-\overline{x}$	15	-15	-25	-5	30	0
$(x-\overline{x})^2$	225	225	625	25	900	2000
$y-\overline{y}$	-2	-6	-10	6	12	0
$(y-\overline{y})^2$	4	36	100	36	144	320
$(x-\overline{x})(y-\overline{y})$	-30	90	250	-30	360	640

◀表を用いて，まずは $\overline{x}$，$\overline{y}$ を計算し $x-\overline{x}$，$(x-\overline{x})^2$，…と順次，表を埋めていきます．その際，偏差 $x-\overline{x}$，$y-\overline{y}$ の和は常に 0 となります．間違いを防ぐためにも必ず確認しましょう！

上の表より，$\overline{x}=\dfrac{(x\,の和)}{5}=\dfrac{50}{5}=\mathbf{10}$，$\overline{y}=\dfrac{(y\,の和)}{5}=\dfrac{15}{5}=\mathbf{3}$

$s_x{}^2=((x-\overline{x})^2$ の平均$)=\dfrac{2000}{5}=\mathbf{400}$，$s_x=\sqrt{400}=\mathbf{20}$　◀［分散は偏差の 2 乗の平均］

$s_y{}^2=((y-\overline{y})^2$ の平均$)=\dfrac{320}{5}=\mathbf{64}$，$s_y=\sqrt{64}=\mathbf{8}$　◀［標準偏差は $\sqrt{(分散)}$］

$s_{xy}=((x-\overline{x})(y-\overline{y})$ の平均$)=\dfrac{640}{5}=\mathbf{128}$　◀［共分散は偏差の積の平均］

$r_{xy}=\dfrac{s_{xy}}{s_x s_y}=\dfrac{128}{20\cdot 8}=\dfrac{4}{5}=\mathbf{0.8}$　◀［相関係数は共分散割る標準偏差の積］

ちょっと一言《偏差の和は 0》

例えば，1，2，3，4，5 の平均は 3 ですので，偏差の和は，

$(1-3)+(2-3)+(3-3)+(4-3)+(5-3)=0$ ですね．

ブラッシュアップ

1 分散・標準偏差

データxの分散$s_x{}^2$は，$\overline{(x-\overline{x})^2}$，すなわち，偏差の2乗の平均で，平均値を中心とした散らばり具合いを表す目安となる量です．

◀平均値$\overline{x}$からの距離の2乗の平均です．この値が大きければ，平均から見て散らばっているということです．本来は$|x-\overline{x}|$の平均がいい気もしますが，処理が難しいこともあり（他にも理由あり），$(x-\overline{x})^2$で代用します．

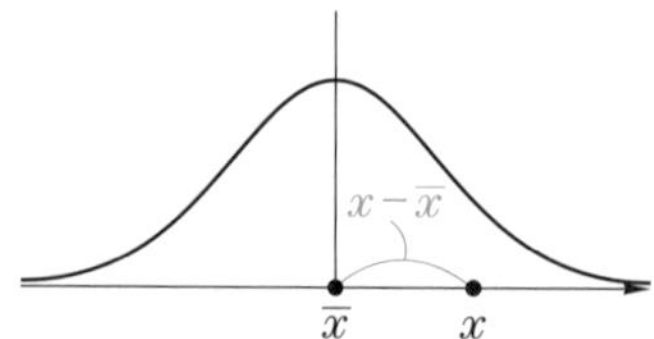

分散にルートをつけて単位を合わせたものが標準偏差s_x（$\sqrt{分散}$）になります．

◀分散が概ね平均値を中心とした散らばりの平均になります．

$$(\text{分散}\ (s^2))=\frac{1}{n}\{(x_1-\overline{x})^2+(x_2-\overline{x})^2+(x_3-\overline{x})^2+\cdots+(x_n-\overline{x})^2\}$$

$$=(\text{偏差の2乗の平均})$$

$$(\text{標準偏差}\ (s))=\sqrt{(\text{分散})}$$

◀分散のもう1つの計算法については，25 の ブラッシュアップ 参照！

2 相関

2つの変量のデータにおいて，一方が増えると他方も増える傾向があるとき，**正の相関**があるといい，逆に，一方が増えると他方が減る傾向があるとき，**負の相関**があるといいます．どちらの傾向もないときは**相関がない**といいます．

◀右肩上がりは正の相関，右肩下がりは負の相関．

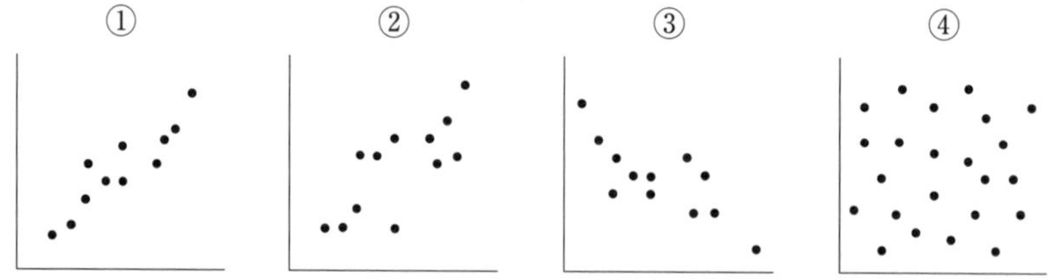

上の散布図において，①，②は右上がりに分布していて，正の相関がありますが，①の方がより直線的で，強い正の相関があると考えられます．③は負の相関がありますが，④はどちらの傾向も認められず，相関はないと考えられます．

ちょっと一言

相関と因果関係は違うことに注意しよう．相関があるとは，データが直線的な関係になっているということに過ぎません．

③ 共分散

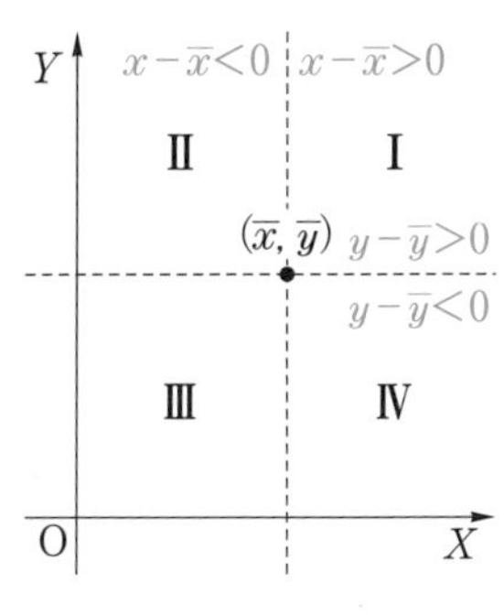

右図の散布図で,

Ⅰ, Ⅲの領域にデータがある場合は,

$$(x-\overline{x})(y-\overline{y})>0$$

Ⅱ, Ⅳの領域にデータがある場合は,

$$(x-\overline{x})(y-\overline{y})<0$$

これより, $(x-\overline{x})(y-\overline{y})$, すなわち, 偏差の積の平均(共分散)が正なら「正の相関」, 負なら「負の相関」がありそうです. そこで, 偏差の積の平均を計算したものが共分散 s_{xy} です.

s_{xy}=(($x-\overline{x}$)($y-\overline{y}$) の平均)=(偏差の積の平均)

④ 相関係数

共分散は, データの尺度によって値の大きさが変わってしまいます. そこで, x, y の標準偏差で割ることにより, 標準偏差を基準とした尺度に依存しない単位のない数にしたものが相関係数です. 相関係数は r で表します.

◀例えば, 身長と体重の共分散が 100, 英語と数学の点数の共分散が 100 と出た場合, どちらが相関が強いか? わかりませんね.

(相関係数 r)

$$=\frac{(\text{共分散})}{(x\text{の標準偏差})\times(y\text{の標準偏差})}=\frac{s_{xy}}{s_x s_y}$$

◀[単位なし]

相関係数 r は常に, $-1 \leqq r \leqq 1$ を満たし, 一般に次のような性質をもちます.

◀データが完全に正の傾きの直線上に並ぶと $r=1$, 傾きが負の直線上に並ぶと $r=-1$ となります.

(1) r が 1 に近いとき, 強い正の相関がある.
　このとき, 散布図の点は右上がりの直線に沿って分布する傾向が強くなる.

(2) r が -1 に近いとき, 強い負の相関がある.
　このとき, 散布図の点は右下がりの直線に沿って分布する傾向が強くなる.

(3) r が 0 に近いとき, 相関はない.

メインポイント

分散, 共分散, 相関係数は言葉にして覚えよう! そして, 大まかな意味もしっかりイメージしよう!

25 分散の公式と変量変換

アプローチ

(1) 余りの平均が整数にならないので，分散の定義を利用すると大変です．$s_x{}^2=\overline{x^2}-(\overline{x})^2$ を利用しましょう．

(2) 変量変換の問題です．一般にデータ x に対して $ax+b$，データ y に対して $cy+d$ を考えると

$\boldsymbol{s_{ax+b}{}^2=a^2s_x{}^2}$ ［分散は a^2 倍］

$\boldsymbol{s_{ax+b}=|a|s_x}$ ［標準偏差は $|a|$ 倍］

$\boldsymbol{s_{(ax+b)(cy+d)}=acs_{xy}}$ ［共分散は ac 倍］

$$\boldsymbol{r_{(ax+b)(cy+d)}=\begin{cases} r_{xy} & (ac>0) \\ -r_{xy} & (ac<0) \end{cases}}$$

［相関係数は，a，c が異符号でなければ同じ］

が成り立つことを利用しましょう．

◀ブラッシュアップを熟読してイメージをつかんでください．

解答

(1) 28，30，31 を 7 で割った余りはそれぞれ，0，2，3 であり，28 が 1 個，30 が 4 個，31 が 7 個あるから，余りの平均は

$$\frac{0\times1+2\times4+3\times7}{12}=\frac{29}{12}$$

◀平均値が整数でないので，定義を利用すると大変！そこで，(分散)＝(2 乗の平均)－(平均の 2 乗) を利用します．

余りの 2 乗の平均は

$$\frac{0^2\times1+2^2\times4+3^2\times7}{12}=\frac{79}{12}$$ ［x^2 の平均］

よって，余りの分散は

$$\frac{79}{12}-\left(\frac{29}{12}\right)^2=\boldsymbol{\frac{107}{144}}$$ ［(2 乗の平均)－(平均の 2 乗)］

(2) $z=2y+1$ のとき，

$$s_z=s_{2y+1}=2s_y=2\times\sqrt{2}=\boldsymbol{2\sqrt{2}}$$

◀$s_{ax+b}=|a|s_x$

$$s_{xz}=s_{x(2y+1)}=1\cdot2s_{xy}=2\times2.4=4.8$$

◀$s_{(ax+b)(cy+d)}=acs_{xy}$

よって，$r_{xz}=\dfrac{s_{xz}}{s_x\times s_z}=\dfrac{4.8}{\sqrt{8}\times2\sqrt{2}}=\dfrac{4.8}{8}=\boldsymbol{0.6}$

◀$ac>0$ より，$r_{(ax+b)(cy+d)}=r_{xy}$

ブラッシュアップ

1°) **《分散の公式について》**

分散の公式 $s_x{}^2=\overline{x^2}-(\overline{x})^2$ は次のように証明できます．

◀分散を求める際，定義では計算しにくいときに大活躍します．証明の流れをつかんでおきましょう！

$$s_x{}^2=\frac{1}{n}\{(x_1-\overline{x})^2+(x_2-\overline{x})^2+\cdots+(x_n-\overline{x})^2\}$$

$$=\frac{1}{n}\{(x_1{}^2+x_2{}^2+\cdots+x_n{}^2)-2\overline{x}(x_1+x_2+\cdots+x_n)+n(\overline{x})^2\}$$

$$=\underbrace{\frac{1}{n}(x_1{}^2+x_2{}^2+\cdots+x_n{}^2)}_{\overline{x^2}}-2\overline{x}\cdot\underbrace{\frac{1}{n}(x_1+x_2+\cdots+x_n)}_{\overline{x}}+(\overline{x})^2$$

$$=\overline{x^2}-2(\overline{x})^2+(\overline{x})^2$$

$=\overline{x^2}-(\overline{x})^2=$**(2乗の平均)−(平均の2乗)**

2°) **《変量変換について》**

① $\boldsymbol{\overline{ax+b}=a\overline{x}+b}$

全員のテストの点数を2倍したら平均は2倍 ($\overline{2x}=2\overline{x}$), 全員に10点加えたら, 平均は10点増えます. ($\overline{x+10}=\overline{x}+10$)

② **変量 x に対して, 新しい変量 $u=ax+b$ を考えると, 偏差 $x-\overline{x}$ はどう変わるか?**

◀分散, 共分散, 相関係数はすべて偏差が絡みます. 偏差が a 倍になることと, 定義を合わせれば公式が導けます.

$$u-\overline{u}=(ax+b)-\overline{ax+b}$$

$$=(ax+b)-(a\overline{x}+b)=a(x-\overline{x})$$

より**偏差は a 倍**になります.

これを利用すると以下のようになります.

③ 分散は $\overline{(x-\overline{x})^2}$ (偏差の2乗の平均) なので

◀偏差の2乗は a^2 倍になります.

$\boldsymbol{s_{ax+b}{}^2=a^2s_x{}^2}$ [a^2 倍]

これより, 標準偏差は $\sqrt{分散}$ なので

◀絶対値がつくことに注意!

$\boldsymbol{s_{ax+b}=|a|s_x}$ [$|a|$ 倍]

④ 共分散は $\overline{(x-\overline{x})(y-\overline{y})}$ (偏差の積の平均) なので

$\boldsymbol{s_{(ax+b)(cy+d)}=acs_{xy}}$ [ac 倍]

◀偏差がそれぞれ a 倍, c 倍, かけて ac 倍.

⑤ 相関係数は $r_{xy}=\dfrac{s_{xy}}{s_xs_y}$ なので

◀データをそれぞれプラス倍またはマイナス倍しても相関係数は変わりませんが, 一方のみをマイナス倍すれば相関の正負は当然逆になります.

$$\boldsymbol{r_{(ax+b)(cy+d)}}=\frac{s_{(ax+b)(cy+d)}}{s_{ax+b}\,s_{cy+d}}=\frac{acs_{xy}}{|a|s_x\cdot|c|s_y}$$

$$=\frac{ac}{|ac|}r_{xy}=\begin{cases}\boldsymbol{r_{xy}} & (\boldsymbol{ac>0})\\ \boldsymbol{-r_{xy}} & (\boldsymbol{ac<0})\end{cases}$$

メインポイント

分散は(2乗の平均)−(平均の2乗), 変量変換では元の偏差の何倍になるのかを考えるのがポイント!

第6章 場合の数・確率

26 数え上げ

アプローチ

場合の数を数え上げる場合は

条件のきつい方から調べよ

が鉄則です．3桁の整数をつくる場合，百の位は0になれないという制限があるので，制限がある百の位から決めていきます．

3桁の5の倍数の場合は，まずは一の位が0または5である必要があり，さらに百の位は0以外なので，一の位，百の位，十の位の順番で決めていきましょう．

解答

3桁の整数のつくり方は，百の位が0でないことから

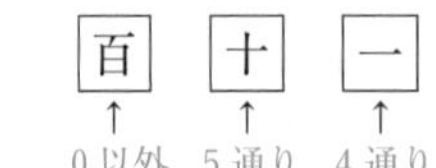

より，$5\times5\times4=$**100(個)**

3桁の5の倍数は，一の位が0か5かで場合分けすると

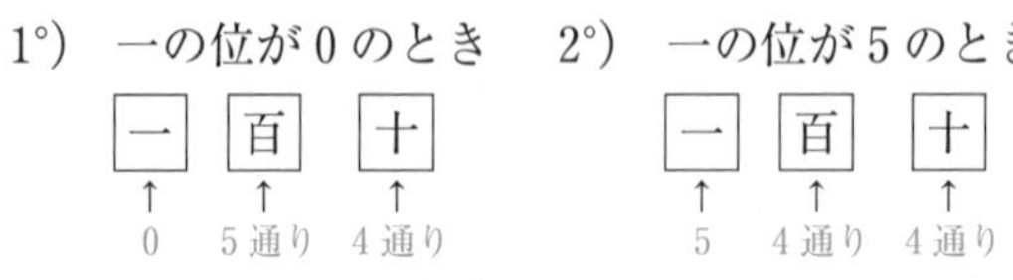

より，$5\times4=20$(個)　　より，$4\times4=16$(個)

したがって，$20+16=$**36(個)** である．

◀頭の中で樹形図をイメージしてカウントしよう！ まず，線が5本出て，その各々に対して，5本，4本出る．連続操作はかけ算する．

◀直接カウントする場合は場合分けになる．1°)，2°)は別の場合なので足し合わせる．

ちょっと一言

3桁の整数のうち5の倍数でないものを考えると，一の位は1，2，3，4，百の位は0以外であるので，$4\times4\times4=64$(個) ある．これを3桁の整数のつくり方100個から除いて，$100-64=36$(個) とすることもできる．

メインポイント

条件のきつい方からカウントせよ！
連続操作はかけ算！　場合分けは足し算！
樹形図をイメージしてカウントしよう！

27 順列

アプローチ

女子が両端にくる並べ方は，制限のある両端から並べていきましょう．また，後半の女子が隣り合わない並べ方については，男子を並べておいて，女子を間に入れていきましょう．

隣り合う ⟹ 1つにまとめる！

隣り合わない ⟹ 間または端に入れる！

が基本になります．

◀場合の数の問題を考えるときには，「仕切り屋」になることが大切です．自分だったらどう仕切るか考えましょう！

解答

女子が両端にくる並べ方は

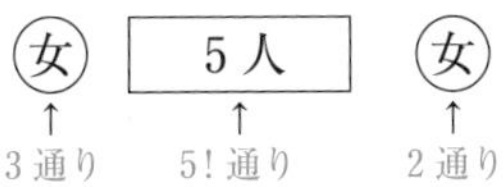

◀まず，女子を両端に並べて，次に中央の5人を並べる．

両端の女子の決め方が3×2(通り)．その各々に対して，残り5人の並べ方が5!通りあるから

$3\times2\times5!=$**720**(通り)

また，女子が隣り合わない並べ方は

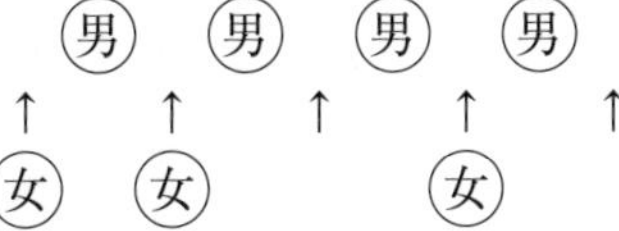

◀男子を並べておいて，その両端と間の5か所に3人の女子を順に入れていく！
$_5P_3$と表すこともできますが….

まず，男子の並べ方が4!通り．その各々に対して，女子を男子の間へ入れる入れ方は5×4×3(通り)あるから，求める場合の数は

$4!\times5\times4\times3=$**1440**(通り)

ちょっと一言

場合の数では，見た目が同じものは区別しませんが，人は見かけが異なるので区別して考えます．また，n個の異なるものからk個取って並べる方法は

$${}_nP_k=n(n-1)(n-2)\cdots\{n-(k-1)\}$$

ですが，無理して使う必要はありません．例えば，問題の後半の男子4人の間に女子3人を入れる際には，3人の女子を順に5通り，4通り，3通りと入れていけばよいのです．

メインポイント

隣り合う ⇒ 1つにまとめる！　隣り合わない ⇒ 間または端に入れる！

第6章

28 円順列

アプローチ

円順列では，

回転して重なるものは同じ並び方

と考えます．つまり，円卓に座る場合，座席は区別せずに各人の位置関係のみに着目するということです．このとき，特定のものから見て異なる座り方は円順列として異なりますので

特定のものを固定して考えましょう！

◀円順列では，特定のものを固定して，残りの並べ方を考えるのが基本です！

解答

父を固定すると，残り 4 人の並び方は $4!=$**24（通り）** ある．

また，両親が隣り合って着席するとき，両親を固定すると，子供 3 人の並び方が $3!$ 通り，両親の並び方が $2!$ 通りあるから

$3!\times 2!=$**12（通り）**

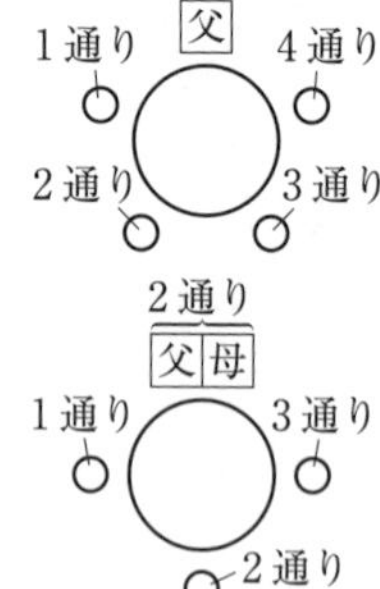

◀父を固定して，残り 4 人の座り方は右から順に 4·3·2·1 通りとなる．

◀両親を固定して，残り 3 人の座り方は右から順に 3·2·1 通り，この各々に対して両親の座り方が 2 通りある．

ちょっと一言

父を固定すると，母の座り方は父の左右で 2 通り，さらに 3 人の子供の座り方が $3!$ 通りあるので，$2\times 3!=12$（通り）としてもよい．

ブラッシュアップ

固定法を使う場合は注意が必要です．例えば，a，a，b，b の並べ方は，右図の 2 通りですが，

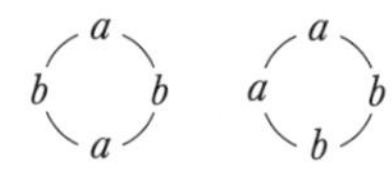

a を固定してしまうと，残り a，b，b の並べ方で 3 通りとなってしまいます．このように，同じものが複数あるものを固定してはいけません．固定法が使えるのは，1 つだけのものがある場合であることに注意しましょう．

メインポイント

円順列では，特定のものを固定するのが基本！
ただし，同じものが複数あるものを固定しないように．

29 組合せ

アプローチ

組合せは ${}_nC_k=\dfrac{{}_nP_k}{k!}$ を用います．また，後半の「少なくとも 1 人は女子が選ばれる」場合は，余事象「すべて男子が選ばれる」場合を考えるのが基本です．

◀「少なくとも」ときたら余事象！

解答

男子 8 人，女子 5 人の計 13 人から 4 人を選ぶ方法は

$${}_{13}C_4=\frac{13\cdot12\cdot11\cdot10}{4\cdot3\cdot2}=13\cdot11\cdot5=\mathbf{715}\ (\textbf{通り})$$

このうち，4 人の中の少なくとも 1 人が女子である選び方は，その余事象である「女子が選ばれない」場合を除いて

◀女子が選ばれない場合は，男子 8 人から 4 人を選ぶ場合で ${}_8C_4$ 通り．

$$715-{}_8C_4=715-\frac{8\cdot7\cdot6\cdot5}{4\cdot3\cdot2}=715-70=\mathbf{645}\ (\textbf{通り})$$

ブラッシュアップ

${}_nP_k$ と ${}_nC_k$ の違いについて説明します．

${}_nP_k$：異なる n 個のものから k 個取って並べる方法（順列）

${}_nC_k$：異なる n 個のものから k 個取り出す方法（組合せ）

です．${}_nP_k$ は取ったものを並べ，${}_nC_k$ は何を取ったかのみ考えています．例えば，5 個の異なるものから 3 個取って並べる方法を次の 2 つの方法で考えます．

1°)　1 個ずつ取りながら並べると，$5\times4\times3={}_5P_3$（通り）です．

2°)　まず 3 個取り出し，次にそれを並べるというように 2 段階で並べると

$$\underbrace{{}_5C_3}_{3\text{個取る}}\times\underbrace{3!}_{\text{並べる}}\ (\text{通り})$$

となりますが，これは 1°) と一致しますので

$${}_5P_3={}_5C_3\times3! \qquad \therefore\ {}_5C_3=\frac{{}_5P_3}{3!}$$

となります．ですから，一般に，${}_nC_k=\dfrac{{}_nP_k}{k!}$ となるのです．

メインポイント

${}_nP_k$ は順列！　${}_nC_k$ は組合せ！

違いをしっかり理解しよう！　「少なくとも」ときたら余事象を考えよう！

第6章

30 同じものを含む順列

アプローチ

(1) 同じものを含むE, S, S, E, N, C, Eの順列の総数の数え方は，次の2つです．

① **すべてを区別して並べて，重複で割る！**

まず，すべての文字を区別してE_1, E_2, E_3, S_1, S_2, N, Cを並べると，7!通りありますが，3つのE，2つのSの区別がないので，E_1, E_2, E_3を入れ替えたものも，S_1, S_2を入れ替えたものも同じ並べ方です．

$$\underbrace{E_1,\ E_2,\ E_3}_{3!\text{通り}},\ \underbrace{S_1,\ S_2}_{2!\text{通り}},\ N,\ C$$

したがって，3!×2!(倍)にカウントされているので，求める場合の数は $\dfrac{7!}{3!2!}=420$ (通り)

◀同じものを含む順列では，すべてを区別して並べておいて，個数の階乗で割って重複を除きます．

◀一般に，同じものがそれぞれp個，q個，r個，……の合計n個のものでできる順列の数は
$\dfrac{n!}{p!q!r!\cdots}$ $(p+q+r+\cdots=n)$

◀重複で割る！

② **場所を決める！**

1 2 3 4 5 6 7
○ ○ ○ ○ ○ ○ ○

上の7つの場所から，3つのEの場所の決め方が${}_7C_3$通り，残り4つの場所から，2つのSの場所の決め方が${}_4C_2$通り，残ったN，Cの並べ方が2!通りあるので，${}_7C_3\times{}_4C_2\times2!=420$ (通り)

◀同じものの中での並べ方は1通りなので，置く場所を決めていきます．${}_nC_k$の応用例です．

(2) i, u, oの順がこのままなので，この3つの文字内の並べ方は1通りです．まずi, u, oの場所を決めてから，残り3文字を並べましょう(②と同じ考え)！

◀ⓘbnⓞsⓤのように母音が左から順にⓘ，ⓞ，ⓤと並んでいるという意味です．

解答

(1) $\dfrac{7!}{2!3!}=$**420 (通り)**

(2) i, u, oの場所の決め方が${}_6C_3$通り，その各々に対して子音の並べ方が3!通りあるので

$${}_6C_3\times3!=\frac{6\cdot5\cdot4}{3!}\times3!=\mathbf{120}\ \textbf{(通り)}$$

◀i, o, uを3つの○と思って，○○○bnsの並べ方を考えて，$\dfrac{6!}{3!}=120$ (通り)ともできます．

メインポイント

同じものを含む順列は重複で割るか置く場所を決めよう！
順番が決まっている順列もこの応用と考えよう！

31 最短経路

アプローチ

(1)　AからPへの最短経路は，横に3回，縦に2回の計5回進みますので，横をヨ，縦をタと表すと，ヨタヨタヨの並べ方に対応します．

　したがって，その場合の数は

$${}_5C_2 \text{ または } \frac{5!}{2!3!} \text{ 通り}$$

◀私は予備校時代にヨタヨタ論法と習いました．

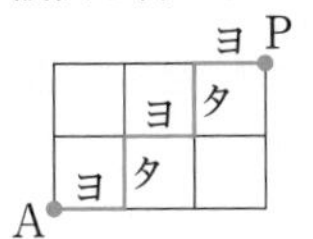

◀同じものを含む順列！

(2)　A→P→R→Bと進む場合は右図の斜線部を進むことに注意して(1)と同様にカウントしましょう．

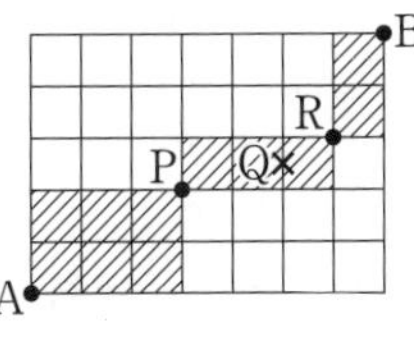

◀端点を対角線とする長方形の周および内部を進む．

(3)　(2)のA→P→R→Bと進む場合から，A→P→Q→R→Bと進む場合を除きましょう．

解答

(1)　${}_5C_2=\mathbf{10}$ **(通り)**

(2)　A→Pが ${}_5C_2$ 通り，P→Rが ${}_4C_1$ 通り，R→Bが ${}_3C_1$ 通りあるから，${}_5C_2\times{}_4C_1\times{}_3C_1=\mathbf{120}$ **(通り)**

(3)　A→Pが ${}_5C_2$ 通り，P→Q→Rが1通り，R→Bが ${}_3C_1$ 通りあるから，A→P→Q→R→Bと進む場合は ${}_5C_2\times1\times{}_3C_1=30$ (通り)

　これを(2)から除いたものが求めるもので，

$$120-30=\mathbf{90} \text{ **(通り)**}$$

◀P→RのうちQを通らない場合は

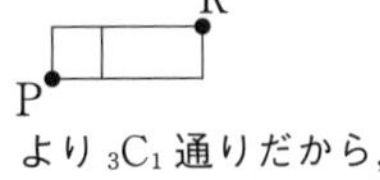

より ${}_3C_1$ 通りだから，${}_5C_2\cdot{}_3C_1\cdot{}_3C_1$ とすることもできます．

ちょっと一言

　右のような変則的な図形は場合の数をかいて，枝が交差したら前の場合を足し合わせます．

　右のA→Bの最短距離は，5通りです．

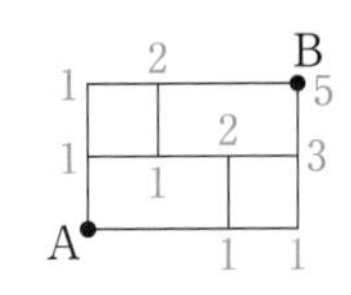

メインポイント

最短経路は，ヨとタの並べ方に対応させよう！
変則的なものは数え上げよう！

32 組分け

アプローチ

(1)では，大人3人のグループが2組となりますが，その分け方を ${}_6C_3 \cdot {}_3C_3$ 通りとしてはいけません．この数え方だと，選ぶ順番を考えているので，大人を①，②，③，④，⑤，⑥としたとき，

(①②③)(④⑤⑥) と (④⑤⑥)(①②③)

が異なる組になってしまいます．今回はグループの区別がありませんから，これらは同じ組分けなので，重複分の 2! で割って $\dfrac{{}_6C_3}{2!}$ 通りとします．このように，

人数が同じで組の区別がない場合は重複で割る

ことに注意しましょう！

◀グループA，Bに分けるのなら，誰がどのグループに入るかも考えているので，${}_6C_3 \cdot {}_3C_3$ 通りでOKです．

解答

(1)　子供3人を1組にして，大人を2組に分ける方法は，

$${}_3C_3 \cdot \frac{{}_6C_3}{2!} = \mathbf{10}\ \textbf{(通り)}$$

◀大人を分ける際の重複に注意！

(2)　子供a，b，cに2人の大人をそれぞれ組ませると考えて

$${}_6C_2 \times {}_4C_2 \times {}_2C_2 = \mathbf{90}\ \textbf{(通り)}$$

◀子供a，b，cにどの大人が組むか考える！　この指と～まれ！

(3)　どのグループにも大人が含まれるのは，

大人が2人，2人，2人と分かれる場合は，

(2)より90通り．

大人が3人，2人，1人に分かれる場合は，大人の分け方が ${}_6C_3 \cdot {}_3C_2 = 60$ (通り) あり，その各々に子供の組ませ方が ${}_3C_1$ 通りあるから，

$$60 \times {}_3C_1 = 180\ \text{(通り)}$$

以上より，求める分け方は $90 + 180 = \mathbf{270}$ **(通り)**

◀大人を3人，2人，1人に分ける方法は，人数が違うのでそのままかける！

別解　すべての分け方は $\dfrac{{}_9C_3 \cdot {}_6C_3 \cdot {}_3C_3}{3!} = 280$ (通り)

これから，(1)の場合の10通りを除いて

$$280 - 10 = 270\ \text{(通り)}$$

◀余事象を利用してもよいでしょう．

◀こちらは，3人，3人，3人なので，3! 重複します．

メインポイント

組分けの問題では，人数が同じで組の区別がない場合は重複で割る！

33 玉箱問題

アプローチ

(1)は区別のできるもの(人)を，区別のできる部屋に入れる問題です．誰がどの部屋に入るかが問題なので，1人につき2通りの入れ方があります．

それに対して(2)では，鉛筆(区別できないもの)を人(区別できるもの)に配る問題となっており，誰に何本配られるかが問題になります．これについてはうまい考え方があります．

◀a, b, c, d や鉛筆を玉，部屋や人を箱と思えば，これらの問題は玉を箱に入れる問題と同じです．

解答

(1)　1人につき，2通りの入れ方があるから，空室があってもよい場合の入れ方は $2^4=$**16 (通り)**

◀玉も箱も区別している問題！　どの玉がどの箱に入るか！

このうち，空室ができるのは，4人が同じ部屋に入る場合で2通りあるから，空室がない入れ方は

$16-2=$**14 (通り)**

(2)　1本ももらえない人がいてもよい場合，○を鉛筆とし，仕切りを2本用意し並べたとき，配り方は10本の鉛筆(○)と仕切り(｜)2本の並べ方に1：1に対応する．例えば

◀玉は区別せず，箱を区別している問題！　どの箱に何個入るか！

○○○○|○○○|○○○ 　［A：4本，B：3本，C：3本］
(Aの本数　Bの本数　Cの本数)

○○○○○○○||○○○ 　［A：7本，B：0本，C：3本］
(Aの本数　Bの本数　Cの本数)

◀仕切りが連続した場合は0本になる．

よって，$_{12}C_2=$**66 (通り)**

また，どの人も必ず1本はもらえる場合は，まず3人に1本ずつ配っておいて，残り7本を各人に配る(もらえない人がいてもよい)と考えて，$_9C_2=$**36 (通り)**

◀まず各人にノルマを配っておいて，残りを配るというように考えるとわかりやすい．

○○|○○|○○○ 　［A：2本，B：2本，C：3本］
(Aの本数　Bの本数　Cの本数)

別解　後半は，10個の○の間(∧) 9個から2つを選んで仕切りを入れると考えて $_9C_2$ 通りとしてもよい．

○∧○∧○∧○∧○∧○∧○∧○∧○∧○

メインポイント

玉箱問題では，玉や箱を区別しているかいないかをしっかり把握しよう！

34 同様に確からしい

アプローチ

(1)は一気に玉を3個取る問題だから，組合せを考えて，分母は ${}_{13}C_3$ 通りで，分子は赤玉2個，青玉1個だから，その確率は $\dfrac{{}_6C_2\cdot{}_4C_1}{{}_{13}C_3}$…ちょっと待ってください！　このときあなたは玉をすべて区別している認識を持っていましたか？

確率では，分母に等確率な場合を取る必要がありますので，

赤$_1$，赤$_2$，赤$_3$，赤$_4$，赤$_5$，赤$_6$，青$_1$，青$_2$，青$_3$，青$_4$，黄$_1$，黄$_2$，黄$_3$

のように，すべての玉に番号をつけて，13個の異なる玉から3個の玉を取り出す方法 ${}_{13}C_3$ 通りが同様に確からしい(等確率で起こる)と考えます．このとき，分子の ${}_6C_2$ は異なる6個の赤玉から2個取る，${}_4C_1$ は異なる4個の青玉から1個取るという意味があることを理解して解きましょう！

◀確率を考える場合はすべてのものを区別した場合を考え，それが同様に確からしい(等確率で起こる)と仮定して考えるのが基本です！

◀異なる13個のどの玉が取りやすいとかはないので，3個の取り出し方は等確率で起こりますね．

解答

(1)　すべての玉を区別すると，3個の玉の取り出し方は ${}_{13}C_3$ 通りあり，これらは同様に確からしい．このうち，赤玉2個，青玉1個である確率は

$$\frac{{}_6C_2\cdot{}_4C_1}{{}_{13}C_3}=\frac{\frac{6\cdot5}{2}\cdot4}{\frac{13\cdot12\cdot11}{3\cdot2\cdot1}}=\mathbf{\frac{30}{143}}$$

(2)　3個とも同じ色になる確率は，

$$\frac{{}_6C_3+{}_4C_3+{}_3C_3}{{}_{13}C_3}=\frac{20+4+1}{13\cdot2\cdot11}=\mathbf{\frac{25}{286}}$$

(3)　青玉が2個，3個となる場合を考えて

$$\frac{{}_4C_2\cdot{}_9C_1+{}_4C_3}{{}_{13}C_3}=\frac{6\cdot9+4}{13\cdot2\cdot11}=\mathbf{\frac{29}{143}}$$

◀すべてを区別しているという認識を持って解くこと！

ちょっと一言

赤玉3個取る場合も，青玉3個取る場合も見た目では1通りですが，すべての玉を区別すると，それぞれ取り出し方は ${}_6C_3$ 通り，${}_4C_3$ 通りとなり，赤玉3個取る場合の方が起こりやすくなります．確率を見た目で考えるのは危険です．

メインポイント

確率では，すべてのものを区別するのが基本！

35 サイコロの問題

アプローチ

前問同様サイコロをA，Bと区別して考えると，目の出方は6^2通りあり，これらは同様に確からしくなります．このうち，差が2となる数字の組は

(3, 1), (4, 2), (5, 3), (6, 4)

の4組ありますが，サイコロを区別しているので，A，Bのどちらに出るかも考えて $\dfrac{4\times2}{6^2}$ が正解となります．

分母，分子の場合の数をカウントする際には

同じ基準でカウントする

ことを肝に銘じてください！

◀確率では，すべてのものを区別して考えるのが基本！

◀$\dfrac{4}{36}$ はダメ！　この場合，分母はサイコロを区別してカウントしているが，分子はサイコロを区別せずにカウントしている．自分がどんな基準で考えているかしっかり認識すること！

解答

2つのサイコロの目の出方は，$6^2=36$（通り）あり，これらは同様に確からしい．このうち，出た目の差が2となる組は(3, 1), (4, 2), (5, 3), (6, 4)であるので，どちらがA，Bかを考えて　$\dfrac{4\times2}{6^2}=\mathbf{\dfrac{2}{9}}$

また，積が12となる組は，$12=2^2\times3$ より，(2, 6), (3, 4)の2組であるので，どちらがA，Bかを考えて　$\dfrac{2\times2}{6^2}=\mathbf{\dfrac{1}{9}}$

ちょっと一言

差の表

A＼B	1	2	3	4	5	6
1	0	1	2	3	4	5
2	1	0	1	2	3	4
3	2	1	0	1	2	3
4	3	2	1	0	1	2
5	4	3	2	1	0	1
6	5	4	3	2	1	0

積の表

A＼B	1	2	3	4	5	6
1	1	2	3	4	5	6
2	2	4	6	8	10	12
3	3	6	9	12	15	18
4	4	8	12	16	20	24
5	5	10	15	20	25	30
6	6	12	18	24	30	36

実は，上のように表に書き込めば，一目瞭然です．**「サイコロは表をつくれ！」**も解法の1つに加えておきましょう！

メインポイント

分母・分子は同じ基準でカウントすること！
また，サイコロの問題では表の利用も効果的！

36 順列の確率

アプローチ

確率ではすべてのものを区別するのが基本でしたが，本問のように7文字すべてを並べる問題では，同じ文字を区別せずに7文字の並べ方 $\dfrac{7!}{4!3!}={}_7C_3$（通り）を分母にとっても，これらは同様に確からしくなります．4つのa，3つのbが7つの場所のどこにくるかは等確率です．

◀すべてを並べる問題では，同じ文字を区別しても，しなくても同様に確からしい．

解答

(1) 並べ方は $\dfrac{7!}{4!3!}=35$（通り）あり，これらは同様に確からしい．このうちbが3つ連続して並ぶのは，3つのbをセットにした，bbb，a，a，a，aの並べ方を考えて5通り．よって，求める確率は $\dfrac{5}{35}=\boldsymbol{\dfrac{1}{7}}$

◀「隣り合う」はセット！「隣り合わない」は間または端に入れる！

(2) どの2つのbも隣り合わないのは4つのaの間または端にbを入れる方法を考えて，${}_5C_3=10$（通り）

◀両端と間の5か所からbを入れる場所を3か所決める！

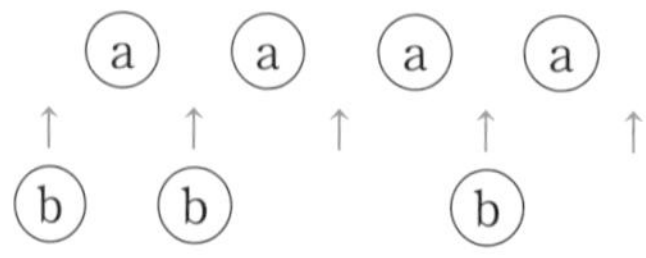

よって，求める確率は $\dfrac{10}{35}=\boldsymbol{\dfrac{2}{7}}$

ブラッシュアップ

高校数学における確率の問題は，すべてのものを区別すると同様に確からしい(等確率で起こる)と思われる単純なものしか出題されませんので，確率の問題では見た目が同じであってもすべてのものを区別するのが基本的なスタンスです．しかし，本問のように文字をすべて並べる問題では，同じ文字を区別しないで考えても同様に確からしくなります．

> 例　○×××を横に並べたとき○が左端にくる確率を求めよ．

では，○の位置は次のように4通りあり，

○×××，×○××，××○×，×××○

これらは同様に確からしいので，答えは $\dfrac{1}{4}$ です．

区別しなくても正しいことが直感的にわかると思いますが，もう少し詳しく説明してみます．

4つの○×を区別すると並び方は全部で4!通りあります．このうち，○が一番左にくる場合は×の並びを考えて3!通りあります．同様に，○が左から2，3，4番目にくる場合も3!通りあります．

$\bigcirc \quad \times_1 \quad \times_2 \quad \times_3 \Longrightarrow 3!$（通り）
$\times_1 \quad \bigcirc \quad \times_2 \quad \times_3 \Longrightarrow 3!$（通り）
$\times_1 \quad \times_2 \quad \bigcirc \quad \times_3 \Longrightarrow 3!$（通り）
$\times_1 \quad \times_2 \quad \times_3 \quad \bigcirc \Longrightarrow 3!$（通り）

4つの等確率のかたまり

区別したときにどの場合も3!通りずつありますから，これらは等確率で起こります（等確率のかたまりができる）．ですから，×の中の並びは関係なく○の位置で決まってしまい，同じものを同一視しても同様に確からしくなります．

ちょっと一言

いままで通りすべての文字を区別した解法は以下のようになります．

(1) すべての文字を区別すると，並べ方は7!通りあり，これらは同様に確からしい．このうちbが3つ連続して並ぶのは

$\boxed{b_1b_2b_3}\ a_1a_2a_3a_4$

3つのbをセットにして，$a_1a_2a_3a_4$ と並べて5!通り．その各々に対して $b_1b_2b_3$ の並べ方が3!通りあるから，求める確率は $\dfrac{5!\times 3!}{7!}=\dfrac{1}{7}$

◀まず，$\boxed{}\ a_1a_2a_3a_4$ を並べてから，$\boxed{}$ の中の $b_1b_2b_3$ を並べる．このように複雑なものは段階を追って数える．

(2) a_1，a_2，a_3，a_4 を並べておいて，その両端と間の5か所に b_1，b_2，b_3 を入れると考えて

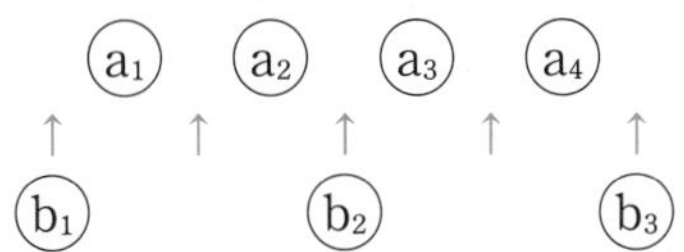

求める確率は $\dfrac{4!\times 5\cdot 4\cdot 3}{7!}=\dfrac{2}{7}$

◀a_1，a_2，a_3，a_4 の並べ方が4!通り，その各々に対して，b_1，b_2，b_3 の入れ方が $5\cdot 4\cdot 3$ 通り．

メインポイント

確率では，すべてのものを区別した場合を考えることが基本スタンスであるが，等確率で起こる単位をうまくとることができれば，どのような基準で考えてもよい．

第6章

37 余事象

アプローチ

余事象の考え方を使う練習問題です．

(1)　積が偶数となるのは，「少なくとも 1 枚が偶数」のときです．

「少なくとも」ときたら余事象

を考えるのが基本です．

(2)　積が 6 の倍数となるのは，2 の倍数と 3 の倍数がともに少なくとも 1 枚出る場合です．

「ダブル少なくとも」も余事象

と考えるのが基本です．

(3)　こちらも余事象を考えると，すべて奇数か，奇数 2 枚と 2 または 6 が出る場合となり考えやすくなります．「少なくとも」という文言がなくても，直接カウントした方がよいか，余事象を考えた方がよいかを常に頭に入れておきましょう．

◀全体集合を U とするとき，事象 A に対して，A でない事象を事象 A の余事象といい，$\overline{A}$ と表す．

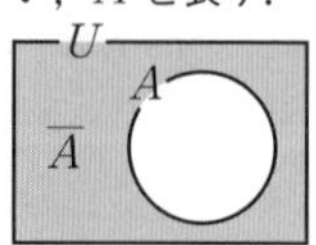

解答

(1)　カードの取り出し方は，${}_8C_3=56$ (通り) あり，これらは同様に確からしい．このうち，積が偶数となるのは少なくとも 1 枚が偶数のときであるから，その余事象である積が奇数である場合を考えて

$$1-\frac{{}_4C_3}{{}_8C_3}=1-\frac{4}{56}=\mathbf{\frac{13}{14}}$$

◀積が奇数になるのは 3 枚とも奇数のときです．

(2)　積が 2 の倍数である事象を A，3 の倍数である事象を B とする．

積が 6 の倍数

$\Longleftrightarrow$ 積が 2 の倍数かつ 3 の倍数 $(A\cap B)$

であるから，その余事象

「2 の倍数でない」

または「3 の倍数でない」$(\overline{A}\cup\overline{B})$

の場合を考えて

$$P(\overline{A}\cup\overline{B})=P(\overline{A})+P(\overline{B})-P(\overline{A}\cap\overline{B})$$

$$=\frac{{}_4C_3}{{}_8C_3}+\frac{{}_6C_3}{{}_8C_3}-\frac{{}_3C_3}{{}_8C_3}=\frac{23}{56}$$

◀ド・モルガンの法則
$\overline{A\cup B}=\overline{A}\cap\overline{B}$
$\overline{A\cap B}=\overline{A}\cup\overline{B}$

◀$\overline{A}$ は 1，3，5，7 から 3 枚，$\overline{B}$ は 1，2，4，5，7，8 から 3 枚，$\overline{A}\cap\overline{B}$ は 1，5，7 から 3 枚取る場合である．

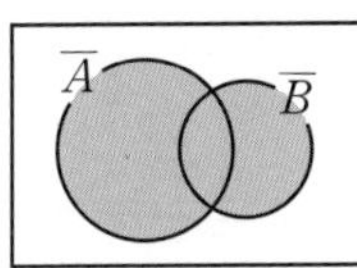

◀事象 $\overline{A}$ と $\overline{B}$ の共通部分を除く必要がある．事象 $\overline{A}$ と $\overline{B}$ の共通部分がない場合は，排反な事象といい，$P(\overline{A}\cup\overline{B})=P(\overline{A})+P(\overline{B})$ となる．

よって，求める確率は

$$P(A\cap B)=1-P(\overline{A}\cup\overline{B})=1-\frac{23}{56}=\mathbf{\frac{33}{56}}$$

(3)　余事象である積が 4 の倍数でない場合を考えると

(ア)　すべて奇数のとき，${}_4C_3=4$ 通り

(イ)　1 枚が 2 または 6 で奇数が 2 枚のとき，

${}_2C_1\times{}_4C_2=12$（通り）

の 2 つの場合に分けられる．

◀余事象を考えると，偶数は 2 または 6 が 1 枚の場合しかありません．

したがって，求める確率は

$$1-\frac{4+12}{{}_8C_3}=1-\frac{16}{56}=\frac{40}{56}=\mathbf{\frac{5}{7}}$$

ちょっと一言

(3)を直接考える場合は，偶数の枚数に着目して，排反になるように（ダブりのないように）場合分けします．

(ア)　偶数が 1 枚のとき，その 1 枚は，4 か 8 で

$2\times{}_4C_2=12$（通り）

(イ)　偶数が 2 枚のとき，${}_4C_2\times{}_4C_1=24$（通り）

(ウ)　偶数が 3 枚のとき，${}_4C_3=4$（通り）

以上を合わせて，$\dfrac{12+24+4}{56}=\dfrac{40}{56}=\dfrac{5}{7}$

若干，余事象で考える方が楽ですが，このように考えることもできます．

メインポイント

「少なくとも」ときたら余事象を考えるのが基本！
「少なくとも」という文言がなくても，常に直接考えた方がよいか，余事象を用いた方がよいか考えよう！

38 じゃんけん

アプローチ

じゃんけんの問題では，

誰が何で勝つか！

を考えるのがポイントです．

例えば，A，B，C，D のうち，1人が勝つ場合，誰が勝つかで ${}_4C_1$ 通りありますが，Aが勝ったとすると，Aが出す手は，グー，チョキ，パーのいずれかで，残り3人の手はそれぞれチョキ，パー，グーの1通りに決まってしまいます．

したがって，その場合の数は ${}_4C_1\times 3$（通り）となります．

◀複数の条件が絡んでいる問題では，段階を追って数えるのがポイントです．

解答

4人の手の出し方は 3^4 通りあり，これらは同様に確からしい．このうち，1人が勝つのは，誰が勝つかで ${}_4C_1$ 通り，何で勝つかで3通りあるから

$$\frac{{}_4C_1\cdot 3}{3^4}=\mathbf{\frac{4}{27}}$$

また，2人が勝つのは，誰が勝つかで ${}_4C_2$ 通り，何で勝つかで3通りあるから

$$\frac{{}_4C_2\cdot 3}{3^4}=\mathbf{\frac{2}{9}}$$

ちょっと一言

解答に続いて，3人が勝つのは，誰が勝つかで ${}_4C_3$ 通り，何で勝つかで3通りあるから

$$\frac{{}_4C_3\cdot 3}{3^4}=\frac{4}{27}$$

となるので，引き分けとなる確率は，全体1から，1人が勝つ，2人が勝つ，3人が勝つ場合を除いて

$$1-\frac{4}{27}-\frac{2}{9}-\frac{4}{27}=\frac{13}{27}$$

となります．引き分けは，余事象を考えましょう．

メインポイント

じゃんけんは，「誰が何で勝つか」を段階を追って数えよう！
引き分けは余事象を考えよう！

39 数え上げ（${}_nC_r$）の応用

アプローチ

1～6の数字から3つの数字を選ぶと ${}_6C_3$ 通りの選び方がありますが，例えば，

1，4，3が選ばれた場合，

その並び方は，$1<3<4$ の1通り

2，6，5が選ばれた場合，

その並び方は，$2<5<6$ の1通り

つまり，3つの数字を選んでしまえば並び方は1通りに決まってしまうので，$a<b<c$ となる場合の数は，1～6の6つの数字から3つの数字の選び方 ${}_6C_3$ 通りに1対1に対応します．

◀(1, 2, 3) から始めて，だんだん大きくなるようにすべて書き出すこともできる．

◀前問同様，「3つの数字を選んでから並べる！」という2段階で考えるとわかりやすい．

解答

サイコロの目の出方は，6^3 通りあり，これらは同様に確からしい．このうち，$a<b<c$ となるのは，6つの数字から3つの数字を選ぶ方法に1対1に対応するから，${}_6C_3$ 通りある．したがって，求める確率は

$$\frac{{}_6C_3}{6^3}=\frac{20}{6^3}=\mathbf{\frac{5}{54}}$$

ブラッシュアップ

$a \leqq b \leqq c$ のようにイコールがついた場合は，場合分けします．

$a<b<c$ の場合は，${}_6C_3$ 通り

$a=b<c$ の場合は，b，c の選び方を考えて，${}_6C_2$ 通り

$a<b=c$ の場合は，a，b の選び方を考えて，${}_6C_2$ 通り

$a=b=c$ の場合は6通り

よって，${}_6C_3+{}_6C_2+{}_6C_2+6=56$（通り）となります．どこにイコールがつくかで場合分けしましょう．

メインポイント

$a<b<c$ では ${}_nC_r$ を応用してカウントしよう！

40 最小値・最大値がkである確率

アプローチ

最小値が3以上となるのは，

$$3,\ 4,\ 5,\ 6 \text{のみ出る場合で} \frac{4^3}{6^3} \quad \cdots①$$

ですが，この中には，最小値が3，4，5，6の場合が含まれます．したがって，①から最小値が4以上，すなわち4，5，6のみ出る場合を除いて

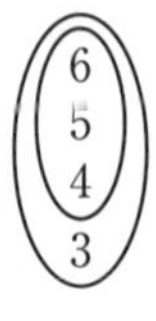

　「最小値が3」
＝「最小値が3以上」－「最小値が4以上」
＝「3以上のみ出る」－「4以上のみ出る」

とすると簡単です．

◀最小値が3とは，3以上のみ出て，かつ3が少なくとも1つ出る場合となります．3，4，5，6の目のみが出る事象を全体としたときの4，5，6の目が出る事象の余事象を考えています．

◀例えば，1～8の8個の数字から，3個取って最小値が3となる確率を考える場合は1個が3で，残り2個が4以上であればよいので$\frac{1\cdot{}_5C_2}{{}_8C_3}$とできますが，本問では3が複数回出る場合もあるので，直接カウントするには3の個数で場合分けする必要があり，面倒になります．

解答

出る目の最小値をXとすると

$$P(X \geqq 3)=\frac{4^3}{6^3},\quad P(X \geqq 4)=\frac{3^3}{6^3}$$

よって，$X=3$ となる確率は

$$P(X=3)=P(X \geqq 3)-P(X \geqq 4)$$
$$=\frac{4^3}{6^3}-\frac{3^3}{6^3}=\frac{64-27}{6^3}=\boldsymbol{\frac{37}{216}}$$

ブラッシュアップ

最大値が3なら，

「最大値が3」＝「最大値が3以下」－「最大値が2以下」
＝「3以下のみ出る」－「2以下のみ出る」

$$=\frac{3^3}{6^3}-\frac{2^3}{6^3}=\frac{19}{216}$$

とします．ベン図をイメージしましょう．

メインポイント

最大値がkとなる確率は　「最大値がk以下」－「最大値が$k-1$以下」
最小値がkとなる確率は　「最小値がk以上」－「最小値が$k+1$以上」

41 反復試行

アプローチ

反復試行は「サンプル×場合の数」が基本です．

例えば，Aチームが4勝1敗で優勝するのは

AAABA (サンプル)

となるときで，その確率は $\left(\frac{3}{5}\right)^4\cdot\frac{2}{5}$ ですが，何戦目でAが勝つ場合でも変わりません．そこで，何戦目にAが勝つかを考えて

$\underbrace{\text{AAAB}}_{{}_4\mathrm{C}_1\text{通り}}\boxed{\text{A}}$ ［5戦目は必ずAが勝つことに注意！］

$\boxed{\text{サンプル}}\times\boxed{\text{場合の数}}=\left(\frac{3}{5}\right)^4\cdot\frac{2}{5}\times{}_4\mathrm{C}_1$

が求める確率になります．このように，反復試行では，まずサンプルの確率を考え，場合の数をかけます．

◀1回ごとにリセットがかかる試行を独立試行といいます．独立試行では何回目でも確率は変わりません．これを繰り返した試行が反復試行です．

解答

(1)　Aチームが4勝1敗で優勝するのは，4回までで3勝1敗で，5回目に勝つ場合であるから，求める確率は

$\underbrace{\text{AAAB}}_{{}_4\mathrm{C}_1\text{通り}}\boxed{\text{A}}$

$${}_4\mathrm{C}_1\left(\frac{3}{5}\right)^4\cdot\frac{2}{5}=\frac{3^4\cdot8}{5^5}=\mathbf{\frac{648}{3125}}$$

(2)　最初の2試合に負けているので，ここからAが優勝するのは，その後4連勝するか，4勝1敗の場合であるので，(1)より

$$\left(\frac{3}{5}\right)^4+\frac{3^4\cdot8}{5^5}=\frac{3^4}{5^5}(5+8)=\mathbf{\frac{1053}{3125}}$$

ちょっと一言

(1)で，4勝1敗だから ${}_5\mathrm{C}_1\left(\frac{3}{5}\right)^4\cdot\frac{2}{5}$　…①　などと安易に計算して間違った人が多いのではないでしょうか．5戦目でAチームが優勝するには，5戦目はAが勝つ必要がありますが，①には，Aが4連勝した後，Aが1敗する確率も含まれています．反復試行では公式をただ覚えるのではなく，

常にサンプルの確率を計算した後に，場合の数をかける！

と確認して解くようにしてください．

メインポイント

反復試行は「サンプル×場合の数」と考えよ！

42 樹形図の利用

アプローチ

本問では，玉の個数の推移を見る必要がありますが，このような場合，「樹形図」の利用が効果的です．

条件より，袋A，袋Bの玉が1つ増える確率は，それぞれ $\frac{2}{3}$，$\frac{1}{3}$ で，下の樹形図において4回目に $\begin{pmatrix}A\\B\end{pmatrix}=\begin{pmatrix}0\\5\end{pmatrix}$ となる確率は

$$\begin{pmatrix}A\\B\end{pmatrix}=\begin{pmatrix}2\\3\end{pmatrix}\ \begin{cases}\overset{\frac{2}{3}}{\nearrow}\begin{pmatrix}3\\2\end{pmatrix}\overset{\frac{1}{3}}{\searrow}\\ \underset{\frac{1}{3}}{\searrow}\begin{pmatrix}1\\4\end{pmatrix}\underset{\frac{2}{3}}{\nearrow}\end{cases}\begin{pmatrix}2\\3\end{pmatrix}\overset{\frac{1}{3}}{\searrow}\begin{pmatrix}1\\4\end{pmatrix}\overset{\frac{1}{3}}{\searrow}\begin{pmatrix}0\\5\end{pmatrix}$$

◀樹形図をかいてみよう！

どの経路も↗が1回，↘が3回なので，その確率は $\frac{2}{3}\cdot\left(\frac{1}{3}\right)^3$，経路の数は2通りあるから

$$\frac{2}{3}\cdot\left(\frac{1}{3}\right)^3\times 2$$

◀どの進み方も確率は同じです．反復試行と同じ考え方で，サンプル×場合の数とします．

同様に，4回目に $\begin{pmatrix}A\\B\end{pmatrix}=\begin{pmatrix}2\\3\end{pmatrix}$ となる確率は

$$\begin{pmatrix}A\\B\end{pmatrix}=\begin{pmatrix}2\\3\end{pmatrix}\ \begin{cases}\overset{\frac{2}{3}}{\nearrow}\begin{pmatrix}3\\2\end{pmatrix}\begin{cases}\nearrow\begin{pmatrix}4\\1\end{pmatrix}\searrow\begin{pmatrix}3\\2\end{pmatrix}\\ \searrow\begin{pmatrix}2\\3\end{pmatrix}\end{cases}\\ \underset{\frac{1}{3}}{\searrow}\begin{pmatrix}1\\4\end{pmatrix}\begin{cases}\nearrow\begin{pmatrix}2\\3\end{pmatrix}\\ \searrow\begin{pmatrix}0\\5\end{pmatrix}\nearrow\begin{pmatrix}1\\4\end{pmatrix}\end{cases}\end{cases}\ \begin{pmatrix}2\\3\end{pmatrix}$$

◀場合の数は，直接かいて

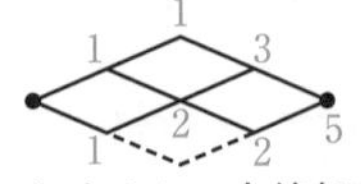

とするか，点線部分をひいて ${}_4C_2-1=5$（通り）とする．

どの経路も↗が2回，↘が2回なので，その確率は

$$\left(\frac{2}{3}\right)^2\cdot\left(\frac{1}{3}\right)^2$$

経路の数は点線をひいてカウントして ${}_4C_2-1$（通り）とするか，図に場合の数をかき込んで5通りあるので

$$\left(\frac{2}{3}\right)^2\cdot\left(\frac{1}{3}\right)^2\times 5$$

と考えましょう．

◀最短経路のカウント方法は 31 を参照！

解答

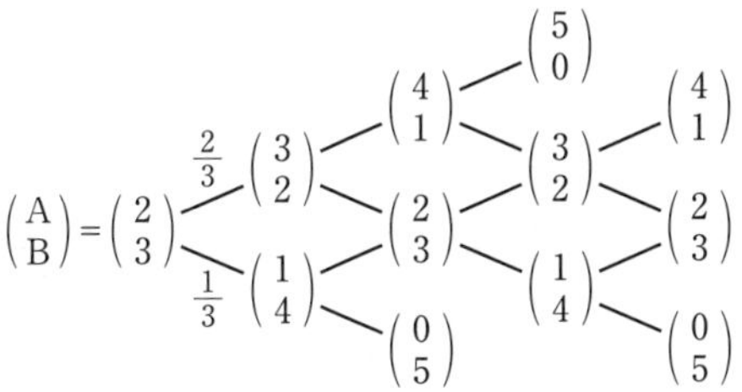

$$\binom{A}{B}=\binom{2}{3}$$

上図のように，玉の個数の樹形図をかくと

(1)　樹形図より，2回でゲームが終わる確率は

$$\left(\frac{1}{3}\right)^2=\boldsymbol{\frac{1}{9}}$$

(2)　樹形図より，4回までにこのゲームが終わる確率は

2回目に終わる確率が $\left(\frac{1}{3}\right)^2$

3回目に終わる確率が $\left(\frac{2}{3}\right)^3$

4回目に終わる確率が $\left(\frac{1}{3}\right)^3\cdot\frac{2}{3}\times 2$

であるので

$$\left(\frac{1}{3}\right)^2+\left(\frac{2}{3}\right)^3+\left(\frac{1}{3}\right)^3\cdot\frac{2}{3}\times 2=\boldsymbol{\frac{37}{81}}$$

(3)　樹形図より，4回目にAの玉が2個となる確率は

$$({}_4C_2-1)\left(\frac{2}{3}\right)^2\left(\frac{1}{3}\right)^2=\boldsymbol{\frac{20}{81}}$$

◀樹形図をかけば推移がよくわかる．積極的に使おう．特に，制限があるほど広がらないのでかきやすくなります．

ちょっと一言

確率が変わってしまい計算しにくい問題では，右図のように確率を計算して書き込んでいくのも簡明です．

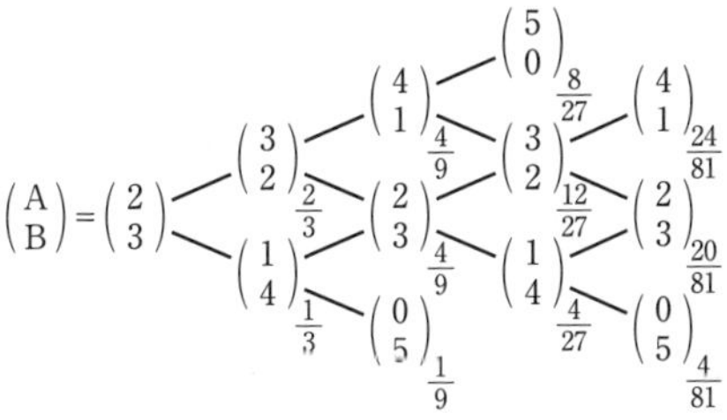

メインポイント

推移を見る問題では，樹形図が効果的！　積極的に使おう！

43 条件付き確率

アプローチ

全事象をUとし，事象A，Bに対して，条件付き確率$P_A(B)$は，Aを全事象とした場合の$A\cap B$が起こる確率で

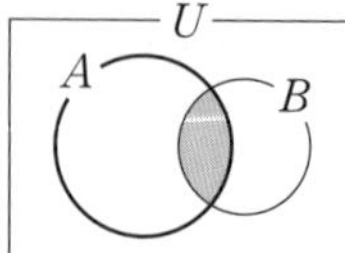

$$P_A(B)=\frac{n(A\cap B)}{n(A)} \quad \cdots①$$

$$=\frac{\frac{n(A\cap B)}{n(U)}}{\frac{n(A)}{n(U)}}=\frac{P(A\cap B)}{P(A)} \quad \cdots②$$

となります．つまり，条件付き確率は

Aの中のBの割合

を表します．まず，事象に名前をつけ整理してから，①または②の式を利用しましょう．

◀$n(X)$で事象Xの場合の数を表します．

◀条件付き確率は，事象Aの中の事象Bの割合！ 全体がUからAに変わる！

◀Aをレベル1問題集を学習する事象，Bを第一志望の大学に合格する事象とします．通常，第1志望に合格する確率はUの中のBの割合ですが，本書を学習したときに，第1志望に合格する確率はAの中のBの割合，すなわち$\frac{P(A\cap B)}{P(A)}$となります．
こちらの確率の方が高いはずです！

解答

ジョーカーを除く52枚のトランプから2枚のカードを同時に取り出す方法は

$${}_{52}C_2=\frac{52\cdot51}{2!}=26\cdot51 \text{（通り）}$$

あり，これらは同様に確からしい．

2枚のカードの中にハートが含まれているという事象をA，2枚ともハートである事象をBとする．

◀少なくとも1枚がハートが含まれると考える．

このとき，

$$P(A)=1-\frac{{}_{39}C_2}{{}_{52}C_2}=1-\frac{39\cdot38}{52\cdot51}=1-\frac{19}{34}=\frac{15}{34}$$

◀余事象であるハートが含まれない場合を利用した．

$$P(A\cap B)=P(B)=\frac{{}_{13}C_2}{{}_{52}C_2}=\frac{1}{17}$$

よって，$P_A(B)=\dfrac{P(A\cap B)}{P(A)}=\dfrac{\frac{1}{17}}{\frac{15}{34}}=\mathbf{\dfrac{2}{15}}$

◀場合の数で考えると，
ハートが1枚 ${}_{13}C_1\cdot{}_{39}C_1$
ハートが2枚 ${}_{13}C_2$
$\dfrac{\boxed{2枚}}{\boxed{1枚}+\boxed{2枚}}$ ともできる．

メインポイント

Aが起こったときに，Bが起こる条件付き確率は，Aの中のBの割合！

44 くじ引き

アプローチ

くじを戻さないので，引くたびに確率は変わることに注意してかけていきましょう．

例えば，Aのみ当たる場合は

$$\underbrace{\frac{2}{10}}_{\text{A当たり}}\cdot\underbrace{\frac{8}{9}}_{\text{Bはずれ}}\cdot\underbrace{\frac{7}{8}}_{\text{Cはずれ}}$$

となります．前半は，Cが当たる場合を丁寧に場合分けして計算します．後半は，余事象を考えるとよいでしょう．

◀確率の乗法定理という．事象AとBが同時に起こる確率$P(A\cap B)$は，$P(A\cap B)=P(A)\cdot P_A(B)$となります．

解答

AとCが当たる場合，$\frac{2}{10}\cdot\frac{8}{9}\cdot\frac{1}{8}$

BとCが当たる場合，$\frac{8}{10}\cdot\frac{2}{9}\cdot\frac{1}{8}$

Cのみ当たる場合，$\frac{8}{10}\cdot\frac{7}{9}\cdot\frac{2}{8}$

◀Cが当たるのは，3つの場合がある．これらは排反なので，そのまま加える．

以上を加えて，$\frac{16+16+112}{10\cdot9\cdot8}=\frac{144}{10\cdot9\cdot8}=\boldsymbol{\frac{1}{5}}$

また，3人のうち少なくとも1人が当たる確率は，余事象である3人ともはずれる確率を考えて

$$1-\frac{8}{10}\cdot\frac{7}{9}\cdot\frac{6}{8}=1-\frac{7}{15}=\boldsymbol{\frac{8}{15}}$$

◀「少なくとも」は余事象！

第6章

ブラッシュアップ

くじ引きの問題（引いたくじを戻さない）は，解答のように①**確率の乗法定理**を使う方法の他にも色々な解き方ができます．Cが当たりくじを引く場合について考えてみましょう．

② **順列の利用**

引いたくじを左から順に並べていくと考えると，10本のくじの引き方は，当たりを○，はずれを×とすると

1	2	3	4	5	6	7	8	9	10
○	×	○	×	×	×	×	×	×	×

の並べ方 ${}_{10}C_2$ 通りあり，これらは同様に確からしくなります．

このうち，C（3番目）が当たるのは，

1　2　3　4　5　6　7　8　9　10

○　×　[◎]　×　×　×　×　×　×　×

3番目が当たりの場合ですから，残り9個の並べ方を考えて ${}_9\mathrm{C}_1$ 通りあるので，求める確率は $\dfrac{{}_9\mathrm{C}_1}{{}_{10}\mathrm{C}_2}=\dfrac{1}{5}$ となります．

ちょっと一言

②の例から，当たりくじを引く確率は，何番目でも $\dfrac{{}_9\mathrm{C}_1}{{}_{10}\mathrm{C}_2}=\dfrac{1}{5}$ となることがわかります．ですから，

くじ引きは，引く順に関係なく公平！

となります．私が受験生時代には「くじ引きは神様の順列」と習いました．神様が，10本のくじの引き方 ${}_{10}\mathrm{C}_2$ 通りの中から，平等に1つ選んでくれてるわけです．神様が不公平をするはずないので，何番目に引いても確率は同じです．このように考えると，以下のような解法も可能です．

③　一部だけ見る

```
          3
------- □ -------
          ↑
```

3番目 (C) に引かれるくじは10本のどれかで，これらは同様に確からしい．当たりくじは2本だから，3番目に当たりくじが出るのは $\dfrac{2}{10}=\dfrac{1}{5}$ です．

メインポイント

くじ引きの問題では，

引く本数が少ないときは，　① 確率の乗法定理の利用

多いときは，　② 順列の利用

一部を見ればわかるものは，③の考え方

をうまく利用しよう！

45 期待値

アプローチ

ある試行において，事象 A_1，A_2，…，A_n が排反事象で，そのうちどれか１つが必ず起こるものとする．このとき，それぞれの事象が起こる確率を順に p_1，p_2，…，p_n とすると，次の等式が成り立つ．

$$p_1+p_2+\cdots+p_n=1$$

◀全確率の和＝1

また，A_1，A_2，…，A_n が起こるとき，ある数量 x がそれぞれ x_1，x_2，…，x_n という値をとるとする．

◀期待値は表をイメージすれば簡単に計算できます．すべての x とその確率を掛け合わせたものを加えます．

事象	A_1	A_2	…	A_n	
x の値	x_1	x_2	…	x_n	計
確率	p_1	p_2	…	p_n	1

このとき

$$\boldsymbol{x_1p_1+x_2p_2+\cdots+x_np_n}$$

を数量 x の**期待値**といいます．これは平均値を確率的に定義したものです．イメージについては

ちょっと一言 を参照してください．

解答

(1)　1のカードが1枚，2のカードが2枚，3のカードが3枚入った袋から1枚取り出すとき，

◀もちろん，すべてのカードを区別して考えます．

1のカードが取り出される確率は $\dfrac{1}{6}$

2のカードが取り出される確率は $\dfrac{2}{6}$

3のカードが取り出される確率は $\dfrac{3}{6}$

得点	1	2	3	計
確率	$\frac{1}{6}$	$\frac{2}{6}$	$\frac{3}{6}$	1

であるから，求める期待値は

$$1\times\frac{1}{6}+2\times\frac{2}{6}+3\times\frac{3}{6}=\frac{14}{6}=\boldsymbol{\frac{7}{3}}$$

◀すべての場合の確率を計算し，定義に当てはめるだけ！

(2)　取り出した2枚のカードの和を X とすると，X は3から6までの値を取りうる．

$X=3$ となるのは，取り出されるカードが(1，2)のときで，その確率は

$$\frac{1\cdot{}_2C_1}{{}_6C_2}=\frac{2}{15}$$

$X=4$ となるのは，取り出されるカードが(1，3)，

第6章

(2, 2) のときで，その確率は

$$\frac{1\cdot{}_3C_1+{}_2C_2}{{}_6C_2}=\frac{4}{15}$$

$X=5$ となるのは，取り出されるカードが (2, 3) のときで，その確率は

$$\frac{{}_2C_1\cdot{}_3C_1}{{}_6C_2}=\frac{6}{15}$$

$X=6$ となるのは，取り出されるカードが (3, 3) のときで，その確率は

$$\frac{{}_3C_2}{{}_6C_2}=\frac{3}{15}$$

X	2	3	4	5	計
確率	$\frac{2}{15}$	$\frac{4}{15}$	$\frac{6}{15}$	$\frac{3}{15}$	1

よって，X の期待値は

$$3\times\frac{2}{15}+4\times\frac{4}{15}+5\times\frac{6}{15}+6\times\frac{3}{15}=\frac{70}{15}=\mathbf{\frac{14}{3}}$$

◀すべての場合の確率を計算し，定義に当てはめるだけ！

ちょっと一言

(1) 期待値の計算式を

$$1\times\frac{1}{6}+2\times\frac{2}{6}+3\times\frac{3}{6}=\frac{1\times1+2\times2+3\times3}{6}$$

$$=\frac{\textbf{6 個の番号の総和}}{\mathbf{6}}$$

◀期待値＝平均値

とみれば，6 個のカードの数字の平均を表しているのがわかります．問題によっては，最初からこのように考えた方がよいものもあります．

(2) 実は(2)の答えは(1)の答えの 2 倍になっていて，

和の期待値は期待値の和

が成り立ちます．

◀128 参照

例えば，サイコロを 3 個振ったときの目の和の期待値を計算するのに，和が 3 ～18 になる確率をそれぞれ計算するのは大変です．

1 個振ると，目は

$\frac{1+2+3+4+5+6}{6}=\frac{21}{6}=3.5$ 期待できるので，

3 個振るとその 3 倍の 10.5 期待できます．

メインポイント

期待値の定義をしっかり押さえよう！

第7章 整数の性質

46 倍数の判定法

アプローチ

9の倍数は9×[整数]と表されます．

$$a=a_1ひゃくa_2じゅうa_3=a_1\times100+a_2\times10+a_3$$

と表されることに注意して，9でくくりましょう．

◀ $a_1a_2a_3$ のままでは証明できません．

解答

$$\begin{aligned}a&=a_1\times100+a_2\times10+a_3\\&=(99+1)a_1+(9+1)a_2+a_3\\&=9(11a_1+a_2)+(a_1+a_2+a_3)\quad\cdots(*)\end{aligned}$$

◀ 9でくくりましょう！

$9(11a_1+a_2)$ は9の倍数だから，a と $a_1+a_2+a_3$ は9で割った余りが等しい．

ちょっと一言

この問題を拡張すると，一般に

　自然数 a が9の倍数である $\Longleftrightarrow$ 各桁の和が9の倍数

また，(＊)より

　自然数 a が3の倍数である $\Longleftrightarrow$ 各桁の和が3の倍数

もわかりますね．

主要な場合を **メインポイント** に記述しておきますので確認してください．

これらを用いると，例えば，19836はもちろん2の倍数ですが，各桁の和が27より9(3)の倍数でもあり，下2桁が36より4の倍数でもあることがわかります．

第7章

メインポイント

ある自然数が

2の倍数である $\Longleftrightarrow$ 一の位が偶数

5の倍数である $\Longleftrightarrow$ 一の位が5または0

3の倍数である $\Longleftrightarrow$ 各桁の和が3の倍数

9の倍数である $\Longleftrightarrow$ 各桁の和が9の倍数

4の倍数である $\Longleftrightarrow$ 下2桁が00または4の倍数

47 約数の個数

アプローチ

792を素因数分解すると，$792=2^3\cdot 3^2\cdot 11$ となりますので，正の約数の形は

$$2^{\bigcirc}\cdot 3^{\triangle}\cdot 11^{\times}$$

となります．右の樹形図をイメージして，2，3，11をそれぞれ何個ずつ使うかを考えると，それぞれ「指数プラス1個」の場合があるので，正の約数の個数は

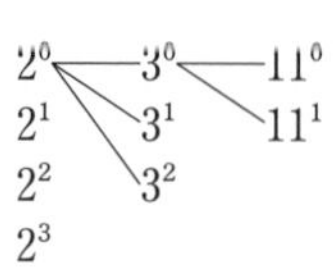

$$(3+1)(2+1)(1+1)=4\times 3\times 2\ (\text{個})$$

となります．また，正の約数の総和は，これらの約数をすべて加えたもので

$$(2^0+2^1+2^2+2^3)(3^0+3^1+3^2)(11^0+11^1)$$

と表すことができます．これを展開すると24個の約数がすべて現れます．

◀素数とは，1とその数のみを正の約数にもつ自然数です（正の約数が2個の自然数）．また，整数を素数の積に分解することを「素因数分解」するといいます．

◀かっこ内の $+1$ は0個の場合です．

◀展開すると，3つのかっこから1つずつ選んでかけたものが現れるので，$4\times 3\times 2=24$（個）の項がすべて現れる．$2^0=3^0=11^0=1$ は大丈夫ですね．

解答

792を素因数分解すると

$$792=\mathbf{2^3\cdot 3^2\cdot 11}$$

よって，正の約数の個数は

$$(3+1)(2+1)(1+1)$$
$$=4\times 3\times 2=\mathbf{24}\ (\textbf{個})$$

また，これらの総和は

$$(1+2+2^2+2^3)(1+3+3^2)(1+11)$$
$$=15\times 13\times 12=\mathbf{2340}$$

```
2) 792
2) 396
2) 198
3)  99
3)  33
    11
```

メインポイント

一般に，$a^p b^q c^r$ と素因数分解された数の正の約数の個数は

$$\boldsymbol{(p+1)(q+1)(r+1)}$$

その総和は

$$\boldsymbol{(a^0+a^1+\cdots+a^p)(b^0+b^1+\cdots+b^q)(c^0+c^1+\cdots+c^r)}$$

となるが，丸暗記せずに樹形図をイメージして覚えよう！

48 最大公約数・最小公倍数

アプローチ

(1) $180=2^2\times3^2\times5^1$, $1350=2^1\times3^3\times5^2$ より,
最大公約数は, 共通な約数で最大のものだから
指数の小さい方を選んで $2^1\times3^2\times5^1$
最小公倍数は, 共通の倍数だから
指数の大きい方を選んで $2^2\times3^3\times5^2$
とします.

◀指数が同じ場合は, 最大公約数も最小公倍数も同じ指数を選ぶ. 正確には前者が指数の大きくない方, 後者が小さくない方となる.

(2) 2つの自然数 A, B の最大公約数を G, 最小公倍数を L とすると, **互いに素な自然数** a, b に対して,

$$\boldsymbol{A=aG,\ B=bG}$$

と表せて,

$$\boldsymbol{L=abG,\ AB=GL}$$

が成り立ちます(各自しっかり確認してください).
A, B が素因数分解できないときは, このように置いて考えましょう.

◀ G は最大公約数なので, a, b は互いに素であることに注意！ a, b が互いに素とは, a, b の最大公約数が1であることです.

解答

(1) $180=2^2\times3^2\times5$, $1350=2\times3^3\times5^2$ より
最大公約数は, $2\times3^2\times5=\mathbf{90}$
最小公倍数は, $2^2\times3^3\times5^2=\mathbf{2700}$

(2) a, $b\ (a<b)$ の最大公約数が 28 であるから,
$a=28a'$, $b=28b'$
(a', b' は互いに素な自然数で $a'<b'$)
と表せる. また, 最小公倍数が 2016 より

$$2016=28a'b' \qquad \therefore\ \ a'b'=72=2^3\cdot3^2$$

a', b' は互いに素で, $a'<b'$ であるから

$$(a',\ b')=(1,\ 72),\ (8,\ 9)$$

$$\therefore\ \ (a,\ b)=\mathbf{(28,\ 2016),\ (224,\ 252)}$$

◀ a', b' は互いに素なので, 2と3は分かれるか, すべて一緒になります.

メインポイント

1°) 最大公約数は指数の大きくない方, 最小公倍数は指数の小さくない方を選んでかけたもの

2°) 2つの自然数 A, B の最大公約数を G, 最小公倍数を L とするとき,
$\boldsymbol{A=aG,\ B=bG}$ (a, b は互いに素) と表せて

$$\boldsymbol{L=abG,\ AB=GL}$$

第7章

49 余りで分類 1

アプローチ

(1)　n に 1，2，3，…と代入して調べると

◀まずは実験してみよう！

$n=1$ のとき，1，$\boxed{0}$，4

$n=2$ のとき，2，1，$\boxed{9}$

$n=3$ のとき，$\boxed{3}$，2，14

となり，確かにいずれかは 3 の倍数になっていますね．でもこれをず～っと続けても証明することができませんので，k を整数とし，n を 3 で割った余りで分類して $n=3k$，$n=3k+1$，$n=3k+2$ の場合を調べれば，しらみつぶしに調べることができます．

◀余りで分類すると，無限に調べなければいけないことを，たった 3 つの場合を調べるだけですみます！

解答

(1)　k を整数とする．

◀ 3 の倍数であることを示したいので，3 で割った余りで分類してしらみつぶし！

$n=3k$ のとき，n は 3 の倍数である．

$n=3k+1$ のとき，$n-1=3k$ は 3 の倍数である．

$n=3k+2$ のとき，$5n-1=5(3k+2)-1=3(5k+3)$

は 3 の倍数である．したがって，題意は成り立つ．

(2)　(1)より，n，$n-1$，$5n-1$ のいずれかは 3 の倍数であるから，$n(n-1)(5n-1)$ は 3 の倍数である．

さらに，$n(n-1)$ は偶数であるから，

◀連続 2 整数の積は偶数！

$n(n-1)(5n-1)$ は 6 の倍数である．

ちょっと一言

連続 2 整数の積 $n(n+1)$ は偶数　［2 つの数のどちらかは偶数なので］

連続 3 整数の積 $n(n+1)(n+2)$ は $2\times3=6$ の倍数

［3 つの数のどれかは 3 の倍数なので］

です．この事実を用いると

$$n(n-1)(5n-1)=n(n-1)\{2(n-2)+3(n+1)\}$$
$$=2\underbrace{(n-2)(n-1)n}_{6\text{ の倍数}}+3\underbrace{(n-1)n(n+1)}_{6\text{ の倍数}}$$

より 6 の倍数です．

メインポイント

整数はある数で割った余りで分類できる．すべての整数について，倍数や余りを議論する問題では，**余りで分類せよ！**

50 余りで分類 2

アプローチ

例えば，$b=5l+2$（l は 0 以上の整数）のとき，b^2 を 5 で割った余りは

$$b^2=(5l+2)^2=\underbrace{25l^2+20l}_{5\text{の倍数}}+2^2=(5\text{の倍数})+4$$

より 4 です．

◀展開したときに，5 がつかないのは 2^2 の部分だけです．

同様に，$c=5m+3$（m は 0 以上の整数）のとき，c^3 を 5 で割った余りは

$$c^3=(5m+3)^3=\underbrace{(5m)^3+3(5m)^2\cdot3+3(5m)3^2}_{5\text{の倍数}}+3^3$$

$$=(5\text{の倍数})+27$$

から，$3^3=27$ を 5 で割った余り，すなわち 2 です．

◀展開したときに，5 がつかないのは 3^3 の部分だけです．

このように，5 で割った余りは，5 が関係しない**余り部分に着目**するのがポイントになります．

解答

$a=5k+1$，$b=5l+2$，$c=5m+3$（k，l，m は 0 以上の整数）とおくと

$$a+2b+3c=(5k+1)+2(5l+2)+3(5m+3)$$
$$=5(k+2l+3m)+14$$
$$=5(k+2l+3m+2)+4$$

◀結局，5 で割った余りは，$5k$，$5l$，$5m$ 部分は関係なく，余り 1，2，3 の部分で決まり，14 を 5 で割った余りが答え！

よって，$a+2b+3c$ を 5 で割った余りは **4** である．

また，$b^2=(5l+2)^2=(5\text{の倍数})+4$

$$c^3=(5m+3)^3=(5\text{の倍数})+27$$
$$=(5\text{の倍数})+2$$

◀27 を 5 で割った余り 2 が c^3 を 5 で割った余り！

これより，$b^2=5L+4$，$c^3=5M+2$（L，M は 0 以上の整数）とおくと

$$ab^2c^3=(5k+1)(5L+4)(5M+2)$$
$$=(5\text{の倍数})+1\cdot4\cdot2=(5\text{の倍数})+3$$

◀5 がつかないのは，1 と 4 と 2 をかけた項！

よって，ab^2c^3 を 5 で割った余りは **3** である．

メインポイント

ある整数を自然数 m で割った余りは，m がついていない項に着目！

第7章

51 ユークリッドの互除法

アプローチ

a, b, c, q は自然数で，a を b で割った商が q，余りが r，すなわち $a=bq+r$ のとき

(a, bの最大公約数)=(b, rの最大公約数)

この性質を利用して，最大公約数を求めることを**ユークリッドの互除法**といいます．素因数分解しにくい場合に威力を発揮します．どんどん割ってみましょう！

◀ $a=$(割る数)×(商)+(余り)

解答

$$12707=12319\times1+388$$
$$12319=388\times31+291$$
$$388=291\times1+97$$
$$291=97\times3$$

◀余りが0になるまでどんどん割っていきましょう．

a と b の最大公約数を $(a,\ b)$ と表すと

$$(12707,\ 12319)=(12319,\ 388)=(388,\ 291)$$
$$=(291,\ 97)=(97,\ 0)=\mathbf{97}$$

◀97と0の最大公約数は97です．0は（0以外の）すべての整数を約数にもちます．

ブラッシュアップ

ユークリッドの互除法を証明してみます．

$a=bq+r$ のとき，a, b の最大公約数を G，b, r の最大公約数を g として，$G=g$ であることを示す．

まず，$a=bq+r=$(g の倍数) だから，g は a, b の公約数になる．a, b の最大公約数は G だから，$G\geqq g$ …①

また，$r=a-bq=$(G の倍数) だから，G は b, r の公約数になる，b, r の最大公約数は g だから，$g\geqq G$ …②

したがって，①，②より，$G=g$ となる．

メインポイント

素因数分解しにくい2数の最大公約数を求める場合には，ユークリッドの互除法を活用しよう！

52 1次不定方程式

アプローチ

1次不定方程式 $ax+by=c$ の一般解を求めるには,「特殊解」を見つけて辺ごとに引いて積の形をつくるのが基本です.

(1) 適当に代入して, $23x-9y=1$ の特殊解を見つけます. ここでは, $x=2$, $y=5$ とします.

◀特殊解が見つけにくい場合の対処法は ブラッシュアップ 参照!

(2) $23x-9y=7$ の特殊解は, (1)の $23x-9y=1$ の解の7倍になりますので,

$$x=2\times7=14,\ y=5\times7=35$$

となります.

◀$ax+by=1$ の特殊解を見つけて7倍する!

> $ax+by=c$ (a と b は互いに素) の特殊解は, $ax+by=1$ の特殊解を見つけて c 倍して求めます.

◀a, bが互いに素であれば, $ax+by=1$ の整数解は必ず存在することが知られている.

特殊解を見つけたら, 解答のように辺ごとに引いて積の形をつくります. 解答の流れをしっかりマスターしましょう.

解答

(1) $\boldsymbol{x=2,\ y=5}$

◀$x=11$, $y=28$ なども可.

(2) (1)の解を7倍して, $23x-9y=7$ の解の1つは, $x=14$, $y=35$ であるので

◀$ax+by=1$ の特殊解を見つけて7倍する!

$$\begin{array}{rrr} 23x & -9y & =7 \\ -)\ 23(14) & -9(35) & =7 \\ \hline 23(x-14) & -9(y-35) & =0 \end{array}$$

$\therefore\ 23(x-14)=9(y-35)\ \cdots(*)$

◀積をつくれた!

23と9は互いに素であるから, $y-35$ は23の倍数である.

◀$y-35$ は23の倍数になる必要がある.

よって, kを整数として

$$y-35=23k$$

$(*)$ に代入して

$$23(x-14)=9\cdot23k \qquad \therefore\ x-14=9k$$

求める一般解は

$$\boldsymbol{x=14+9k,\ y=35+23k}\ (\boldsymbol{k}\text{は整数})$$

第7章

ちょっと一言

実は，1次不定方程式 $23x-9y=7$ の一般解は，直線上の格子点の意味をもちます．$23x-9y=7$ は $y=\frac{23}{9}x-\frac{7}{9}$ と変形できますから，傾き $\frac{23}{9}$ の直線です．通る点の1つは特殊解 (14, 35) ですから，この点からスタートして (9, 23)，すなわち傾きベクトル分だけ進むと次々に格子点が出てくることになります．もちろん逆に (−9, −23) 進んでも同じです（9と23は互いに素ですから，途中に格子点はありません）．したがって，特殊解さえわかれば

$(x,\ y)=(14,\ 35)+k(9,\ 23)$ （k は整数）

がイメージできます．

さらに，スタート（特殊解）の取り方は自由であり，進む方向が逆でもよいので，

$(x,\ y)=(23,\ 58)+k(-9,\ -23)$ （k は整数）

など表し方は一意的ではありません．すべての格子点をカバーしていればOKです．

ブラッシュアップ

《特殊解が見つけにくいときは…》

特殊解が見つけにくいときは，以下のように見つける方法があります．

例えば，$17x+22y=1$ …(∗) の場合，1を17と22で表していると考えれば，見つけにくい原因はこの2数が大きいからにほかなりません．そこで，この2数を小さくすることを考えます．

22を17で割ると商が1で余りが5より，$22=17\cdot1+5$

これを (∗) に代入して　$17x+(17\cdot1+5)y=1$

17でくくると　$17(x+y)+5y=1$ …(∗∗)

となり，1を，22と17より小さい数である17（割る数）と5（余り）で表せるので，特殊解が探しやすくなります（互除法の過程と同じですね）．

よって，$x+y=-2$，$y=7$ から，特殊解は $x=-9$，$y=7$ とわかります．

もし，(∗∗) が見つけにくければ，$x+y=z$ などとおき，$17z+5y=1$ として，見つけやすくなるまで，同じことを繰り返します．

メインポイント

1次不定方程式 $ax+by=c$ の一般解を求めるには，「特殊解」を見つけて辺ごとに引いて積の形をつくる！　直線上の格子点のイメージをもとう！

53 いろいろな不定方程式

アプローチ

方程式の整数解を求める問題では,

積の形をつくる!

のがポイントです. まずは, 因数分解を狙いましょう.

◀例えば, 正の整数 a, b が $ab=3$ を満たせば, $(a,\ b)=(1,\ 3),\ (3,\ 1)$ と決まります.

(1) $axy+bx+cy+d=0$ のタイプは, 適当に係数を決めて

(式)×(式)=(整数)

の形をつくります.

与式を, $3mn-5m-6n+5=0$ と変形したら,

① $3mn$ を 2 つのカッコに分配する.

$(3m+○)(n+△)$

◀ $(m+○)(3n+△)$ としても結果は同じになります. 各自確かめてみましょう. ですから適当にやっちゃっていいんです.

② m と n の係数を見て, ○と△を決め, 余計なものを引く.

$$(3m-6)\left(n-\frac{5}{3}\right)-6\cdot\frac{5}{3}+5=0$$

③ 両辺に 3 をかけて, 係数を整数にする.

$(3m-6)(3n-5)-30+15=0$

$\therefore\ (3m-6)(3n-5)=15$

$\therefore\ (m-2)(3n-5)=5$

よって, $m-2$, $3n-5$ は積が 5 の正の整数の組み合わせになります.

(2) $\sqrt{n^2+60}=k$ (k は自然数) とおき, 両辺を 2 乗すると

$n^2+60=k^2 \qquad \therefore\ k^2-n^2=60$

$\therefore\ (k-n)(k+n)=60$ ◀積をつくる!

となり積がつくれます.

$○^2-△^2$ の形はよく出題されるものの 1 つです.

解答

(1) $3nm-6n=5m-5$

$\therefore\ 3mn-5m-6n+5=0$ ◀適当に振り分ける!

$$\therefore\ (3m-6)\left(n-\frac{5}{3}\right)-6\cdot\frac{5}{3}+5=0$$

$\therefore\ (3m-6)(3n-5)=15$ ◀因数分解もどき!

$\therefore\ (m-2)(3n-5)=5$

第7章

$m \geqq 1$, $n \geqq 1$ より $m-2 \geqq -1$, $3n-5 \geqq -2$

であるから

$$(m-2,\ 3n-5)=(1,\ 5),\ (5,\ 1)$$

このうち, m, n が整数になるのは $(5,\ 1)$ のときで

$$(m,\ n)=(\mathbf{7},\ \mathbf{2})$$

(2) $\sqrt{n^2+60}=k$ (k は自然数) とおくと

$$n^2+60=k^2$$

$$\therefore\quad k^2-n^2=60$$

$$\therefore\quad (k-n)(k+n)=60=2^2\cdot3\cdot5$$

◀積をつくれ！

ここで, $k-n>0$, $k+n>0$, $k-n<k+n$ であり, $k-n$ と $k+n$ の偶奇は一致するから

◀条件を利用して, 範囲を絞り込んでから組合せを考える. **ちょっと一言** 参照！

$$(k-n,\ k+n)=(2,\ 30),\ (6,\ 10)$$

となり,

$$(k,\ n)=(16,\ 14),\ (8,\ 2)$$

したがって, 最大の自然数 n は **14**

ちょっと一言

(2)の後半で用いた

$k-n$ と $k+n$ の偶奇は一致する！

はしっかり押さえておきましょう.

例えば, 偶＋偶, 偶－偶は偶数, 偶＋奇, 偶－奇は奇数です.

$$(k-n)(k+n)=2^2\cdot3\cdot5$$

を満たす組は本来 $(1,\ 60)$, $(3,\ 20)$, $(4,\ 15)$, $(5,\ 12)$ の場合もあるのですが, 偶奇が一致しないので不適となります. 60 は 2^2 を因数にもつので, ともに偶数の積に分解する必要があるのです.

メインポイント

方程式の整数解の問題では, 因数分解して積の形をつくれ！
特に, $axy+bx+cy+d=0$ のタイプの整数解問題では, (式)×(式)＝(整数) の形に変形しよう.
$m^2-n^2=(m+n)(m-n)$ を利用する問題もよく出題される！

54 p 進法

アプローチ

10 進法で 3421 は

3	4	2	1
10^3 の位	10^2 の位	10 の位	1 の位

より，$3421=3\times10^3+4\times10^2+2\times10+1$ と表せます．

◀10 進法は，位取りの基礎を 10 としている．10 になると位が上がるので，使える数字は 0 ～ 9 まで．

同様に，5 進法で 3421 は

3	4	2	1
5^3 の位	5^2 の位	5 の位	1 の位

より，$3421_{(5)}=3\times5^3+4\times5^2+2\times5+1$ と表せます．

◀ 5 進法は，位取りの基礎を 5 としている．5 になると位が上がるので，使える数字は 0 ～ 4 まで．

要するに，10 進法なら 10 を，5 進法なら 5 をひと束にして位取りを考えているにすぎません．

この考え方を利用して，$3421_{(5)}=1qr3_{(p)}$ の両辺を 10 進法に直して考えましょう！

◀ n 進法表記の場合は $3421_{(n)}$ のように表す．

解答

$3421_{(5)}$ を 10 進法で表すと

$$3\cdot5^3+4\cdot5^2+2\cdot5+1$$
$$=375+100+11=486$$

◀まず，$3421_{(5)}$，$1qr3_{(p)}$ を 10 進法で表す．

$1qr3_{(p)}$ を 10 進法で表すと

$$p^3+qp^2+rp+3$$

◀ p 進法では，1 の位，p の位，p^2 の位…と続く．

$3421_{(5)}=1qr3_{(p)}$ であるから

$$p^3+qp^2+rp+3=486$$
$$\therefore\ p(p^2+qp+r)=483$$
$$\therefore\ p(p^2+qp+r)=3\cdot7\cdot23 \quad \cdots(*)$$

◀積をつくって約数を拾い上げる．

$4\leqq p\leqq9$ であるから，$p=7$

よって $(*)$ より，$7^2+7q+r=3\cdot23$

$$\therefore\ 7q+r=20$$

◀ $1qr3_{(p)}$ から p は 3 より大きいので $4\leqq p\leqq9$．また，q，r は 0 以上 $p-1$ 以下である．

$0\leqq q\leqq6$ $(=p-1)$，$0\leqq r\leqq6$ $(=p-1)$ であるから，$q=2$，$r=6$ となる．

以上より，$\boldsymbol{p=7}$，$\boldsymbol{q=2}$，$\boldsymbol{r=6}$

ちょっと一言

p 進法の世界では，p になると位が上がるので，数字は $p-1$ までしかありません．例えば，3 進法の世界では，1，2，10，11，12，20，21，22，100，… のように 3 になると位が上がっていきます．

第7章

ブラッシュアップ

1°) **10 進法から p 進法へ**

> $452_{(10)}$ を 7 進法で表せ.

7^n で表したいので，7^n の形で 452 以下の最大のもの $7^3=343$ で割って

$$452=1\cdot 7^3+109 \quad [\text{さらに，余り 109 を } 7^2=49 \text{ で割って}]$$
$$=1\cdot 7^3+2\cdot 7^2+11 \quad [\text{さらに，余り 11 を 7 で割って}]$$
$$=1\cdot 7^3+2\cdot 7^2+1\cdot 7+4$$

よって，$452_{(10)}$ を 7 進法で表すと，　　$1214_{(7)}$

のように，できるだけ大きい 7^n で余り部分をどんどん割っていきましょう.

2°) **p 進法の小数**

> $0.234_{(5)}$ を 10 進法で表せ.

10 進法で小数点以下は，$0.1=\frac{1}{10}$ の位，$0.01=\frac{1}{10^2}$ の位，…となっていきますので，例えば，

$$0.552_{(10)}=5\cdot\frac{1}{10}+5\cdot\frac{1}{10^2}+2\cdot\frac{1}{10^3}$$

となります.

同様に，5 進法では，$\frac{1}{5}$ の位，$\frac{1}{5^2}$ の位，$\frac{1}{5^3}$ の位，…となりますので，$0.234_{(5)}$ を 10 進法で表すと

$$2\cdot\frac{1}{5}+3\cdot\frac{1}{5^2}+4\cdot\frac{1}{5^3}=\frac{69}{125}=0.552$$

となります.

メインポイント

p 進法では，1 の位，p の位，p^2 の位，…のように，位取りの基本は p となる．p 進法の世界では，0 から $p-1$ までの数字しか存在しない．ただし，最高位のみ 0 になれないことに注意！

$$\boldsymbol{abcd_{(p)}=a\times p^3+b\times p^2+c\times p+d}$$

同様に，p 進法の小数は，小数点以下が $\frac{1}{p}$ の位，$\frac{1}{p^2}$ の位，$\frac{1}{p^3}$ の位，…となり

$$\boldsymbol{0.abcd_{(p)}=a\cdot\frac{1}{p}+b\cdot\frac{1}{p^2}+c\cdot\frac{1}{p^3}+d\cdot\frac{1}{p^4}}$$

と表記できる.

第8章 図形の性質

55 三角形の4心

アプローチ

まずは，三角形の4心の定義・性質を整理しましょう．丸暗記せずに，図をかいてしっかり理解して，忘れても思い出せるようにしておくこと！

1°) **三角形の重心G**

重心は，**3中線の交点**です．

右図で，

$$AG：GD=BG：GE=CG：GF=2：1$$

となります．

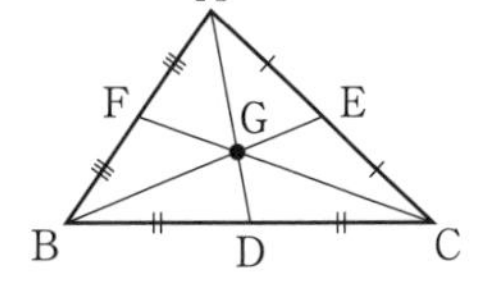

2°) **三角形の外心O**

△ABCの外心は，外接円の中心です．

OA＝OB＝OC＝(半径)

であり，各辺の**垂直2等分線の交点**です．

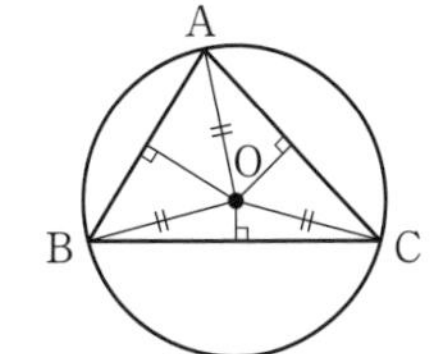

3°) **三角形の内心I**

内心は，**内接円の中心**です．

右図より，**角の2等分線の交点**となります．

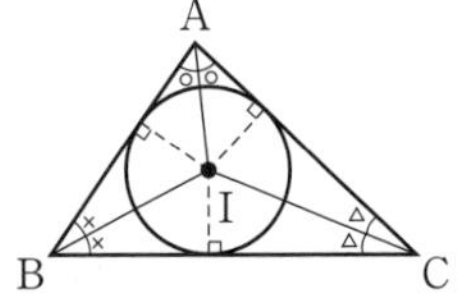

4°) **三角形の垂心H**

垂心は，**3垂線の交点**です．

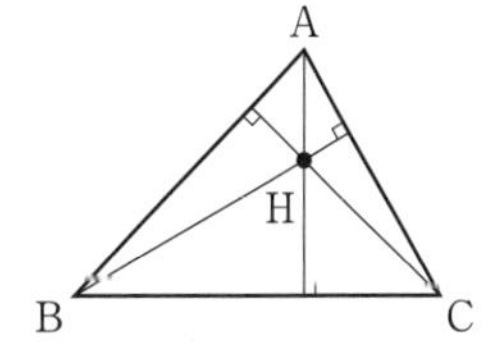

また，次の性質は知っているけど使えない人が多いので，しっかり印象づけておきましょう．本問では，三角形の外角の性質を利用します．

第8章

5°) **外角の性質**

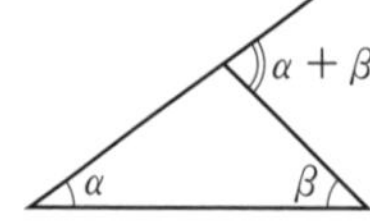

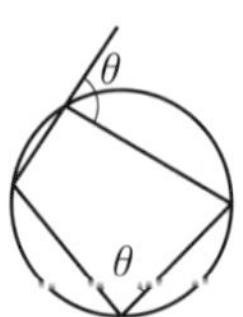

解答

(1) Oは△ABCの外心であるから，OA＝OB となり，△OABは2等辺三角形である．

◀外心は外接円の中心！ ちなみに，∠BACは直径に対する円周角で90°！

$\angle OAB = \angle OBA = \theta$

とおくと，外角の性質から

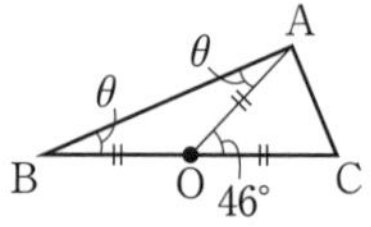

$\angle AOC = \angle OAB + \angle OBA$

$\therefore \quad 46^\circ = 2\theta \qquad \therefore \quad \theta = \mathbf{23^\circ}$

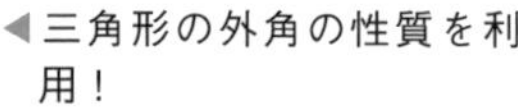

◀三角形の外角の性質を利用！

(2) Hは垂心であるから，直線CHとABの交点をKとすると，

◀垂心は3垂線の交点！

$\angle CKB = 90^\circ$

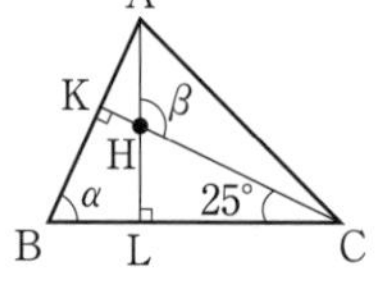

△BKC において，内角の和は180°であるから

$\alpha + 25^\circ = 90^\circ \qquad \therefore \quad \alpha = \mathbf{65^\circ}$

また，直線AHとBCの交点をLとすると，△CHL において，外角の性質から

◀三角形の外角の性質を利用！

$\beta = \angle HLC + \angle HCL = 90^\circ + 25^\circ = \mathbf{115^\circ}$

(3) Iは△ABCの内心であるから，角の2等分線の交点である．

◀内心は角の2等分線の交点！

よって，$\angle ICB = 25^\circ$

三角形の内角の和は180°であるから，

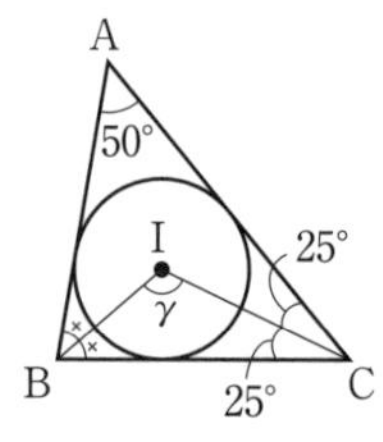

$\angle ABC = 180^\circ - 50^\circ - 50^\circ = 80^\circ$

よって，$\angle IBC = \dfrac{1}{2}\angle ABC = 40^\circ$

$\therefore \quad \gamma = 180^\circ - 40^\circ - 25^\circ = \mathbf{115^\circ}$

メインポイント

三角形の4心の定義はしっかり理解して覚えよう．外角の性質は知っているけど使えない人が多い性質の1つ！

56 角の２等分線の性質・方べきの定理

アプローチ

角の２等分線の性質と方べきの定理を利用する問題です．ともに重要定理ですので，しっかり確認してください．

角の２等分線の性質

右図において，∠BACの２等分線とBCの交点をDとすると

$$\mathrm{AB}:\mathrm{AC}=\mathrm{BD}:\mathrm{DC}$$

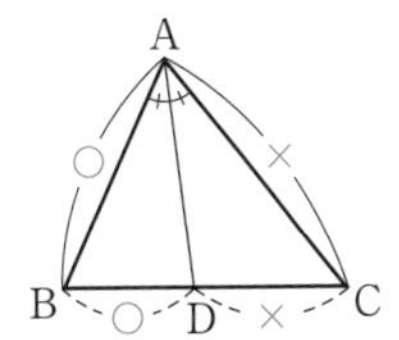

方べきの定理

①
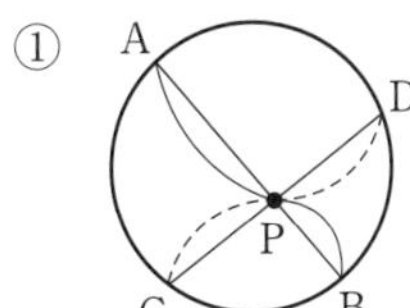

②
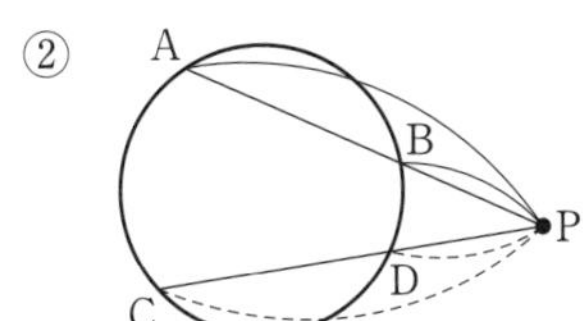

③
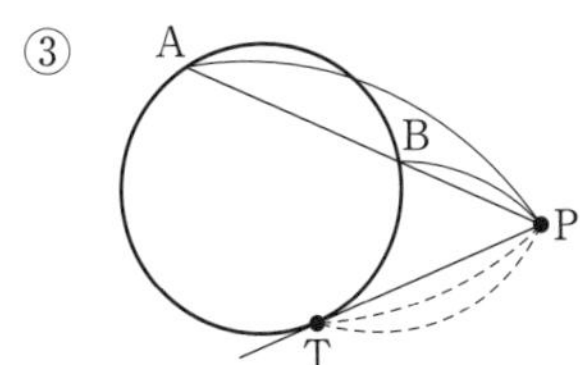

(直線PTは円の接線)

①，②では，　$\mathrm{PA}\times\mathrm{PB}=\mathrm{PC}\times\mathrm{PD}$

③では，　$\mathrm{PA}\times\mathrm{PB}=\mathrm{PT}^2$ が成り立つ．

証明 証明は相似を用います．証明の中に重要な性質が含まれているので，必ず自分で確認しながら証明してください．

◀方べきの定理は，証明まで含めて覚えよう！　相似や基本性質を押さえる上で非常に重要です．

①
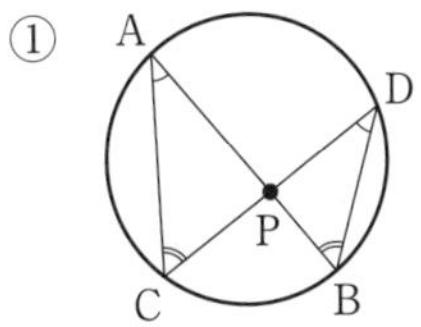

②
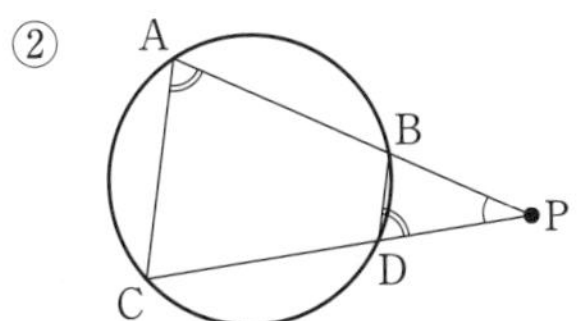

③
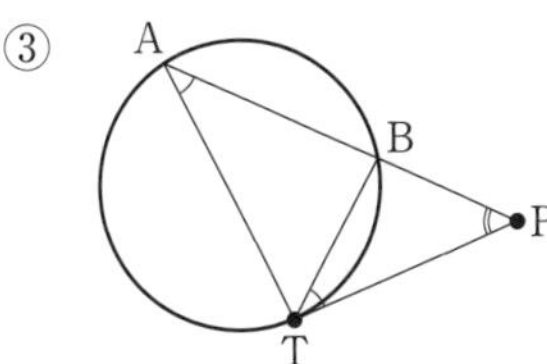

① 円周角の定理より

◀円周角チェックは重要！

$\angle BAC = \angle BDC$，$\angle ACD = \angle ABD$

よって，$\triangle PAC \backsim \triangle PDB$ から

$PA : PD = PC : PB$ より

$PA \cdot PB = PC \cdot PD$

② 外角の性質から

◀外角の性質も押さえよう！

$\angle PAC = \angle PDB$

よって，$\triangle PBD \backsim \triangle PCA$ から

$PB : PD = PC : PA$ より

$PA \cdot PB = PC \cdot PD$

③ 接弦定理より

◀接弦定理

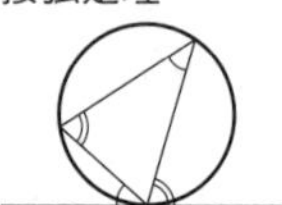

$\angle PTB = \angle PAT$

よって，$\triangle PBT \backsim PTA$ であるから

$PB : PT = PT : PA$ より

$PA \cdot PB = PT^2$

解答

(1) 角の2等分線の性質より

$BD : DC = AB : AC$

$= \mathbf{5 : 3}$

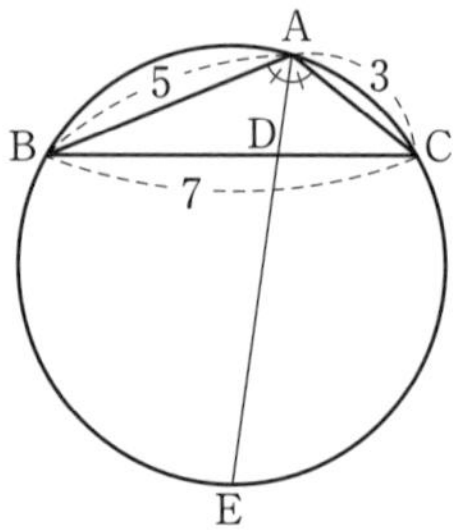

(2) (1)より，

$BD = \frac{5}{8}BC = \frac{35}{8}$

$DC = \frac{3}{8}BC = \frac{21}{8}$

方べきの定理より，

$AD \cdot DE = BD \cdot DC$

$= \frac{35}{8} \cdot \frac{21}{8} = \mathbf{\frac{735}{64}}$

メインポイント

角の2等分線の性質，**接弦定理**，**方べきの定理**はよく用いられる重要定理です．

57 接線の長さ・方べきの定理

アプローチ

(1) CA＝CT に気づきましたか？

次の性質は，知っているけど使えない人が多い性質の１つです．

◀図形問題で，引っかかるところは，中学校で習った基本事項であることが多いです．このような基本性質をよく使うことを認識することが大切です．

接線の長さは等しい

円外の１点から，その円に引いた２つの接線の長さは等しい．

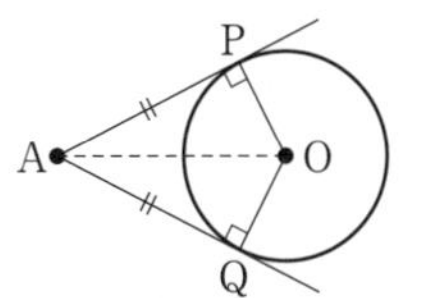

(2) 方べきの定理の出番です．前問の **アプローチ** の接するタイプを用いて BD･BA＝BT^2 を利用します．

(3) AD がわかりましたので，円の半径を求めるには，△ATD で正弦定理を用いて $2R=\dfrac{\mathrm{AD}}{\sin\angle\mathrm{ATD}}$ とすれば求められそうです．

◀円の半径は，外接円なら正弦定理，内接円なら面積の利用が基本になります．

∠ATD は接弦定理から求められます．円の接線が絡んだ角度は接弦定理の出番です．

接弦定理

円の接線とその接点を通る弦のつくる角は，その内部にある弧に対する円周角に等しい．

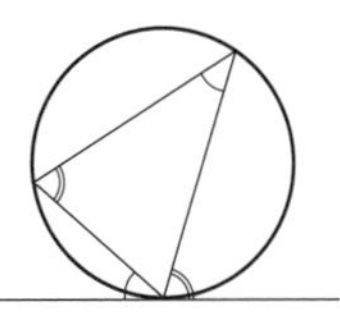

解答

(1) 接線の長さは等しいから，

◀接線の長さは等しい！

$\mathrm{CT}=\mathrm{CA}=6$

$\therefore\ \mathrm{BC}=\mathrm{CT}\times\dfrac{7}{3}=\mathbf{14}$

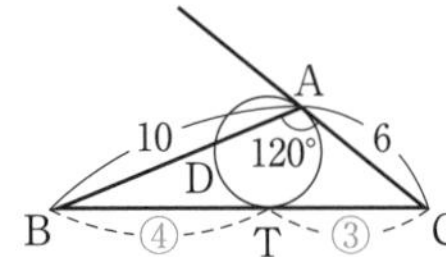

(2) $\mathrm{BT}=\dfrac{4}{7}\mathrm{BC}=8$

方べきの定理より　　BD･BA＝BT^2

◀方べきの定理の利用！

$\therefore\ 10\mathrm{BD}=8^2$

$\therefore\ \mathrm{BD}=\dfrac{8^2}{10}=\dfrac{32}{5}$　　$\therefore\ \mathrm{AD}=10-\dfrac{32}{5}=\mathbf{\dfrac{18}{5}}$

第8章

(3) CA の延長上に点E をとると

$\angle \mathrm{DAE}=60°$

よって，接弦定理より

$\angle \mathrm{ATD}=\angle \mathrm{DAE}=60°$

求める円の半径を R とおくと，△ADT において，正弦定理より

$$2R=\frac{\mathrm{AD}}{\sin\angle \mathrm{ATD}} \quad \therefore \quad R=\frac{1}{2}\cdot\frac{18}{5}\cdot\frac{2}{\sqrt{3}}=\frac{18}{5\sqrt{3}}=\boldsymbol{\frac{6\sqrt{3}}{5}}$$

◀円に接して角度が絡んだら接弦定理の利用！

ちょっと一言

円に接線を引いた問題では，接線の長さをチェックする癖をつけよう！

例　AB=4，BC=7，CA=5 である△ABC の内接円の中心を I とする．辺 BC とこの内接円の接点を P とするとき，BP の長さを求めよう．

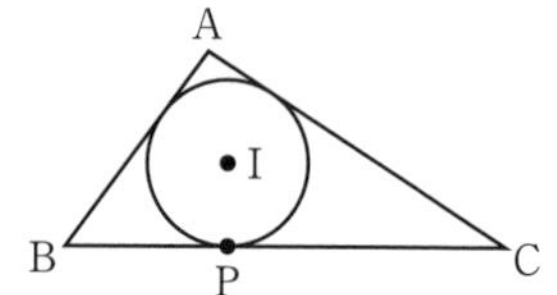

解答　BP=l とおくと，接線の長さは等しいから，図のようになる．よって，

$\mathrm{CA}=(4-l)+(7-l)=5$

$\therefore\quad 2l=6$

$\therefore\quad \mathrm{BP}=l=\mathbf{3}$

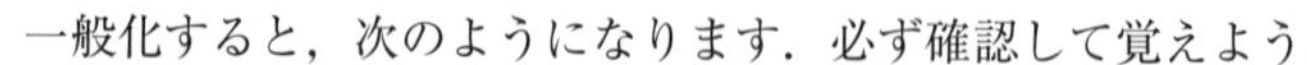

一般化すると，次のようになります．必ず確認して覚えよう．

接線の長さの公式

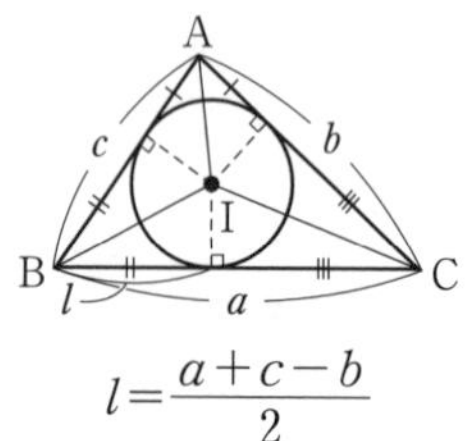

$$l=\frac{a+c-b}{2}$$

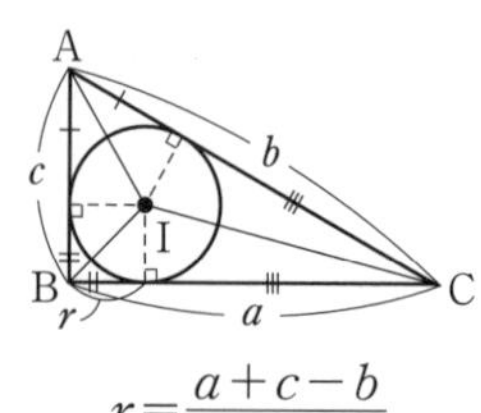

$$r=\frac{a+c-b}{2}$$

上の式から，接線の長さが求められます．直角三角形のときは内接円の半径になります．

メインポイント

「接線の長さは等しい」は知っているけど使えない人が多い性質！

「方べきの定理」「接弦定理」の使い方をしっかりマスターしよう！

58 チェバ・メネラウスの定理

アプローチ

(1)，(2)はチェバの定理とメネラウスの定理を利用する問題です．下の説明を確認して，しっかり使えるように練習を積みましょう！

◀特に，メネラウスの定理は，どのような形のときに使えるか？　どのように使うか？　をしっかり理解しましょう！

チェバの定理　　　**メネラウスの定理**

いずれの場合も

$$\frac{AP}{PB}\cdot\frac{BQ}{QC}\cdot\frac{CR}{RA}=1$$

ちょっと一言

チェバの定理は，△ABC の 1 つの頂点から出発して，間の点 P，Q，R を経由して順に AP，PB，……と回っていくイメージです．

メネラウスの定理は，△ABC と △PBQ を回るタイプがありますが，どちらも考え方は同じです．例えば，△ABC を回る場合，A からスタートして，AP，PB と間の点を経由していきますが，BC の間には経由点がないので，その場合，外分点である Q を経由して，BQ，QC と回っていきます．

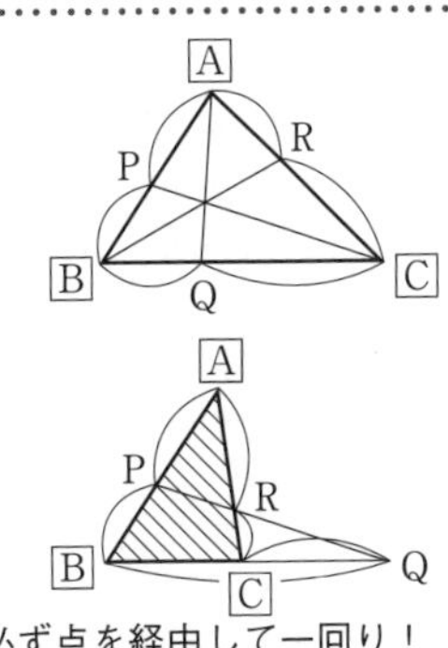

◀必ず点を経由して一回り！内分点がない場合は外分点を経由する！

つまり，チェバもメネラウスも

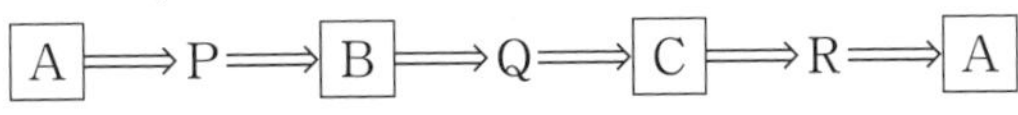

のように，必ず内分または外分する点を経由して頂点を進んでいくイメージです．

(3)　例えば，右図の △APQ は △ABC の何倍でしょうか？　このような場合は，段階的に考えていきます．

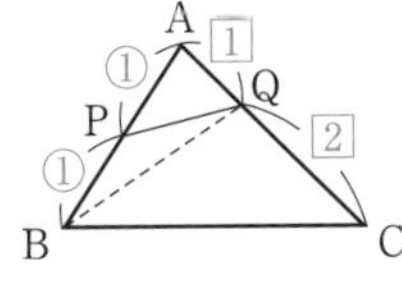

◀段階的につぶしていこう！

まず，$\triangle$ABQ は，$\triangle$ABC の$\dfrac{AQ}{AC}=\dfrac{1}{3}$ (倍)

さらに，$\triangle$APQ は，$\triangle$ABQ の $\dfrac{AP}{AB}=\dfrac{1}{2}$ (倍)

ですから，$\triangle APQ=\triangle ABC\times\dfrac{1}{3}\times\dfrac{1}{2}=\dfrac{1}{6}\triangle ABC$ となります．

解答

(1) メネラウスの定理より

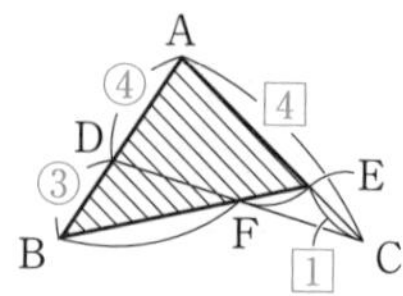

◀△ABE を一周する！

$$\frac{AD}{DB}\cdot\frac{BF}{FE}\cdot\frac{EC}{CA}=1$$

$$\therefore\quad \frac{4}{3}\cdot\frac{BF}{FE}\cdot\frac{1}{4}=1$$

$$\therefore\quad \frac{BF}{FE}=\frac{3}{1}$$

$\therefore$ BF : FE=**3 : 1**

(2) チェバの定理より

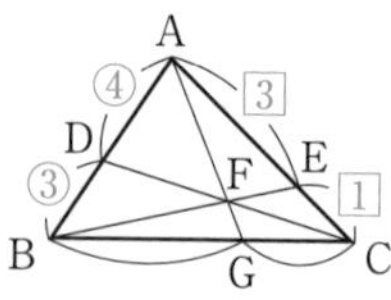

◀△ABC を一周する！

$$\frac{AD}{DB}\cdot\frac{BG}{GC}\cdot\frac{CE}{EA}=1$$

$$\therefore\quad \frac{4}{3}\cdot\frac{BG}{GC}\cdot\frac{1}{3}=1$$

$$\therefore\quad \frac{BG}{GC}=\frac{9}{4}$$

$\therefore$ BG : GC=**9 : 4**

(3) $\triangle BCE=\dfrac{EC}{AC}\triangle ABC=\dfrac{1}{4}\triangle ABC$

◀段階的につぶしていこう！

$\triangle EFC=\dfrac{EF}{BE}\triangle BEC=\dfrac{1}{4}\triangle BEC$

よって，$\triangle EFC=\triangle ABC\cdot\dfrac{1}{4}\cdot\dfrac{1}{4}=\dfrac{1}{16}\triangle ABC$

$\therefore$ $\triangle$EFC : $\triangle$ABC=**1 : 16**

メインポイント

チェバの定理，メネラウスの定理は，どのような形のときに使えるか？
どのように使うか？　図をイメージして覚えよう！
また，面積比は段階的に考えよう！

第9章　式と証明

59 二項定理

アプローチ

二項定理

$$(a+b)^n=\sum_{k=0}^{n}{}_n\mathrm{C}_k a^{n-k}b^k$$
$$={}_n\mathrm{C}_0a^n+{}_n\mathrm{C}_1a^{n-1}b+{}_n\mathrm{C}_2a^{n-2}b^2+\cdots$$
$$\cdots+{}_n\mathrm{C}_ka^{n-k}b^k+\cdots+{}_n\mathrm{C}_nb^n$$

例えば，$(a+b)^3=a^3+3a^2b+3ab^2+b^3$ の展開式の a^2b の係数 3 は

$$\left.\begin{array}{l}(\textcircled{a}+b)(\textcircled{a}+b)(a+\textcircled{b}) \Longrightarrow aab\\ (\textcircled{a}+b)(a+\textcircled{b})(\textcircled{a}+b) \Longrightarrow aba\\ (a+\textcircled{b})(\textcircled{a}+b)(\textcircled{a}+b) \Longrightarrow baa\end{array}\right\}$$

のように，3 つのかっこから，a，a，b を選ぶ選び方に対応します．すなわち aab の並べ方 ${}_3\mathrm{C}_1$ です．

◀展開すると，3 つのかっこから，文字を 1 つずつ選んでかけたものがすべて現れる．1 つのかっこについて a か b かで 2 通りあるから，現れる項は $2^3=8$ 項となり，展開式の係数の和 $1+3+3+1$ に対応している．

同様に，$(a+b)^n$ の $a^{n-k}b^k$ の係数は n 個のかっこから，a を $n-k$ 個，b を k 個選んで展開したものなので，その係数は

$$(a+b)^n=\overbrace{(\textcircled{a}+b)(\textcircled{a}+b)\cdots(a+\textcircled{b})}^{n\text{個}}$$
$$\underbrace{aaa\cdots a}_{n-k\text{個}}\underbrace{bb\cdots b}_{k\text{個}}$$

の並べ方に対応し，${}_n\mathrm{C}_k$ となります．

◀
1 1
1 2 1
1 3 3 1
のように順に係数を加えていくと $(a+b)^n$ の係数となる．これを**パスカルの三角形**という．

したがって，$(a+b)^n$ の一般項は ${}_n\mathrm{C}_ka^{n-k}b^k$ となるわけです．

◀一般項の k を 0 から n まで変えて加えたものが展開式になります．

多項定理についても同様に考えられます．

多項定理

$(a+b+c)^n$ の展開式の一般項は

$$\frac{n!}{p!q!r!}a^pb^qc^r \quad (\text{ただし，} p+q+r=n)$$

$(a+b+c)^n$ の展開式の $a^pb^qc^r\,(p+q+r=n)$ の項の係数は

$$(a+b+c)^n=\overbrace{(\textcircled{a}+b+c)(a+\textcircled{b}+c)\cdots(a+b+\textcircled{c})}^{n\text{個}}$$

$$\underbrace{aa\cdots a}_{p\text{個}}\underbrace{bb\cdots b}_{q\text{個}}\underbrace{cc\cdots c}_{r\text{個}}$$

（全部で $p+q+r=n$ 個）

の並べ方を考えて，$\dfrac{n!}{p!q!r!}$ となります．

しっかりイメージして覚えましょう．

◀一般項は $\dfrac{n!}{p!q!r!}a^pb^qc^r$ となります．

解答

(1) $(3x-2y)^5$ の一般項は　${}_5\mathrm{C}_k(3x)^{5-k}(-2y)^k$

$k=3$ として，

$${}_5\mathrm{C}_3(3x)^2(-2y)^3=10\cdot3^2\cdot(-2)^3x^2y^3$$
$$=-720x^2y^3$$

よって，x^2y^3 の係数は $\mathbf{-720}$

◀展開式の係数を求めるには，まず一般項を書き，条件に合うように係数を決定する．

(2) $\left(x^3-\dfrac{1}{x^2}\right)^{10}$ の一般項は

$${}_{10}\mathrm{C}_k(x^3)^{10-k}\left(-\frac{1}{x^2}\right)^k=(-1)^k{}_{10}\mathrm{C}_kx^{3(10-k)-2k}$$
$$=(-1)^k{}_{10}\mathrm{C}_kx^{30-5k}$$

x^5 の係数は，$30-5k=5$ より $k=5$ となり，

$(-1)^5{}_{10}\mathrm{C}_5=\mathbf{-252}$

x^{-5} の係数は，$30-5k=-5$ より $k=7$ となり，

$(-1)^7{}_{10}\mathrm{C}_7=(-1)^7{}_{10}\mathrm{C}_3=\mathbf{-120}$

(3) $(x-2y+3z)^7$ の一般項は

$$\frac{7!}{p!q!r!}x^p(-2y)^q(3z)^r=\frac{7!(-2)^q3^r}{p!q!r!}x^py^qz^r\quad(p+q+r=7)$$

よって，x^5yz の係数は，$p=5$，$q=1$，$r=1$ として

$$\frac{7!(-2)3}{5!1!1!}=\mathbf{-252}$$

メインポイント

二項定理，**多項定理**は構造を理解して一般項を覚えよう！　展開式の係数を求めるには，まず一般項を書き，条件に合うように係数を決定する．

60 恒等式

アプローチ

例えば，展開の際に出てくる式

$$(x+1)^3=x^3+3x^2+3x+1$$

のように，すべてのxで成り立つ式をxの恒等式といいます．

恒等式になるように係数を決定する問題では**係数比較法**や**数値代入法**を利用します．また，**置き換え**を行うと簡単になる場合もあります．

◀恒等式は，右辺と左辺が同じ式！

解答

(1) $(\text{右辺})=\dfrac{a}{x-1}+\dfrac{b}{x+2}=\dfrac{a(x+2)+b(x-1)}{(x-1)(x+2)}$

$=\dfrac{(a+b)x+2a-b}{x^2+x-2}$

これと左辺の係数を比較して，

$a+b=1$，$2a-b=5$　∴　$a=\mathbf{2}$，$b=\mathbf{-1}$

◀[係数比較法]
恒等式では，降べきの順に整理して係数比較するのが基本です．

(2) $x=1$ を代入して，$3=3c$　∴　$c=1$

$x=-2$ を代入して，$12=9a$　∴　$a=\dfrac{4}{3}$

$x=0$ を代入して，$0=a-2b+2c$　∴　$b=\dfrac{5}{3}$

逆に，a，b，cが上の値をとるとき，右辺$=3x^2$になるので，すべてのxでも成り立つ．

以上より，$a=\mathbf{\dfrac{4}{3}}$，$b=\mathbf{\dfrac{5}{3}}$，$c=\mathbf{1}$

◀[数値代入法]
すべてのxで成り立つので，もちろん適当なxでも成り立ちます．

(3) $x-1=t$ とおくと，$x=t+1$

$(\text{右辺})=t^3+at^2+bt+c$

$(\text{左辺})=(t+1)^3-2(t+1)^2+7(t+1)-1$

$=t^3+t^2+6t+5$

係数を比較して $a=\mathbf{1}$，$b=\mathbf{6}$，$c=\mathbf{5}$

◀[置き換え]
$x-1=t$ とおくことにより，連立方程式を回避できます．

ちょっと一言

n次の恒等式では$n+1$個の値で成り立てば，すべてのxで成り立つことが知られています．(2)では，xの2次式なので，3個の値で成り立つことが必要十分条件となります．

メインポイント

○についての**恒等式**は，すべての○で成り立つ式である．

61 整式の割り算

アプローチ

整式の形がわかっているときは，実際に割ってしまいましょう！

◀整式の形がわからないときは，
(割る式)×(商)+(余り)
の形にしましょう．
62 参照！

解答

実際に割ると

$$
\begin{array}{r|llll}
 & x & +(a-1) & & \\
\hline
x^2+x-1 & x^3 & +ax^2 & +bx & +6 \\
 & x^3 & +x^2 & -x & \\
\hline
 & & (a-1)x^2 & +(b+1)x & +6 \\
 & & (a-1)x^2 & +(a-1)x & -a+1 \\
\hline
 & & & (b+2-a)x & +5+a
\end{array}
$$

より，x^3+ax^2+bx+6 が x^2+x-1 で割り切れる条件は

$$b-a+2=0,\ a+5=0$$

よって，$\boldsymbol{a=-5,\ b=-7}$

別解 因数分解の形をイメージして，次のように解くこともできます．

x^3+ax^2+bx+6 が x^2+x-1 で割り切れるとき

$$x^3+ax^2+bx+6=(x^2+x-1)(x+\square)$$

の $\square$ の部分は -6 となることに注意すると

◀恒等式になる条件から，定数項を比較して，$\square$ を決定！

$$x^3+ax^2+bx+6=(x^2+x-1)(x-6)$$
$$=x^3-5x^2-7x+6$$

係数を比較して，$\boldsymbol{a=-5,\ b=-7}$

◀恒等式は係数比較！

メインポイント

整式の形がわかっているときは，割り算を実行せよ！

62 剰余の定理

アプローチ

整式 $P(x)$ を $f(x)$ で割ったときの商を $Q(x)$，余りを $R(x)$ とおくと

$$\boldsymbol{P(x)=f(x)Q(x)+R(x)}$$
$$=\textbf{(割る式)}\times\textbf{(商)}+\textbf{(余り)} \quad \cdots(*)$$

と表せるという事実は重要です．例えば，整式に関する有名定理である「**剰余の定理**」は，この事実から導かれます．

◀ただし，($R(x)$ の次数)<($f(x)$ の次数) です．

剰余の定理

整式 $P(x)$ を $x-\alpha$ で割ったときの余りは $P(\alpha)$

整式 $P(x)$ を $x-\alpha$ で割ったときの商を $Q(x)$，余りを R とおくと

$$P(x)=(x-\alpha)Q(x)+R$$

よって，$P(\alpha)=R$ となり，余りは $P(\alpha)$ です．

◀商 $Q(x)$ を適当においているので，ここが弱点！ そこで $Q(x)$ を消すために $x=\alpha$ を代入します．

もちろん，この定理は重要ですが，もっと大切なことは

$$\boldsymbol{P(x)}=\textbf{(割る式)}\times\textbf{(商)}+\textbf{(余り)}$$

と表せることです．整式の割り算に関する問題，特に式の形がわからない問題では，一度すべての条件をこの形に書くことをおすすめします．

解答

条件より，$P(x)$ は商 $Q_1(x)$，$Q_2(x)$ を用いて

$$P(x)=(x-2)(x-3)Q_1(x)+4x \quad \cdots①$$
$$P(x)=(x-3)(x-1)Q_2(x)+3x+3 \quad \cdots②$$
$$\therefore \quad P(2)=8,\ P(1)=6 \quad \cdots③$$

◀$P(x)$ は不明なので，まず条件を (割る式)×(商)+(余り) の形で表す．

$P(x)$ を $(x-1)(x-2)$ で割ったときの商を $Q(x)$，余りを $ax+b$ とおくと

$$P(x)=(x-1)(x-2)Q(x)+ax+b$$

◀余りの次数は，割る式の次数より低くなるから，余りは1次式以下であり，$ax+b$ とおく．

③より，$P(1)=a+b=6$，$P(2)=2a+b=8$

これを解いて，$a=2$，$b=4$

求める余りは　$\boldsymbol{2x+4}$

◀弱点である $Q(x)$ 部分を消すために $x=1$，2 の条件を利用する．

メインポイント

整式の割り算，特に式の形がわからない場合は

$\boldsymbol{P(x)}$=**(割る式)×(商)+(余り)** とおいて，弱点部分に着目せよ！

63 因数定理

アプローチ

前問の剰余の定理で，余りが 0 となる場合が因数定理です．

因数定理

整式 $P(x)$ が $x-\alpha$ で割り切れる $\Longleftrightarrow$ $P(\alpha)=0$

因数定理は，高次方程式の因数分解をするときによく利用されます．

解答

$P(x)$ が $x-2$ で割り切れることから

$$P(2)=8-52+2a-60=2a-104=0$$

◀因数定理の利用！

$\therefore\ a=\mathbf{52}$

$$\therefore\ P(x)=x^3-13x^2+52x-60$$
$$=(x-2)(x^2-11x+30)$$
$$=(\boldsymbol{x}-\mathbf{2})(\boldsymbol{x}-\mathbf{5})(\boldsymbol{x}-\mathbf{6})$$

◀係数比較で因数分解！
ちょっと一言 参照！

ちょっと一言

$P(x)=x^3-13x^2+52x-60$ は $x-2$ を因数にもつので

$$P(x)=(x-2)(\square x^2+\bigcirc x+\triangle)$$

x^3 と定数項を比較して

$$P(x)=(x-2)(x^2+\bigcirc x+30)$$ ［ここまでは一瞬！］

x^2 の項を比較して $\bigcirc x^2-2x^2=-13x^2$ $\quad\therefore\ \bigcirc=-11$

となり，係数が決定できます．素早くできるよう練習しましょう．

ブラッシュアップ

《因数の探し方》

例えば，$6x^3-13x^2+x+2=0$ の有理数解の候補は

$$\frac{\text{定数項の約数}}{\text{最高次係数の約数}}=\frac{2\text{ の約数}}{6\text{ の約数}}$$

です．±1，±2，$\pm\frac{1}{2}$，$\pm\frac{1}{3}$，$\pm\frac{2}{3}$，$\pm\frac{1}{6}$ を順に代入して 0 になる数を探していきます．1つ見つかったら，係数比較で因数分解します．

結果は，$(x-2)(2x-1)(3x+1)$ ですので，チャレンジしてみましょう．

メインポイント

高次方程式の因数分解では，因数定理を利用して，まず1つ解を見つける！

64 等式の証明

アプローチ

等式の証明問題では,

① 左辺 (右辺) を変形して右辺 (左辺) を導く

② 左辺と右辺をそれぞれ変形して，途中で落ち合う

などの方法がありますが，証明すべき式が複雑な場合は，同値変形してなるべく証明しやすい式に変形してから証明しましょう.

(1) 条件を利用して，左辺から右辺を導きましょう.

(2) 問題の条件 $\dfrac{x}{3}=\dfrac{y}{7}\,(\neq 0)$ は比例式と呼ばれます.

比例式を扱う問題では

比例式は k とおけ！

という定石があります．これに従うと

$$\frac{x}{3}=\frac{y}{7}=k \qquad \therefore\quad x=3k,\ y=7k$$

となり，x，y が1つの文字 k で表せます.

◀分数は比を表します. $\dfrac{x}{3}=\dfrac{y}{7}\,(\neq 0)$ は $x:y=3:7$ を意味するので，$=k$ とおかなくとも，$x=3k$，$y=7k\,(k\neq 0)$ と表すことができます．k とおくことが本質ではありません．意味を理解してください.

解答

(1) 条件 $c=a+b$ を代入して

$$\begin{aligned}(\text{左辺})&=a^3+b^3+3ab(a+b)\\&=a^3+3a^2b+3ab^2+b^3\\&=(a+b)^3=c^3=(\text{右辺})\end{aligned}$$

より成立する.

◀$(a+b)^3=a^3+3a^2b+3ab^2+b^3$ を利用！

(2) $\dfrac{x}{3}=\dfrac{y}{7}=k\,(\neq 0)$ とおくと，$x=3k$，$y=7k$

$$\begin{aligned}\frac{7x^2+9xy}{3y^2+5xy}&=\frac{7(3k)^2+9\cdot 3k\cdot 7k}{3(7k)^2+5\cdot 3k\cdot 7k}\\&=\frac{252k^2}{252k^2}=1\end{aligned}$$

より成立する.

◀証明したい式の左辺の分数は，分母も分子も2次式です．このような式を同次式といいます．k が消えるのは同次式だからです.

メインポイント

等式の証明では,

① 左辺 (右辺) を変形して右辺 (左辺) を導く

② 左辺と右辺をそれぞれ変形して，途中で落ち合う

式が複雑な場合は，なるべく簡単な式に変形してから証明しよう！

65 不等式の証明

アプローチ

不等式 (左辺)≧(右辺) の証明では

(左辺)−(右辺)≧0

すなわち，**差を考えるのが基本**になります．

(1)　0 以上であることを示す基本は$(\quad)^2$をつくることです．

(2)　条件がある場合は，**因数分解**を用います．
$a>b$，$c>d$ を利用するために $a-b$，$c-d$ をつくりましょう．

(3)　式がそのままでは示しにくい場合は，同値変形をしてなるべく簡単な式にしてから証明しましょう．

(4)　有名な絶対不等式です．これは，式と証明を丸ごと記憶してください．どこかで役立ちます．

◀絶対不等式は，必ず成り立つ不等式です．

解答

(1)　$(左辺)-(右辺)=\dfrac{a+b}{2}-\sqrt{ab}$

$=\dfrac{a+b-2\sqrt{ab}}{2}$

$=\dfrac{(\sqrt{a}-\sqrt{b})^2}{2}\geqq 0$

◀(1)は相加・相乗平均の不等式と呼ばれる有名不等式です．

◀平方をつくる！

より，(左辺)≧(右辺) が成り立つ (等号が成り立つのは $a=b$ のときである)．

(2)　条件より，$a-b>0$，$c-d>0$ であるので

$ac+bd-(ad+bc)=a(c-d)+b(d-c)$

$=(a-b)(c-d)>0$

よって，与式は成り立つ．

◀この条件を使うはずなので，因数分解を用いる．

(3)　$\sqrt{a}+\sqrt{b}>\sqrt{a+b} \iff (\sqrt{a}+\sqrt{b})^2>(\sqrt{a+b})^2$
より

$(\sqrt{a}+\sqrt{b})^2-(\sqrt{a+b})^2$

$=(a+b+2\sqrt{ab})-(a+b)=2\sqrt{ab}>0$

よって，与式は成り立つ．

◀2乗して，証明しやすい式をつくる．
両辺が正なので，2乗しても同値です．

(4)　$x^2+y^2+z^2-xy-yz-zx$

$=\dfrac{1}{2}(2x^2+2y^2+2z^2-2xy-2yz-2zx)$

$=\frac{1}{2}\{(x-y)^2+(y-z)^2+(z-x)^2\}\geqq 0$

(等号は，$x=y$ かつ $y=z$ かつ $z=x$，すなわち $x=y=z$ のとき成り立つ．)

よって，与式は成り立つ．

◀ $\frac{1}{2}$ でくくるのがポイント！　先人の知恵を利用しよう！

第9章

ちょっと一言

不等式の証明問題では，特に問題に指定がない限り等号成立条件は記述する必要はありません．これについて説明します．

例えば，$5>3$ はよいのですが，$5\geqq 3$ と書くと気持ち悪いという生徒が多いのですが，みなさんはどうでしょうか？　≧は＝または＞という意味があり，言葉にしても，5は3以上で全然おかしくありません．

例えば，$x^2+1\geqq 0$ は正しいか？　と聞かれたら正しいですよね．でも，等号は成り立ってなくて，実際は左辺は1以上です．でも，$\geqq 1 \Longrightarrow \geqq 0$ ですから，等号はいう必要はないのです．

もちろん，等号成立条件を聞かれたら，しっかり調べてください．解答では，(1)，(4)ともに等号成立条件も重要ですので記述しました．

ブラッシュアップ

(1)の不等式は，相加・相乗平均の不等式と呼ばれる有名不等式です．

相加・相乗平均の不等式

$a>0$，$b>0$ のとき，

$$\frac{a+b}{2}\geqq\sqrt{ab}\quad\cdots(*)$$

等号は，$a=b$ のとき成り立つ．

$\frac{a+b}{2}$ を相加平均，$\sqrt{ab}$ を相乗平均といいます．$a>0$，$b>0$ なら，(相加平均)≧(相乗平均) が成り立ちます．今回は証明しましたが，証明しなさいという指定がない限り，答案に使用可能です．どういう場合に利用可能かは，次の問題で練習しましょう．

メインポイント

不等式の証明では，証明しやすい式に変形してから，差を考えるのが基本！

66 相加・相乗平均の不等式

アプローチ

前ページの ブラッシュアップ で，$(*)$ の分母を払うと，

$\underbrace{a+b}_{\text{和}} \geqq \underbrace{2\sqrt{ab}}_{\text{積}}$ …$(**)$ （この形で用いる！）

となり，和と積の関係を表しています．相加・相乗平均の不等式は「和」または「積」が一定の関数の最大値や最小値を求める場合に用います．

◀今回は積が一定の場合を扱います．特に，分数関数の最大・最小問題で有効です．

例 $x>0$ のとき，$x+\dfrac{1}{x}$ の最小値を求めよ．

$x>0$ であり，積 $x\cdot\dfrac{1}{x}=1$ は一定です．そこで，相加・相乗平均の不等式 $(**)$ を用いると

◀$a=x$，$b=\dfrac{1}{x}$ として，$a+b\geqq 2\sqrt{ab}$ を利用！

$$x+\frac{1}{x}\geqq 2\sqrt{x\cdot\frac{1}{x}}=2$$

等号は，$x=\dfrac{1}{x}$ $\therefore$ $x^2=1$ ゆえに，$x=1$ のとき．

◀等号は $a=b$ のとき成り立つ．

与式は $x=1$ で最小値 2 をとることがわかります．

相加・相乗平均の不等式を利用する場合は，

正であることの確認と等号成立条件

を必ずチェックするようにしてください．

◀以上が，基本的な使い方です．

*　　*

(1) 展開すると $ab+\dfrac{1}{ab}$ の形が出てきます．$ab>0$ なので，相加・相乗平均の不等式で最小値を押さえましょう．

(2) $\dfrac{2\text{次式}}{1\text{次式}}$ ですので，まず割り算を実行して帯分数に直すと

◀分数式は富士山！　分子の次数が高い場合は必ず割り算して，分母の次数より低くする！

$$x+28+\frac{1}{x-2}=x+\frac{1}{x-2}+28$$

となり，$x-2>0$ より相加・相乗平均の不等式が使えそうですが，このままでは使えません．

$$(x-2)+\frac{1}{x-2}+30$$

◀積が一定になるよう $x-2$ をつくる！

と変形してから，相加・相乗平均の不等式を利用しましょう．

解答

(1) $a>0$, $b>0$ より，相加・相乗平均の不等式を用いると

◀正を確認！

$$\left(a+\frac{2}{b}\right)\left(b+\frac{8}{a}\right)=ab+\frac{16}{ab}+10\geqq 2\sqrt{ab\times\frac{16}{ab}}+10$$

$$=2\cdot 4+10=18$$

◀後ろの 10 はおまけ

等号は，$ab=\dfrac{16}{ab}$　∴　$(ab)^2=16$

◀等号が成り立つか必ず調べる！

ゆえに，$ab=4$ のとき成り立つ.

したがって，最小値は **18** である.

(2) $\dfrac{x^2+26x-55}{x-2}=x+\dfrac{1}{x-2}+28$

◀割り算して帯分数にする！ $x-2$ が正であることを確認し，積が一定になるように $x-2$ をつくり出す！

$x-2>0$ より，相加・相乗平均の不等式を用いて

$$\frac{x^2+26x-55}{x-2}=x+28+\frac{1}{x-2}$$

$$=(x-2)+\frac{1}{x-2}+30\geqq 2\sqrt{(x-2)\cdot\frac{1}{x-2}}+30=32$$

等号は，$x-2=\dfrac{1}{x-2}$　∴　$(x-2)^2=1$

◀等号が成り立つか必ず調べる！

∴　$x-2=1$　ゆえに，$x=3$ のとき成り立つ.

したがって，$x=3$ で最小値 **32** をとる.

ちょっと一言

相加・相乗平均の不等式を利用して，最大値や最小値を求める場合は，必ず等号成立条件を確認すること.

例えば，(1)では，$\left(a+\dfrac{2}{b}\right)\left(b+\dfrac{8}{a}\right)$ が 18 以上であることはわかりましたが，18 になるかはわかりません. 等号成立条件を調べて，18 になる a，b が存在することが必要です.

◀前問の不等式の証明とは違って，18 になることが重要です.

メインポイント

相加・相乗平均の不等式は，主に分数関数の最大・最小問題で活躍する．特に，○$+\dfrac{1}{○}$ のような形 (積が一定) を見たら要注意！　ただし，正の確認と等号成立条件を忘れずに！

67 複素数の相等

アプローチ

複素数$a+bi$(a，bは実数)において，aを実部，bを虚部といいます．複素数が等しいとは，実部同士と虚部同士が等しいということです．

◀ iは虚数単位といい，$i^2=-1$ が成り立つ．

複素数の相等

a，b，c，dを実数，iを虚数単位とするとき

$$a+bi=c+di \iff a=c \text{ かつ } b=d$$

$$a+bi=0 \iff a=b=0$$

複素数を係数とする方程式の実数解を求める問題では，実部と虚部に整理して比較するのが基本です．

解答

(1) $(2-i)x-(1-2i)y=2+5i$ から，

$$(2x-y)+(-x+2y)i=2+5i$$

◀ 実部と虚部を比較！

x，yは実数であるから，

$$2x-y=2,\quad -x+2y=5$$

これを解いて $\boldsymbol{x=3}$，$\boldsymbol{y=4}$

(2) 求める複素数を$p+qi$(p，qは実数)とおくと

◀ まずは求める複素数を$p+qi$とおく！

$$(p+qi)^2=7+24i$$

$$\therefore\quad (p^2-q^2)+2pqi=7+24i$$

実部と虚部を比較して

◀ 実部と虚部を比較して，連立方程式を解く！

$$p^2-q^2=7 \qquad \therefore\quad q^2=p^2-7 \quad \cdots①$$

$$2pq=24 \qquad \therefore\quad pq=12 \quad \cdots②$$

$$\therefore\quad p^2q^2=144 \quad \cdots③$$

③に①を代入して

$$p^2(p^2-7)=144$$

$$\therefore\quad p^4-7p^2-144=0$$

$$\therefore\quad (p^2-16)(p^2+9)=0$$

pは実数だから，$p^2=16 \qquad \therefore\quad p=\pm 4 \quad \cdots④$

②に④を代入して，$(p,\ q)=(4,\ 3)$，$(-4,\ -3)$

よって，求める複素数は，$\boldsymbol{\pm(4+3i)}$

メインポイント

複素数が等しいとは，実部と虚部が等しいということ！

68 解と係数の関係（2次方程式）

アプローチ

α, β を解にもつ2次方程式は，a を定数として

$$\boldsymbol{a(x-\alpha)(x-\beta)=0} \quad \cdots(*)$$

となります．特に x^2 の係数が1のものは

$$(x-\alpha)(x-\beta)=0$$

$$\therefore \quad \boldsymbol{x^2-(\alpha+\beta)x+\alpha\beta=0} \quad \cdots(**)$$

になります．$(*)$ から「解と係数の関係」が導けます．

解と係数の関係

2次方程式 $ax^2+bx+c=0$ の解を α, β とするとき，$\quad \alpha+\beta=-\dfrac{b}{a}$, $\alpha\beta=\dfrac{c}{a}$

◀ ba, ca の順に，「バ，カ」と覚える．濁音つきはマイナスです．（これは教え子が考えました）

証明 $ax^2+bx+c=0$ の解を α, β とすると

$$ax^2+bx+c=a(x-\alpha)(x-\beta)$$
$$=ax^2-a(\alpha+\beta)x+a\alpha\beta$$

◀解が α, β なので，因数分解ができるのがポイントです．

係数を比較して　$b=-a(\alpha+\beta)$, $c=a\alpha\beta$

$$\therefore \quad \alpha+\beta=-\frac{b}{a}, \ \alpha\beta=\frac{c}{a}$$

解答

$x^2-5x+2=0$ の2つの解を α, β とすると，解と係数の関係から　$\alpha+\beta=5$, $\alpha\beta=2$

$$\therefore \quad \alpha^2+\beta^2=(\alpha+\beta)^2-2\alpha\beta=5^2-2\cdot2=\boldsymbol{21}$$

◀重要公式！

$\dfrac{\beta}{\alpha}$ と $\dfrac{\alpha}{\beta}$ を解にもつ2次方程式は

$$\left(x-\frac{\beta}{\alpha}\right)\left(x-\frac{\alpha}{\beta}\right)=0$$

◀$(**)$ を利用！

$$\therefore \quad x^2-\left(\frac{\beta}{\alpha}+\frac{\alpha}{\beta}\right)x+\frac{\beta}{\alpha}\cdot\frac{\alpha}{\beta}=0$$

◀α, β, 2文字の対称式は $\alpha+\beta$, $\alpha\beta$ を用いて表せる．

$\dfrac{\beta}{\alpha}+\dfrac{\alpha}{\beta}=\dfrac{\alpha^2+\beta^2}{\alpha\beta}=\dfrac{21}{2}$, $\dfrac{\beta}{\alpha}\cdot\dfrac{\alpha}{\beta}=1$ より

$$x^2-\frac{21}{2}x+1=0 \qquad \therefore \quad \boldsymbol{2x^2-21x+2=0}$$

メインポイント

解と係数の関係は，導き方も含めて覚えよう！
2次方程式の解と係数の関係は，「バ」「カ」

69 値の計算法

アプローチ

値を計算するときには，**その値を解にもつ方程式を利用して次数を下げるのが定石**です．**割り算を利用する方法**と**直接下げる方法**があります．

◀式の次数が高い場合や代入する値が複雑な場合に有効です！

解答

(前半)　$x=1-\sqrt{5}$ より　$x-1=-\sqrt{5}$

$\therefore$　$(x-1)^2=5$　$\therefore$　$\boldsymbol{x^2-2x-4=0}$

◀左のように，まず $\sqrt{5}$ を分離して，両辺を 2 乗する．

(後半)　解1　**普通に計算する**

$(1-\sqrt{5})^2=6-2\sqrt{5}$

$\therefore$　$(1-\sqrt{5})^4=(6-2\sqrt{5})^2=56-24\sqrt{5}$

$f(x)=x^4-4x^2-14x+3$ とおくと

$\therefore$　$f(1-\sqrt{5})$

$=(56-24\sqrt{5})-4(6-2\sqrt{5})-14(1-\sqrt{5})+3=\boldsymbol{21-2\sqrt{5}}$

◀今回は代入する値があまり複雑ではないので，2 乗，4 乗と順に計算しても大したことはありません．

(後半)　解2　**割り算を利用して，次数を下げる！**

$$
\begin{array}{r}
x^2+2x+4 \\
x^2-2x-4\,\big)\,\overline{x^4-4x^2-14x+3} \\
\underline{x^4-2x^3-4x^2} \\
2x^3-14x \\
\underline{2x^3-4x^2-8x} \\
4x^2-6x+3 \\
\underline{4x^2-8x-16} \\
2x+19
\end{array}
$$

$f(x)=(x^2-2x-4)(x^2+2x+4)+2x+19$

$\therefore$　$f(1-\sqrt{5})=2(1-\sqrt{5})+19=\boldsymbol{21-2\sqrt{5}}$

◀$x^2-2x-4=0$ から，余り $2x+19$ に $x=1-\sqrt{5}$ を代入したものが答えとなる．すなわち，4 次式の計算が 1 次式の計算ですむ！

(後半)　解3　**直接次数を下げる！**

$x^2-2x-4=0$ より　$x^2=2x+4$

$\therefore$　$x^4=(2x+4)^2=4x^2+16x+16$

$=4(2x+4)+16x+16=24x+32$

$\therefore$　$f(x)=x^4-4x^2-14x+3$

$=(24x+32)-4(2x+4)-14x+3=2x+19$

$\therefore$　$f(1-\sqrt{5})=2(1-\sqrt{5})+19=\boldsymbol{21-2\sqrt{5}}$

◀$x^2=2x+4$ をどんどん代入していくと次数が下がる！

メインポイント

高次式に複雑な無理数や虚数を代入する場合は，次数下げを利用しよう！

70 虚数解をもつ高次方程式

アプローチ

いままでのまとめの問題です．$1-2i$ を代入して，実部，虚部の比較をするのが一番オーソドックスですが，いろいろな方法で解いてみます．気に入ったものを使ってください．

解答

解1　代入する！

$x^3+px^2+x+q=0$ に $x=1-2i$ を代入すると

$(1-2i)^2=-3-4i$

$(1-2i)^3=(1-2i)(-3-4i)=-11+2i$ より

$$(-11+2i)+p(-3-4i)+(1-2i)+q=0$$

$$-10-3p+q-4pi=0$$

◀ 3乗は，2乗したものにもう一度かけた方が間違いにくい．

p，q は実数であるから，

$-10-3p+q=0$，$-4p=0$　◀ 実部と虚部を比較！

$\therefore\quad \boldsymbol{p=0}$，$\boldsymbol{q=10}$

$\therefore\quad x^3+x+10=0 \qquad \therefore\quad (x+2)(x^2-2x+5)=0$　◀ 因数定理で -2 を見つけて，係数比較で因数分解！

よって，他の解は $\boldsymbol{x=-2,\ 1+2i}$

解2　次数下げを用いる！　◀ 前問を参照！

$\alpha=1-2i$ とおくと，$\alpha-1=-2i$

$\therefore\quad (\alpha-1)^2=-4 \qquad \therefore\quad \alpha^2-2\alpha+5=0$　◀ $1-2i$ を解にもつ2次方程式をつくる．

$f(x)=x^3+px^2+x+q$ とおき，

$f(x)$ を x^2-2x+5 で割ると

$$\begin{array}{r|llll}
 & x & +(p+2) & & \\ \hline
x^2-2x+5 & x^3 & +px^2 & +x & +q \\
 & x^3 & -2x^2 & +5x & \\ \hline
 & & (p+2)x^2 & -4x & +q \\
 & & (p+2)x^2 & +(-2p-4)x & +5p+10 \\ \hline
 & & & 2px & -5p+q-10
\end{array}$$

$$\therefore\quad f(x)=(x^2-2x+5)(x+p+2)$$
$$+2px-5p+q-10 \quad \cdots(*)$$

$\therefore\quad f(\alpha)=2p\alpha+(-5p+q-10)=0 \quad \cdots(**)$　◀ $\alpha^2-2\alpha+5=0$ より余り部分のみ残る！

α は虚数，p，q は実数より

$p=0$，$-5p+q-10=0 \qquad \therefore\quad \boldsymbol{p=0}$，$\boldsymbol{q=10}$　◀ ちょっと一言 を参照！

$(*)$ に代入して，$f(x)=(x^2-2x+5)(x+2)=0$

よって，他の解は，$\boldsymbol{x=-2,\ 1+2i}$

ちょっと一言

複素数の相等条件の応用として，次のものがあります．

a，b，c，d を実数，α を虚数として

$$\boldsymbol{a+b\alpha=c+d\alpha \iff a=c \text{ かつ } b=d}$$

$$\boldsymbol{a+b\alpha=0 \iff a=b=0}$$

(**) では，これを用いました．i だけでなく，一般の虚数で成立します．

ブラッシュアップ

実数係数の整方程式が虚数解 $p+qi$ をもてば，それと共役な複素数 $p-qi$ も解であることが知られています．(ただし，p，q は実数)

◀数学Cの範囲ですが，数学ⅠAⅡBの範囲で証明可能です．

この事実を使えば，次のように解くことも可能です．

解3 共役解の利用

p，q は実数であるので，$1-2i$ が解より $1+2i$ も解である．

$(1-2i)+(1+2i)=2$，$(1-2i)(1+2i)=5$

より，$f(x)$ は x^2-2x+5 で割り切れる．

◀α，β を解にもつ 2 次方程式は
$(x-\alpha)(x-\beta)=0$
$\therefore\ x^2-(\alpha+\beta)x+\alpha\beta=0$

◀もう 1 つの解は実数になる．$1\pm2i$ と a で解と係数の関係を用いてもよい．

もう 1 つの解を a とすると

$$\begin{aligned}\therefore\quad f(x)&=x^3+px^2+x+q\\&=(x^2-2x+5)(x-a)\\&=x^3+(-a-2)x^2+(2a+5)x-5a\end{aligned}$$

$f(x)=x^3+px^2+x+q$ と係数を比較して

◀恒等式の利用！

$$p=-a-2,\ 1=2a+5,\ q=-5a$$

$\therefore\quad a=-2$，$\boldsymbol{p=0}$，$\boldsymbol{q=10}$ となり，他の解は $\boldsymbol{-2}$，$\boldsymbol{1+2i}$

メインポイント

実数係数の高次方程式が，虚数解をもつ問題では，代入して，実部と虚部を比較するのが基本であるが，共役解をセットでもつことも覚えておこう！

第10章　指数・対数関数

71 指数法則

アプローチ

(1) 累乗根などはすべて指数表記に直して，底をそろえて指数法則を利用しましょう．

(2) 和をまとめる際には，底と指数をそろえます．

◀ a^x の a を底といいます．

例えば，

$3^{n+1}-3^n=3\cdot 3^n-3^n=2\cdot 3^n$ ［3^n のかたまりに着目］

のようにしてまとめましょう．

(3) (ii)では，$a^x=p$，$a^{-x}=q$ のようにかたまりと見ると，$\dfrac{p^3+q^3}{p+q}$ となり見やすくなります．

解答

(1) $\sqrt[3]{3^2}=(3^2)^{\frac{1}{3}}=3^{\frac{2}{3}}$

$\sqrt[6]{3\sqrt{3}}=(3^1\cdot 3^{\frac{1}{2}})^{\frac{1}{6}}=(3^{1+\frac{1}{2}})^{\frac{1}{6}}=(3^{\frac{3}{2}})^{\frac{1}{6}}=3^{\frac{3}{2}\cdot\frac{1}{6}}=3^{\frac{1}{4}}$

◀ すべて指数表記に直して，指数法則を利用する．底は3にそろえましょう．

よって，

$\sqrt[3]{3^2}\times\sqrt[4]{3}\div\sqrt[6]{3\sqrt{3}}=3^{\frac{2}{3}}\times 3^{\frac{1}{4}}\div 3^{\frac{1}{4}}=3^{\frac{2}{3}+\frac{1}{4}-\frac{1}{4}}=3^{\frac{2}{3}}=3^k$

$\therefore\quad k=\boldsymbol{\dfrac{2}{3}}$

(2) $\dfrac{5}{3}\sqrt[6]{9}+\sqrt[3]{-81}+\sqrt[3]{\dfrac{1}{9}}$

$=\dfrac{5}{3}\cdot(3^2)^{\frac{1}{6}}+(-3^4)^{\frac{1}{3}}+(3^{-2})^{\frac{1}{3}}$

$=\dfrac{5}{3}\cdot 3^{\frac{1}{3}}-3^{\frac{4}{3}}+3^{-\frac{2}{3}}=\dfrac{5}{3}\cdot 3^{\frac{1}{3}}-3\cdot 3^{\frac{1}{3}}+\dfrac{1}{3}\cdot 3^{\frac{1}{3}}$

$=\left(\dfrac{5}{3}-3+\dfrac{1}{3}\right)3^{\frac{1}{3}}=\boldsymbol{-3^{\frac{1}{3}}=-\sqrt[3]{3}}$

◀ $\sqrt[3]{-81}$ に関しては **ちょっと一言** 参照！

◀ まずは，すべて指数表記に直し，底を3にそろえる．

◀ 指数部分も $3^{\frac{1}{3}}$ にそろえてまとめる．

$3^{\frac{1}{3}}$ をかたまりでみましょう！

(3)(i) $a^{2x}=3$ であるので，$a^{-2x}=\dfrac{1}{a^{2x}}=\dfrac{1}{3}$

$\therefore\quad (a^x+a^{-x})^2=(a^x)^2+2a^x\cdot a^{-x}+(a^{-x})^2$

$=a^{2x}+2a^0+a^{-2x}$

$=3+2+\dfrac{1}{3}=\boldsymbol{\dfrac{16}{3}}$

(ii) $\dfrac{a^{3x}+a^{-3x}}{a^x+a^{-x}}=\dfrac{(a^x+a^{-x})\{(a^x)^2-a^x\cdot a^{-x}+(a^{-x})^2\}}{a^x+a^{-x}}$

$=a^{2x}-a^0+a^{-2x}$

$=3-1+\dfrac{1}{3}=\mathbf{\dfrac{7}{3}}$

◀(ii)では，$a^x=p$，$a^{-x}=q$ と見ると，$\dfrac{p^3+q^3}{p+q}$ となり因数分解 $p^3+q^3=(p+q)(p^2-pq+q^2)$ が見える．解答では置き換えないでそのままかたまりでとらえた．

ブラッシュアップ

《指数法則》

① $a^m\times a^n=a^{m+n}$　② $a^m\div a^n=a^{m-n}$
③ $(a^m)^n=a^{mn}=(a^n)^m$　④ $(ab)^m=a^mb^m$

は，しっかりイメージして覚えていますか？

$$\sqrt[n]{a}=a^{\frac{1}{n}},\ \frac{1}{a^n}=a^{-n},\ a^0=1 \quad \cdots(*)$$

例えば，$\sqrt[3]{2}$ は3乗して2になる実数ですが，$2^{\frac{1}{3}}$ と表すと，確かに，$(2^{\frac{1}{3}})^3=2^{\frac{1}{3}\cdot 3}=2^1=2$ となります．

◀③を利用！

また，$\dfrac{1}{a^n}$ をかけると，a が n 個減りますから，a^{-n} と表せるのもわかりますね．また，これより，

$$1=a\times\frac{1}{a}=a\times a^{-1}=a^{1-1}=a^0$$

となり，$a^0=1$ と表すのが自然であることがわかります．(＊)の表記は，すべて指数法則が成り立つようにつくられているのです．

◀うまくないですか？

ちょっと一言

$a<0$ のとき，n が奇数なら $\sqrt[n]{a}$ は定義されます．例えば，$\sqrt[3]{-8}$ は3乗して -8 になる実数なので -2 です．

(2)の $\sqrt[3]{-81}$ はマイナスの数なので，$\sqrt[3]{-81}=-\sqrt[3]{81}=-(3^4)^{\frac{1}{3}}=-3^{\frac{4}{3}}$ のように，まずはマイナスを出してしまうとよいでしょう．

メインポイント

累乗根を含む式の計算では，指数表記に直し，底をそろえて，指数法則を利用！　複雑なものは，指数もそろえてかたまりで見ることがポイント！

72 対数の定義

アプローチ

対数の定義から　$a^{\log_a b}=b$　…①

対数法則

$\log_a M+\log_a N=\log_a MN$　…②

$\log_a M-\log_a N=\log_a \dfrac{M}{N}$　…③

$\log_a M^r=r\log_a M$　…④

底の変換公式　$\log_a b=\dfrac{\log_c b}{\log_c a}$　…⑤

を使えるかを見る問題です．底の変換公式を利用して，底をそろえてから，対数法則や定義を利用しましょう．

◀$\log_a b$ の a を底，b を真数といいます．
底の条件は
$0<a<1$ または $1<a$
真数条件は $b>0$ です．
対数を考えるときは，これが前提になります．

解答

(1)　$\log_{\frac{1}{3}}25=\dfrac{\log_3 25}{\log_3 \frac{1}{3}}=-\log_3 25$ より

$(\text{与式})=\log_3(\sqrt{10})^4-\log_3 25+\log_3\dfrac{9}{4}$

◀底をすべて 3 にそろえます．

$=\log_3\dfrac{100}{25}\cdot\dfrac{9}{4}=\log_3 9=\log_3 3^2=\mathbf{2}$

(2)　$\log_4\dfrac{1}{9}=-\log_4 9=-\dfrac{\log_2 9}{\log_2 4}=-\dfrac{2\log_2 3}{2}=-\log_2 3$

◀底をすべて 2 にそろえます．

$\log_9 25=\dfrac{\log_2 25}{\log_2 9}=\dfrac{2\log_2 5}{2\log_2 3}=\dfrac{\log_2 5}{\log_2 3}$

$\log_5\dfrac{1}{8}=-\log_5 8=-\dfrac{\log_2 8}{\log_2 5}=-\dfrac{3}{\log_2 5}$ より

$(\text{与式})=(-\log_2 3)\cdot\dfrac{\log_2 5}{\log_2 3}\cdot\left(-\dfrac{3}{\log_2 5}\right)=\mathbf{3}$

(3)　$2^{\log_4 25}=2^{\frac{\log_2 25}{\log_2 4}}=2^{\frac{2\log_2 5}{2}}=2^{\log_2 5}=\mathbf{5}$

◀定義を利用するために，底を 2 にそろえましょう．

(4)　等式の各辺は正であるから，底が 15 の対数をとると，

$\log_{15} 3^x=\log_{15} 5^y=\log_{15} 15^5$

$\therefore\quad x\log_{15} 3=y\log_{15} 5=5$

$\therefore\quad \dfrac{1}{x}=\dfrac{\log_{15} 3}{5},\ \dfrac{1}{y}=\dfrac{\log_{15} 5}{5}$

$\therefore\quad \dfrac{1}{x}+\dfrac{1}{y}=\dfrac{\log_{15} 3+\log_{15} 5}{5}=\dfrac{\log_{15} 15}{5}=\mathbf{\dfrac{1}{5}}$

◀指数部分を前に出したい場合は，両辺の対数をとって，④を利用します．今回は，15 を底にするのがよいでしょう．

ちょっと一言

1°) **a を b にする指数を対数**といい，$\boldsymbol{\log_a b}$ と表します．

◀$\log_a b$ は a を何乗すると b になるかを表す数．

つまり，$\boldsymbol{a^c=b \iff c=\log_a b}$

すなわち，$\boxed{\boldsymbol{a^{\log_a b}=b}}$ です．

例えば，10 を何乗すると 100 になるかといわれたら，2 乗ですが，10 を何乗すると 3 になるか？　と聞かれたら，ちょっとわかりませんね．そこで，これを $\log_{10}3$ と書く約束をして，$10^{\log_{10}3}=3$ と表すというわけです．

◀対数表から $\log_{10}3 \fallingdotseq 0.4771$ なので，だいたい 0.5 乗です．

2°) 特に，a の 0 乗は 1 ですから，$\boldsymbol{\log_a 1=0}$

a の 1 乗は a ですから，$\boldsymbol{\log_a a=1}$

3°) 底の変換公式より

$$\log_a b=\frac{\log_b b}{\log_b a}=\frac{1}{\log_b a}$$

◀$\log_2 4=2$，$\log_4 2=\frac{1}{2}$ であり，これらは逆数の関係です．

なので，$\boldsymbol{\log_a b}$ と $\boldsymbol{\log_b a}$ は**逆数の関係**です．

また，$\boldsymbol{\log_a b\times\log_b c}=\log_a b\times\dfrac{\log_a c}{\log_a b}=\boldsymbol{\log_a c}$

という関係もあります．これを用いると

$\log_2 3\times\log_3 4=\log_2 4$,

$\log_2 4\times\log_4 5\times\log_5 6=\log_2 6$

なども簡単にわかります．

◀底をそろえて確認してみよう！　底と真数が連続していれば，いくつでも成り立ちます．

ブラッシュアップ

対数法則②は，次のように証明できます．定義より $M=a^{\log_a M}$，$N=a^{\log_a N}$ ですから，

$$MN=a^{\log_a M}\times a^{\log_a N}=a^{\log_a M+\log_a N}$$

◀指数法則を利用！

これが，$MN=a^{\log_a MN}$ と一致するので，

$$\log_a M+\log_a N=\log_a MN$$

◀指数部分を比較する．

となることがわかります．

実は，対数は a^x の指数部分なので，指数法則

$$MN=a^{\log_a M}\times a^{\log_a N}=a^{\log_a M+\log_a N}=a^{\log_a MN}$$

を使っているにすぎません．

◀③，④，⑤も教科書を参考に証明してみると理解が深まりますよ．

メインポイント

対数の定義をしっかり理解しよう！　対数計算では，底をそろえて対数法則を利用しよう！

73 グラフ

アプローチ

グラフを直線 $y=x$ に関して対称移動するには，x と y を入れ替えます．

◀ x，y を入れ替えて，立場を逆転させる．

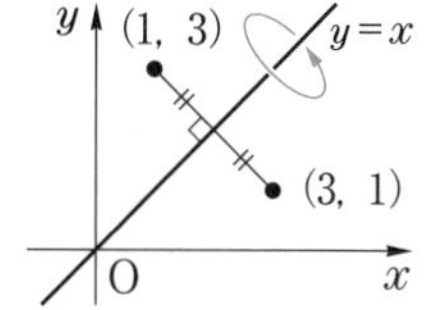

これより，$y=3^x$ のグラフと直線 $y=x$ に関して対称なグラフは，x と y を入れ替えて

$$x=3^y \qquad \therefore \quad y=\log_3 x$$

一般に，**$y=a^x$ と $y=\log_a x$ のグラフは，直線 $y=x$ に関して対称です．**

解答

$y=3^x$ のグラフと直線 $y=x$ に関して対称なグラフは，x，y を入れ替えて，

$$x=3^y \qquad \therefore \quad y=\log_3 x$$

これを，x 軸方向に 2，y 軸方向に -5 だけ平行移動したグラフが $y=f(x)$ だから，

◀逆に動かして考える．

$$y=\boldsymbol{\log_3(x-2)-5}$$

ブラッシュアップ

指数関数 $y=a^x$ は

$a>1$ のとき，単調増加

$0<a<1$ のとき，単調減少

のグラフになります．

例えば，$y=2^x$ と $y=\left(\frac{1}{2}\right)^x$ のグラフは右図の通りです．定義域（x の範囲）は実数全体，値域（y の範囲）は正となり，$a^0=1$ より，どちらのグラフも点 $(0,\ 1)$ を通ることに注意してください．

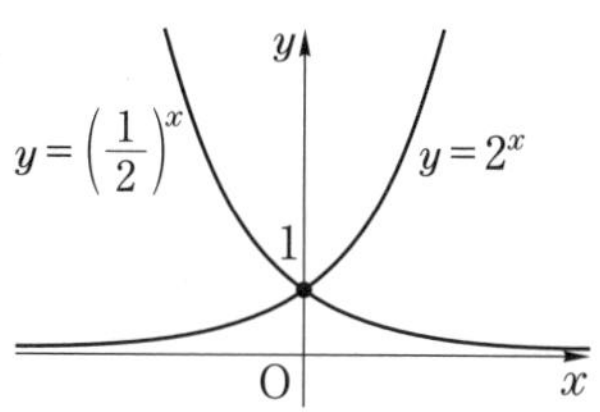

対数関数 $y=\log_a x$ のグラフは，$y=a^x$ のグラフと直線 $y=x$ に関して対称ですので，x と y の立場を逆転させたグラフになります．$y=a^x$ と同様に

$a>1$ のとき，単調増加

$0<a<1$ のとき，単調減少

となります．

例えば，$y=\log_2 x$ と $y=\log_{\frac{1}{2}} x$ のグラフは右図の通りです．定義域（x の範囲）は正，値域（y の範囲）は実数全体となり，$\log_a 1=0$ より，どちらのグラフも点 (1, 0) を通ることに注意してください．

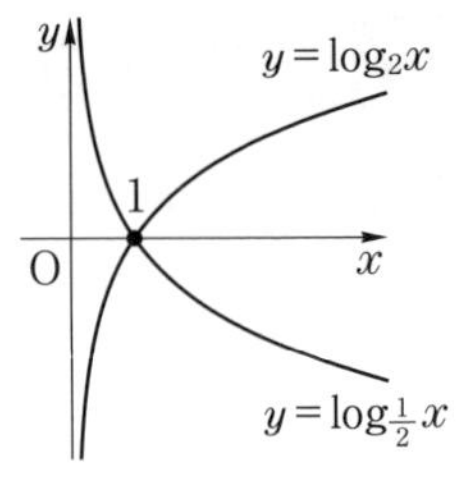

これらをまとめると，右図になります．

だいたいこんなイメージです．$y=a^x$ と $y=\log_a x$ のグラフが直線 $y=x$ に関して対称であることに注意して押さえてください．

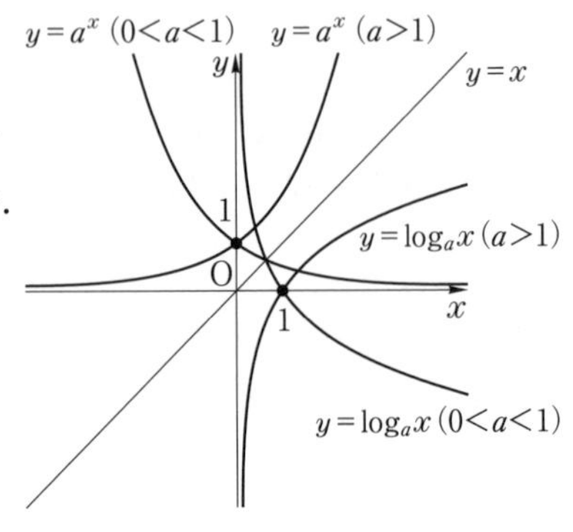

このグラフをイメージすれば

底の条件が

$0<a<1$ または $a>1$ であること，

真数条件が $x>0$ であること，

a^x は正の値をとること，

$\log_a x$ は実数全体をとること

などを関連づけて覚えられます．

ちょっと一言

上の図では，$a>1$ のとき，$y=a^x$ と $y=\log_a x$ のグラフは交わっていませんが，例えば，$a=\sqrt{2}$ とすると，$y=(\sqrt{2})^x$ と $y=\log_{\sqrt{2}} x$ のグラフは交わります．

上の図は，あくまでイメージです．

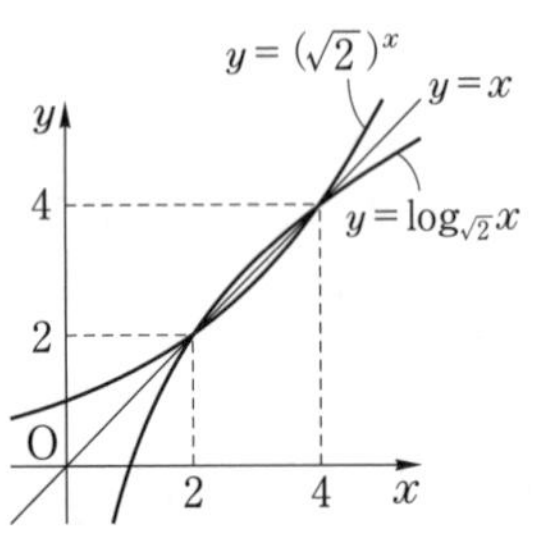

メインポイント

$y=a^x$ と $y=\log_a x$ のグラフは直線 $y=x$ に関して対称です．

底の条件：$0<a<1$ または $1<a$

真数条件：$\log_a x$ において，$x>0$

などの条件は，グラフと関連づけて覚えよう！

74 指数・対数の方程式

アプローチ

指数・対数の方程式を解く際には，まず**底を統一**しよう！

特に，対数の方程式を解くときには，必ず**底の条件**と**真数条件**を確認してから始めること！

◀$0<$底<1 または $1<$底，真数>0

基本的には

$$a^{\diamondsuit}=a^{\blacktriangle} \quad や \quad \log_a\diamondsuit=\log_a\blacktriangle$$

の形に変形して，◇と▲を比較しますが，すぐにこの形にできない場合は，**置き換え**を行いましょう！

解答

(1) $(2^{x-2})^{x+1}=8^{x+10}$ より $2^{(x-2)(x+1)}=2^{3(x+10)}$

◀底を統一して，$a^{\diamondsuit}=a^{\blacktriangle}$ の形に！

$\therefore\ (x-2)(x+1)=3(x+10)$

$\therefore\ x^2-4x-32=0 \qquad \therefore\ (x-8)(x+4)=0$

$\therefore\ \boldsymbol{x=8,\ -4}$

(2) 真数条件より $4x-7>0$ かつ $x>0$ かつ $x-1>0$

◀まずは真数条件！

$\therefore\ \dfrac{7}{4}<x \quad \cdots①$

$\log_2 x=\dfrac{\log_4 x}{\log_4 2}=\dfrac{\log_4 x}{\frac{1}{2}}=\log_4 x^2$ より

$\log_4(4x-7)+\log_2 x=1+3\log_4(x-1)$

$\therefore\ \log_4(4x-7)+\log_4 x^2=\log_4 4+\log_4(x-1)^3$

◀両辺を整理して $\log_a\diamondsuit=\log_a\blacktriangle$ の形に変形して，真数を比較！

$\therefore\ \log_4 x^2(4x-7)=\log_4 4(x-1)^3$

$\therefore\ x^2(4x-7)=4(x-1)^3$

$\therefore\ 4x^3-7x^2=4(x^3-3x^2+3x-1)$

$\therefore\ 5x^2-12x+4=0 \qquad \therefore\ (x-2)(5x-2)=0$

$\therefore\ x=2,\ \dfrac{2}{5}$ 　　よって，①から，$\boldsymbol{x=2}$

◀最後に真数条件を満たすか確認！

(3) $25^x-50\cdot5^{x-2}+1=0$

$\therefore\ (5^x)^2-2\cdot5^x+1=0$

◀5^x をかたまりで考えた．もちろん，$5^x=t$ とおいて考えてもよい．

$\therefore\ (5^x-1)^2=0$

$\therefore\ 5^x=1 \qquad \therefore\ \boldsymbol{x=0}$

(4) 真数条件と底の条件より，$x>0$，$x\neq1 \quad \cdots①$

$\log_2 x^2-\log_x 4+3=0$

$\therefore\quad 2\log_2 x-\dfrac{\log_2 4}{\log_2 x}+3=0$

両辺に $\log_2 x$ をかけて

$2(\log_2 x)^2-2+3\log_2 x=0$

$\therefore\quad (\log_2 x+2)(2\log_2 x-1)=0$

◀$\log_2 x$ をかたまりで考えた．もちろん，$\log_2 x=t$ とおいて考えてもよい．

$\therefore\quad \log_2 x=-2,\ \log_2 x=\dfrac{1}{2}$

$\therefore\quad \boldsymbol{x}=2^{-2}=\boldsymbol{\dfrac{1}{4}},\ \boldsymbol{x}=2^{\frac{1}{2}}=\boldsymbol{\sqrt{2}}$

(これらは①を満たす)

◀真数条件と底の条件を満たすかを確認！

(5) 真数条件より，$x>0$ であるので，$25x>0$

よって，与式の両辺は正であるので，対数をとって

◀$\log_a b^r=r\log_a b$ を利用して，肩の $\log_5 x$ を前に出すために両辺の対数をとります．

$\log_5 x^{\log_5 x}=\log_5(25x)$

$\therefore\quad (\log_5 x)^2=\log_5 25+\log_5 x$

$\therefore\quad (\log_5 x)^2-\log_5 x-2=0$

$\therefore\quad (\log_5 x-2)(\log_5 x+1)=0$

$\therefore\quad \log_5 x=2,\ \log_5 x=-1$

$\therefore\quad \boldsymbol{x=25},\ \boldsymbol{x}=\boldsymbol{\dfrac{1}{5}}$ (これらは真数条件を満たす)

ちょっと一言

真数条件は必ず最初にチェックしましょう．

次の 2 つの方程式を考えてみます．

$\log_2 x+\log_2(x-1)=1\quad\cdots①,\ \log_2 x(x-1)=1\quad\cdots②$

①を解く際，②を導きますが，実は，②から①を導くことはできません．

①の真数条件は「$x>0$ かつ $x-1>0$」すなわち「$x>1$」

②の真数条件は「$x(x-1)>0$」すなわち「$x<0,\ x>1$」

となり，②の条件の方が①より広くなってしまい，余計な答えが出る可能性があります．変形すると，真数条件は変化するので，必ず最初にチェックしましょう．

メインポイント

指数・対数の方程式では，底を統一して

$$\boldsymbol{a^{\diamondsuit}=a^{\blacktriangle}}\ \text{や}\ \boldsymbol{\log_a\diamondsuit=\log_a\blacktriangle}\quad\cdots(*)$$

の形に変形しよう！

特に，対数方程式では底の条件と真数条件のチェックを忘れずに！

(＊) の形に変形しにくいときは，置き換えが効果的！

75 不等式

アプローチ

指数・対数の不等式を扱う場合は，方程式のときと同様に，まずは，底の条件と真数条件を確認し，底を統一して，

$$a^{\diamondsuit} < a^{\blacktriangle} \text{ や } \log_a \diamondsuit < \log_a \blacktriangle \quad \cdots(*)$$

の形に変形し，◇と▲を比較しますが，その際

$a>1$ のとき，$\begin{cases} a^{x_1} < a^{x_2} \\ \log_a x_1 < \log_a x_2 \end{cases} \iff x_1 < x_2$

◀グラフは単調増加なので，不等号は変わらない．

$0<a<1$ のとき，$\begin{cases} a^{x_1} < a^{x_2} \\ \log_a x_1 < \log_a x_2 \end{cases} \iff x_1 > x_2$

◀グラフは単調減少なので，不等号は逆転する．

のように底によって，大小が変わることに注意して解きましょう．方程式と同様，すぐに(∗)の形に変形できないときは，置き換えを行って回避します．

◀底が文字のときは，場合分けになる．

解答

(1) $3^{2x} \leqq \dfrac{9}{27^x} \quad \therefore \quad 3^{2x} \leqq 3^2 \cdot 3^{-3x}$

◀底を 3 に統一して比較！

$\therefore \quad 3^{2x} \leqq 3^{2-3x} \quad \therefore \quad 2x \leqq 2-3x \quad \therefore \quad \boldsymbol{x \leqq \dfrac{2}{5}}$

(2) 真数条件より $x-1>0$ かつ $x+1>0$

◀まず真数条件の確認！

$\therefore \quad x>1 \quad \cdots①$

$\log_{\frac{1}{3}}(x-1)+\log_3(x+1)>3$

$\therefore \quad \dfrac{\log_3(x-1)}{\log_3\dfrac{1}{3}}+\log_3(x+1)>\log_3 3^3$

◀次に底を統一して $\log_a\diamondsuit>\log_a\blacktriangle$ の形に変形して，中身を比較！

$\therefore \quad -\log_3(x-1)+\log_3(x+1)>\log_3 27$

$\therefore \quad \log_3(x+1)>\log_3 27+\log_3(x-1)$

$\therefore \quad \log_3(x+1)>\log_3 27(x-1)$

$\therefore \quad x+1>27(x-1) \quad \therefore \quad x<\dfrac{14}{13}$

①より，$\boldsymbol{1<x<\dfrac{14}{13}}$

◀真数条件と合わせる．

(3) $3^x=t$ とおくと，$t=3^x>0 \quad \cdots①$

◀置き換えの利用！

$9^x-3^{x+2}+18 \leqq 0 \quad \therefore \quad (3^x)^2-9\cdot 3^x+18 \leqq 0$

$\therefore \quad t^2-9t+18 \leqq 0 \quad \therefore \quad (t-3)(t-6) \leqq 0$

$\therefore \quad 3 \leqq t \leqq 6$ （これは①を満たす）

よって，$3 \leqq 3^x \leqq 3^{\log_3 6} \quad \therefore \quad \boldsymbol{1 \leqq x \leqq \log_3 6}$

(4) 真数条件と底の条件より，$x>0$，$x \neq 1$ …①

$$2\log_a x + 9\log_x a \geqq 9 \quad (0<a<1)$$

より，$2\log_a x + 9\cdot\dfrac{\log_a a}{\log_a x} \geqq 9$

◀底が文字のときは，真数条件に加え，底の条件も考える．

◀底の統一！

$\log_a x = t$ とおくと　$2t+\dfrac{9}{t} \geqq 9$ …(＊＊)

◀置き換え！

(＊＊)の両辺に t^2 をかけて　$2t^3+9t \geqq 9t^2$ $(t \neq 0)$

$\therefore$ $t(2t^2-9t+9) \geqq 0$　$\therefore$ $t(t-3)(2t-3) \geqq 0$

◀分母を払ったら，分母$\neq 0$ を忘れずに！

$\therefore$ $0<t \leqq \dfrac{3}{2}$，$3 \leqq t$ ($\because$ $t \neq 0$)

$\therefore$ $\log_a 1 < \log_a x \leqq \log_a a^{\frac{3}{2}}$，$\log_a a^3 \leqq \log_a x$

$0<a<1$ より，$a^3 < a^{\frac{3}{2}}$ であり，

$\boldsymbol{0<x \leqq a^3}$，$\boldsymbol{a^{\frac{3}{2}} \leqq x < 1}$ （これは①を満たす）

◀$\log_a$◇$<\log_a$▲ にして，中身を比較！　今回は底が0と1の間なので，大小は逆転することに注意！

ちょっと一言

$$2t+\frac{9}{t} \geqq 9 \quad \cdots(＊＊)$$

を解く際に，両辺に t をかけてはいけません．なぜなら，$t=\log_a x$ の符号がわからないからです．よって，t が正か負かで場合分けするか，t^2 (プラスのもの) をかけます．解答のように，両辺に t^2 をかけて変形すると，3次不等式

$$t(t-3)(2t-3) \geqq 0 \quad (t \neq 0)$$

となりますが，これはグラフをイメージして解きましょう．右図で y 座標が0以上となる範囲を考えて

$$0<t \leqq \frac{3}{2} \quad \text{または} \quad 3 \leqq t$$

となります．

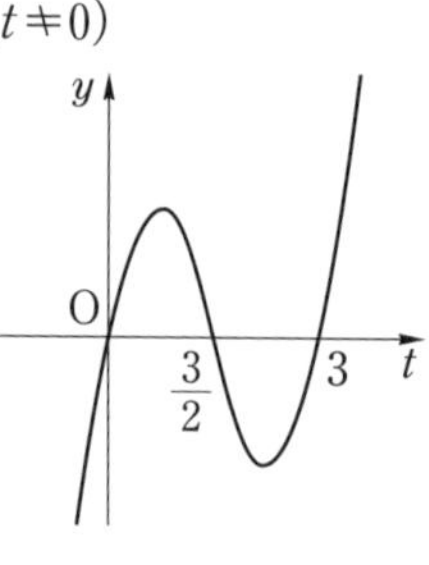

◀$y=t(t-3)(2t-3)$ とおいてグラフをかきます．t 軸との交点の t 座標は順に 0，$\dfrac{3}{2}$，3 です．2次不等式と同様，3次不等式もグラフをイメージ！

メインポイント

指数・対数の不等式では，底を統一して

$$a^{\diamond} < a^{\blacktriangle} \quad や \quad \log_a \diamond < \log_a \blacktriangle \quad \cdots(＊)$$

の形に変形し，底に注意して中身を比較！
特に，対数不等式では真数条件のチェックを忘れずに！
(＊)の形に変形しにくいときは，置き換えが効果的！

76 最大・最小 1

アプローチ

置き換えを用いる最大・最小問題です．(1)では $t=2^x$ とおくと，y は t の 2 次関数，(2)では，$f(x)=t$ とおくと，$g(x)=\log_2 t$ となりますが，置き換えを行った場合は，置き換えた文字 t のとり得る範囲に注意しましょう．

◀指数・対数の問題では，置き換えをすると考えやすくなる問題は少なくありません．

置き換えや文字消去を行った場合は，
変数の範囲を確認せよ！

は肝に銘じてください！

解答

(1)　$2^x=t$ とおくと，

$-1\leqq x\leqq 3$ より $2^{-1}\leqq t\leqq 2^3$

$\therefore\ \dfrac{1}{2}\leqq t\leqq 8 \quad\cdots(*)$

$y=(2^x)^2-2^2\cdot 2^x+1$

$=t^2-4t+1$

$=(t-2)^2-3$

$(*)$ より，$t=8$ で最大値 **33**，

$t=2$ で最小値 **−3** をとる．

◀$t=2^x$ のグラフをイメージして

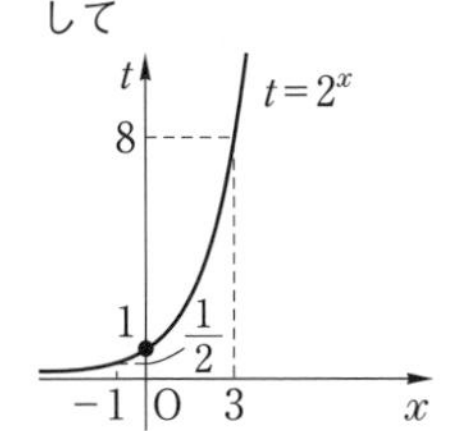

(2)　$f(x)=x^2+2x+9$

$=(x+1)^2+8$

より，$f(x)$ は $x=-1$ で最小値 **8** をとる．

また，$t=f(x)$ とおくと，$t\geqq 8$ であるので，

$g(x)=\log_2 t$ は $t=8$ で最小値 $\log_2 8=$ **3** をとる．

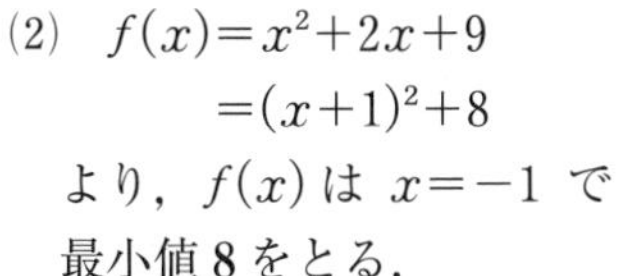

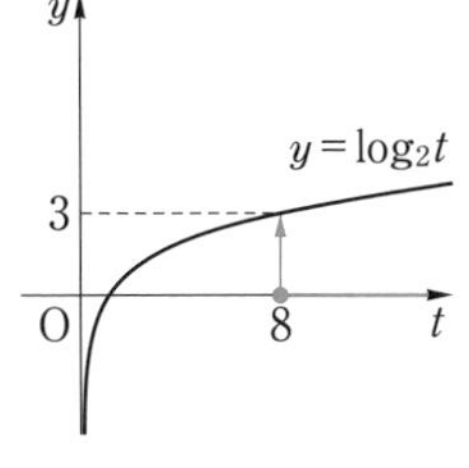

◀$f(x)$ の最小値が 8 より，t は 8 以上を動く！

メインポイント

置き換えを用いる指数・対数関数の最大・最小問題では置き換えた文字の範囲に注意せよ！

77 最大・最小 2

アプローチ

(1) $xy=8$ の底が2の両辺の対数をとると，
$\log_2 x+\log_2 y$ がつくれます．

(2) (1)を利用して，z を t で表しましょう．このとき，注意することは，t の範囲ですが，$xy=8$，$x>0$，$y>0$ より，x は正の値ならなんでもとれますので，$t=\log_2 x$ は実数全体を動きます．今回は，t の範囲に制限はつきません．

◀ $x>0$ のとき，$\log_2 x$ はすべての実数値をとることができます．

解答

(1) $xy=8$ の底が2の両辺の対数をとると

$$\log_2 xy=\log_2 8$$

$$\therefore\quad \log_2 x+\log_2 y=\mathbf{3}$$

◀両辺の対数をとると，$\log_2 x+\log_2 y$ がつくれるイメージがもてますか？

(2) $\log_2 x=t$ とおくと，(1)より

$$\log_2 y=3-\log_2 x=3-t$$

$$\begin{aligned}\therefore\quad z&=(\log_2 x)(\log_2 y)+3\log_2 x-2\log_2 y\\&=t(3-t)+3t-2(3-t)\\&=-t^2+8t-6\\&=\boldsymbol{-(t-4)^2+10}\end{aligned}$$

t はすべての実数値をとり得るので，

$t=\log_2 x=4$ すなわち，$\boldsymbol{x=16}$，$\boldsymbol{y=\frac{1}{2}}$ で最大値 **10** となる．

◀ $xy=8$ より $x=16$ のとき，$y=\frac{1}{2}$

ちょっと一言

(1)では，$xy=8$ より

$$\log_2 x+\log_2 y=\log_2 xy=\log_2 8=3$$

とすることもできます．

メインポイント

条件式をうまく利用して，与えられた式をつくろう！

78 最大・最小 3

アプローチ

(1) $t=2^x+2^{-x}$ とおくと

$$4^x+4^{-x}=(2^x)^2+(2^{-x})^2,\ 2^{3+x}+2^{3-x}=2^3(2^x+2^{-x})$$

となり，t で表せそうですね.

◀この置き換えは頻出！

(2) $2^x+2^{-x}=2^x+\dfrac{1}{2^x}$ ですから，範囲を求めるには，相加・相乗平均の不等式の出番です.

◀積が一定の関数の最大・最小は相加・相乗平均の不等式の利用でしたね.

(3) (1)，(2)を利用して最小値を求めましょう.

解答

(1) $t=2^x+2^{-x}$ とおくと，

$$\begin{aligned}4^x+4^{-x}&=(2^x)^2+(2^{-x})^2\\&=(2^x+2^{-x})^2-2\cdot2^x\cdot2^{-x}\\&=t^2-2\end{aligned}$$

◀この変形はしっかり押さえよう！

よって，

$$\begin{aligned}\boldsymbol{f(x)}&=4^x+4^{-x}-2^{3+x}-2^{3-x}+16\\&=4^x+4^{-x}-2^3(2^x+2^{-x})+16\\&=(t^2-2)-8t+16=\boldsymbol{t^2-8t+14}\end{aligned}$$

(2) $2^x>0$，$2^{-x}>0$ より，相加・相乗平均の不等式を用いて

◀相加・相乗平均の不等式の利用！

$$t=2^x+2^{-x}\geqq2\sqrt{2^x\cdot2^{-x}}=2\sqrt{2^{x-x}}=2$$

等号は，$2^x=2^{-x}$ より，$x=-x$

∴ $x=0$ のとき成り立つ.

よって，$\boldsymbol{t\geqq2}$ である.

(3) (1)より

$$f(x)=t^2-8t+14=(t-4)^2-2$$

$t\geqq2$ であるから，$t=4$ で最小値 $\boldsymbol{-2}$ をとる.

このとき，$t=2^x+2^{-x}=4$

両辺に 2^x をかけて整理すると

◀$2^x=X$ とおくと $t=X+\dfrac{1}{X}=4$ なので，$X=2^x$ をかける．常にかたまりの意識をもとう！

$$(2^x)^2-4\cdot2^x+1=0$$

∴ $2^x=2\pm\sqrt{3}$　　∴ $\boldsymbol{x=\log_2(2\pm\sqrt{3})}$

メインポイント

$t=a^x+a^{-x}$ と置き換える問題は頻出！　解法の流れを押さえよう！

79 桁数

アプローチ

3桁の数230は，$10^2 \leqq 230 < 10^3$ を満たすので，

$$230 = 10^{2.\cdots}$$

一般に，

正の数 x の整数部分が n 桁 $\Longleftrightarrow 10^{n-1} \leqq x < 10^n$

が成り立ちます．

◀このように，具体例で押さえて，一般化できるようにすること！

小数第2位に初めて0でない数が現れる0.02は，$10^{-2} \leqq 0.02 < 10^{-1}$ を満たすので，$0.02 = 10^{-1.\cdots}$

◀こちらも具体例で押さえておくとよい．

一般に，

正の数 y が小数第 n 位に初めて0でない数が現れる

$$\Longleftrightarrow 10^{-n} \leqq y < 10^{-(n-1)}$$

が成り立ちます．

ですから，x の桁数を求めるには，

x が10の何乗か？

がわかればよいことになります．対数の定義より

◀桁数の求め方を押さえましょう！

$$x = 10^{\log_{10} x}$$

◀$a^{\log_a b} = b$

ですので，$\log_{10} x$ を計算することになります．

ちょっと一言

要するに，

$10^{3.5}$ は $3+1=4$ 桁，

$10^{42.8}$ は $42+1=43$ 桁，

$10^{-6.7}$ は $6+1=$ 小数7位，

$10^{-22.5}$ は $22+1=$ 小数23位

なので，**桁数は指数の整数部分の絶対値 $+1$ になります．**

◀桁数はプラス1をイメージ！

ただし，小数第何位かを考える場合，指数部分が負の整数のときは

◀ここだけ注意！

$10^{-1} = 0.1$ は1位，$10^{-2} = 0.01$ は2位，…

となり，$+1$ にならないので注意しましょう．

解答

$$\log_{10} 5 = \log_{10} \frac{10}{2} = 1 - \log_{10} 2 = 1 - 0.3010$$

◀$5 = \frac{10}{2}$ と見る！

$$= 0.6990$$

$$\log_{10} 5^{30} = 30 \log_{10} 5 = 30 \times 0.6990 = 20.97$$

よって，$5^{30}=10^{20.97}$ から，**21 桁** ◀桁数はプラス 1

また，

$$\log_{10}0.06^{30}=30\log_{10}\frac{6}{100}$$
$$=30(\log_{10}2+\log_{10}3-\log_{10}100)$$
$$=30(0.3010+0.4771-2)$$
$$=-30\times1.2219=-36.657$$

よって，$0.06^{30}=10^{-36.657}$ より，**小数第 37 位**に初めて 0 でない数字が現れる． ◀桁数はプラス 1

ブラッシュアップ

1°)　2^{100} の一の位について考えてみます．

2^n の一の位を≡で表すと

$$2^1\equiv2,\ 2^2\equiv4,\ 2^3\equiv8,\ 2^4\equiv6,\ 2^5\equiv2,\ \cdots$$

となり，以下，一の位に 2 をどんどんかけていけばよいので，周期 4 で繰り返すことがわかります．よって，$2^{100}\equiv6$ です．

同様に，3^n の一の位を考えると

$$3^1\equiv3,\ 3^2\equiv9,\ 3^3\equiv7,\ 3^4\equiv1,\ 3^5\equiv3,\ \cdots$$

となり，これも周期 4 で繰り返します．

このように，m^n の一の位は周期をもちます．

2°)　$4^{14}+3$ は何桁でしょうか？

対数をとると，$\log_{10}(4^{14}+3)$となり，これ以上計算できません．

普通はここで止まってしまいますが，4^{14} の一の位に着目すると，

$$4^1\equiv4,\ 4^2\equiv6,\ 4^3\equiv4,\ \cdots$$

となり，一の位は 4，6 の繰り返しとわかります．

ゆえに，4^{14} の一の位は 6 です．

よって，この 4^{14} に 3 を加えても位は上がらないので，$4^{14}+3$ と 4^{14} の桁数は同じであることがわかります．したがって，

$$\log_{10}4^{14}=28\log_{10}2=28\times0.3010=8.428$$

より $4^{14}=10^{8.428}$ から，$4^{14}+3$ は 9 桁であることがわかります．

メインポイント

x の桁数は，$\log_{10}x$ の値で決まる！　判別法は，具体例で押さえて，一般化できるようにしておこう！

第11章 三角関数

80 三角関数の定義

アプローチ

《三角関数の定義》

原点を中心とし，半径1の円周上の点を P$(x,\ y)$ とし，A$(1,\ 0)$ とします．∠AOP$=\theta$ としたとき，

$x=\cos\theta,\ y=\sin\theta$

と定義します．

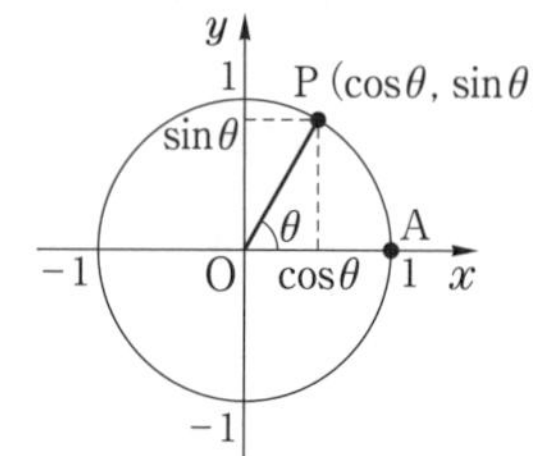

◀単位円において，x 軸から左回りに θ 回った点 P を $(\cos\theta,\ \sin\theta)$ と決める．

このとき，$\tan\theta=\dfrac{y}{x}=\dfrac{\sin\theta}{\cos\theta}$ となります．もちろん，θ が鋭角のときも鈍角のときも，図から

$$\sin\theta=\frac{y}{1}=y,\ \cos\theta=\frac{x}{1}=x$$

だから，数学Iの三角比の定義と一致します．このように定義することによって，180° を超える角や負の角でも $\sin\theta$，$\cos\theta$ を考えることができます．

> 単位円 $(x^2+y^2=1)$ において，
> **sin は y，cos は x，tan は傾き**

であることをしっかり押さえましょう．

《弧度法》

弧度法は，単位円周において，弧の長さで角度を測る方法です(単位はラジアンであるが普通は書かない)．

単位円周の長さは，$2\pi\cdot 1=2\pi$ ですから

$$360° \iff 2\pi$$

と対応させて考えるということです．

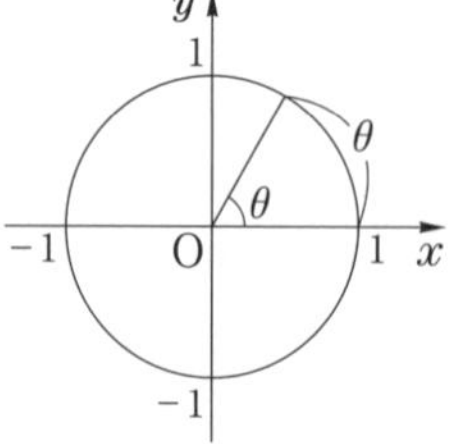

◀厳密には，θ ラジアンは半径 r の円において，$\theta=\dfrac{\text{弧の長さ}}{\text{半径}}$，すなわち半径と弧の比のことを指します．半径が1だと $\theta=$(弧の長さ) になります．

よって，180° はその半分で π，90° は $\dfrac{1}{4}$ で $\dfrac{\pi}{2}$，60° は $\dfrac{1}{6}$ で $\dfrac{\pi}{3}$ となるわけです．

それでは，問題に出てくる 1，2，3，4 ラジアンはどれくらいでしょうか？

$\pi \fallingdotseq 3.14$ ラジアンですから，180° はだいたい 3.14 ラジアンです．したがって，3 ラジアンは図のように 180° より小さくなります．その 3 等分を考えると，1，2 はそれぞれ 60°，120° より若干小さくなります．

sin は単位円周上の点の y 座標ですから，これらの y 座標を比較すれば，大小関係がわかりますね．

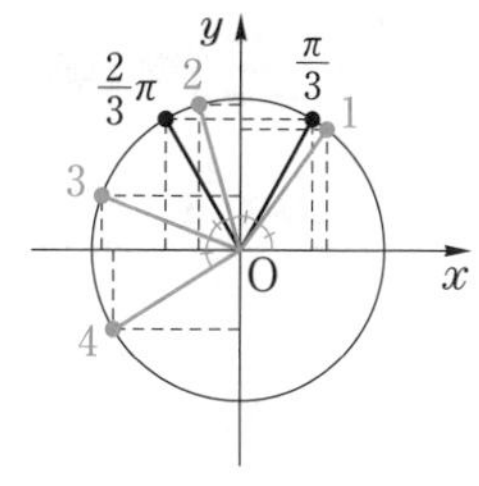

解答

(1) $\dfrac{\sqrt{3}}{2}=\sin\dfrac{\pi}{3}$ であるので，1 と $\dfrac{\pi}{3}$ の大小が問題になる．

$\pi \fallingdotseq 3.14$ より，$0<1<\dfrac{\pi}{3}<\dfrac{\pi}{2}$ であるから，

$\sin 1<\sin\dfrac{\pi}{3}$ すなわち $\boldsymbol{\sin 1<\dfrac{\sqrt{3}}{2}}$

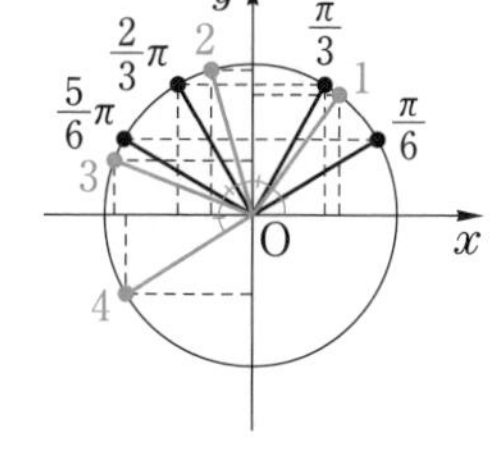

(2) $\dfrac{\pi}{2}<2<3<\pi$ より　　$\boldsymbol{\sin 2>\sin 3}$

(3) $0<\dfrac{\pi}{6}<1<\dfrac{\pi}{3}<2<\dfrac{2}{3}\pi<\dfrac{5}{6}\pi<3<\pi<4<\dfrac{3}{2}\pi$

より，右上図のようになり

$$\sin 4<\sin 3<\frac{1}{2}<\sin 1<\frac{\sqrt{3}}{2}<\sin 2$$

$\therefore$　$\boldsymbol{\sin 4<\sin 3<\sin 1<\sin 2}$

◀sin なので，y 座標を比較するが，sin は $\dfrac{\pi}{2}$ を超えると減少しはじめる！
sin1 と sin3 を比較するために，

$\sin\dfrac{\pi}{6}=\sin\dfrac{5}{6}\pi=\dfrac{1}{2}$

を利用した．

ちょっと一言

$\pi=180°$ の両辺を π で割ると $1=\dfrac{180°}{\pi}\fallingdotseq 57°$ すなわち，1 ラジアンはだいたい 57° です．180 で割ると，$1°=\dfrac{\pi}{180}$ となります．

α 倍すると，一般に，$\alpha°=\dfrac{\pi}{180}\alpha$ ラジアンとなります．度とラジアンの変換は $\pi=180°$ からスタートしましょう．

メインポイント

単位円（$x^2+y^2=1$）において，　**sin は y，cos は x，tan は傾き**

弧度法は，弧の長さで角度を測ったもの！

81 三角関数の方程式・不等式

アプローチ

単位円 ($x^2+y^2=1$) において，

sin は y，cos は x，tan は傾き

です．単位円をかいて考えましょう！

ここで，注意するのは角の範囲です．例えば，(2)では

$$\sin\left(2\theta+\frac{\pi}{3}\right)=\frac{1}{2}$$

のかっこ内をまとめて $X=2\theta+\dfrac{\pi}{3}$ と見ると，

$0\leqq\theta\leqq2\pi$ より，$\dfrac{\pi}{3}\leqq X\leqq4\pi+\dfrac{\pi}{3}$ の範囲で，$\sin X=\dfrac{1}{2}$ となる θ を求めることになります．必ず角の範囲をチェックしてから始めましょう．

◀ θ に 0 と 2π を代入して，X の範囲を求める．X は $\dfrac{\pi}{3}$ からスタートし，$2\times2\pi$，すなわち2周する．

解答

(1) $\sqrt{2}\sin\theta=-1$ より

$$\sin\theta=-\frac{1}{\sqrt{2}}$$

$0\leqq\theta\leqq2\pi$ より，

$$\boldsymbol{\theta=\frac{5}{4}\pi,\ \frac{7}{4}\pi}$$

◀ $\dfrac{1}{\sqrt{2}}$ は45°関係です．サインなので，y 座標が $-\dfrac{1}{\sqrt{2}}$ となる角を探します．

(2) $2\sin\left(2\theta+\dfrac{\pi}{3}\right)=1$ より

$$\sin\left(2\theta+\frac{\pi}{3}\right)=\frac{1}{2}$$

$0\leqq\theta\leqq2\pi$ より，

$$\frac{\pi}{3}\leqq2\theta+\frac{\pi}{3}\leqq4\pi+\frac{\pi}{3}$$

であるから，順に

$$2\theta+\frac{\pi}{3}=\frac{5}{6}\pi,\ \frac{\pi}{6}+2\pi,\ \frac{5}{6}\pi+2\pi,\ \frac{\pi}{6}+4\pi$$

$$\therefore\ 2\theta=\frac{3}{6}\pi,\ \frac{11}{6}\pi,\ \frac{15}{6}\pi,\ \frac{23}{6}\pi$$

$$\therefore\ \boldsymbol{\theta=\frac{\pi}{4},\ \frac{11}{12}\pi,\ \frac{5}{4}\pi,\ \frac{23}{12}\pi}$$

◀ サインなので，y 座標が $\dfrac{1}{2}$ となる角を探します．

◀ $2\theta+\dfrac{\pi}{3}$ は $\dfrac{\pi}{3}$ をスタートして2周します．回ると直線 $y=\dfrac{1}{2}$ と4回ぶつかりますね．

(3)　$0 \leqq 2\theta \leqq 4\pi$ より

$\cos 2\theta \leqq \dfrac{1}{2}$ を解くと

$$\begin{cases} \dfrac{\pi}{3} \leqq 2\theta \leqq \dfrac{5}{3}\pi \\ \dfrac{\pi}{3}+2\pi \leqq 2\theta \leqq \dfrac{5}{3}\pi+2\pi \end{cases}$$

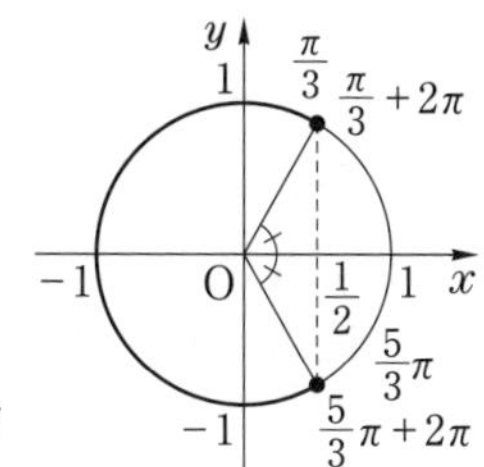

◀ 2θ は 0 からスタートして 2 周する．コサインなので，x が $\dfrac{1}{2}$ 以下の部分を答えにする．

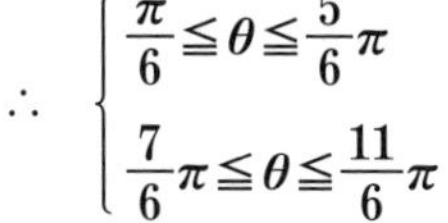

$$\therefore \begin{cases} \boldsymbol{\dfrac{\pi}{6} \leqq \theta \leqq \dfrac{5}{6}\pi} \\ \boldsymbol{\dfrac{7}{6}\pi \leqq \theta \leqq \dfrac{11}{6}\pi} \end{cases}$$

◀ 下の式は，上の式に π を加えるだけ．

(4)　$\tan\theta > -\sqrt{3}$ から，傾きの範囲を考えて

$$\begin{cases} \boldsymbol{0 \leqq \theta < \dfrac{\pi}{2}} \\ \boldsymbol{\dfrac{2}{3}\pi < \theta < \dfrac{3}{2}\pi} \\ \boldsymbol{\dfrac{5}{3}\pi < \theta \leqq 2\pi} \end{cases}$$

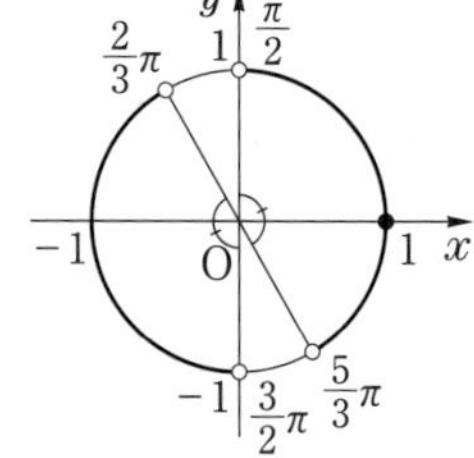

◀ タンジェントは傾きです．原点を通る直線を回して，傾きが $-\sqrt{3}$ より大きくなる範囲を考えましょう．ただし，$\dfrac{\pi}{2}+n\pi$ (n は整数) では定義できないので注意しましょう．

第11章

メインポイント

$\sin\theta = a$，$\cos\theta > b$，$\tan\theta \leqq c$ などの方程式，不等式は単位円で考えよう！
ただし，考える角の範囲に注意しよう！

82 グラフ

アプローチ

$y=\sin\theta$ のグラフは，横軸に θ をとり，y に $\sin\theta$ を対応させたものであるので，振幅は1で周期は 2π（1周分）です．

◀例として，$y=\sin\theta$ のグラフをあげた．$y=\cos\theta$，$y=\tan\theta$ のグラフも教科書で確認しておきましょう．以降では θ の代わりに x を用いる．

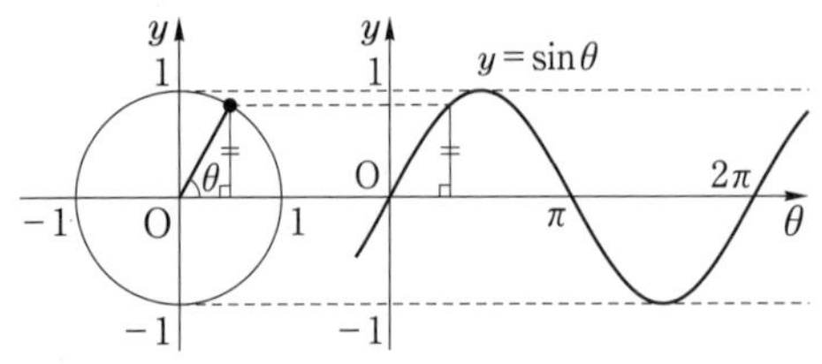

一般に，$y=a\sin bx$ のグラフは，振幅が $|a|$，回転スピードが $|b|$ 倍となるので周期は $\dfrac{1}{|b|}$ 倍となり，$\dfrac{2\pi}{|b|}$ です．

$y=\boxed{a}\sin\boxed{bx}$

↑振幅 $|a|$　↑回転スピード $|b|$ 倍　周期 $\dfrac{1}{|b|}$ 倍

例えば，$y=3\sin 2x$ のグラフは，振幅が3，回転スピードが2倍になるので，周期は半分になり，

$2\pi\times\dfrac{1}{2}=\pi$ となります．

◀回転スピードが2倍なら，時間は $\dfrac{1}{2}$ で済むということ！

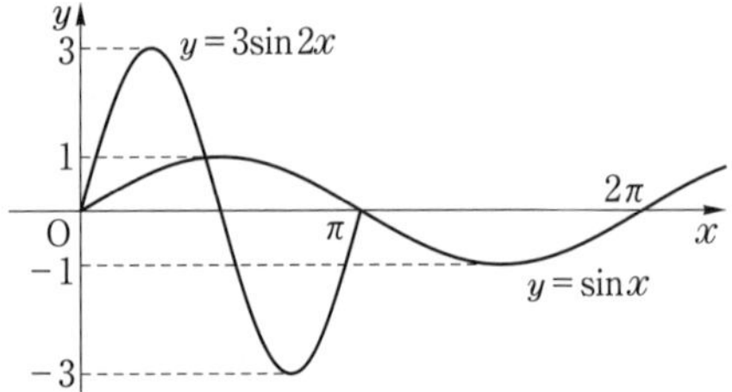

さらに，x 軸方向に x_0，y 軸方向に y_0 だけ平行移動して

$$\boxed{y=a\sin b(x-x_0)+y_0}$$

が一般形になります．

例えば，$y=3\sin\left(2x-\dfrac{\pi}{4}\right)+1$ のグラフは，

$y=3\sin 2x$ のグラフをどれだけ平行移動したかを調べるには，

$$y=3\sin 2\left(x-\frac{\pi}{8}\right)+1$$

と変形して，x の代わりに何が入っているかを考える

◀x の代わりに $x-\dfrac{\pi}{8}$ が入っているので，x 軸方向に $\dfrac{\pi}{8}$ だけ平行移動．

と，x 軸方向に $\frac{\pi}{8}$，y 軸方向に 1 だけ平行移動していることがわかります．

解答

まず振幅が 3 より，

$$A=\mathbf{3},\ B=\mathbf{-3}$$

また，図より

$$C=\frac{\mathbf{5}}{\mathbf{3}}\boldsymbol{\pi}$$

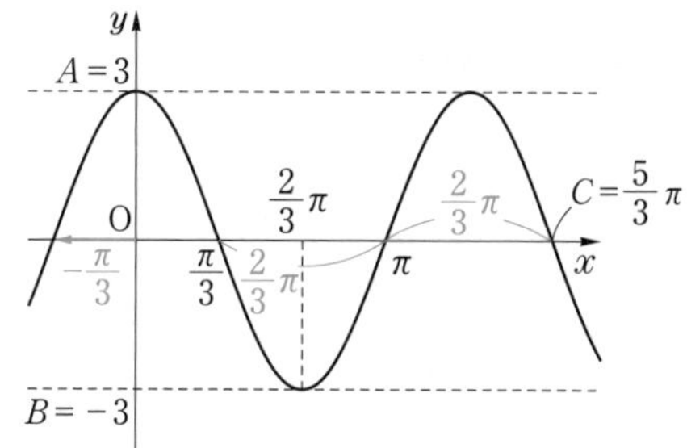

$$y=3\sin(ax+b)=3\sin a\left(x+\frac{b}{a}\right)$$

周期が $\left(\pi-\frac{\pi}{3}\right)\times 2=\frac{4}{3}\pi$ より，

$$\frac{4}{3}\pi=\frac{2\pi}{a} \qquad \therefore \quad a=\frac{\mathbf{3}}{\mathbf{2}}$$

◀元のグラフは $y=3\sin ax$ だから，周期は $2\pi\times\frac{1}{a}$

このとき，$y=3\sin\frac{3}{2}\left(x+\frac{2b}{3}\right)$ となる．このグラフは，$y=3\sin\frac{3}{2}x$ のグラフを x 軸方向に $-\frac{2b}{3}$ だけ平行移動したものである．

◀x の代わりに $x+\frac{2b}{3}$ が入っているので x 軸方向に $-\frac{2b}{3}$ だけ平行移動されている．

よって，図より

$$-\frac{2b}{3}=-\frac{\pi}{3} \qquad \therefore \quad b=\frac{\boldsymbol{\pi}}{\mathbf{2}} \quad (これは，0<b<2\pi \text{ を満たす})$$

ちょっと一言

グラフから，x 軸方向に $-\frac{\pi}{3}$ だけ平行移動したものと考えましたが，周期 $\frac{4}{3}\pi$ 分ずつならいくらでもずらせます．ですから，

$$-\frac{\pi}{3}-\frac{4}{3}\pi \text{ や } -\frac{\pi}{3}-\frac{8}{3}\pi$$

平行移動してもグラフは重なりますが，$0<b<2\pi$ となるものは上の答えしかありません．

◀ちゃんとやると，$0<b<2\pi$ より，$-\frac{4}{3}\pi<-\frac{2b}{3}<0$ ですので，$-\frac{\pi}{3}$ しかないのですが，まあ，結果オーライで．

メインポイント

三角関数のグラフの基本形をしっかり押さえよう！

第11章

83 相互関係と変換公式

アプローチ

19 で扱ったように，三角関数の相互関係は，以下のようになります．

三角関数の相互関係

① $\sin^2\theta+\cos^2\theta=1$　　② $\tan\theta=\dfrac{\sin\theta}{\cos\theta}$

③ $1+\tan^2\theta=\dfrac{1}{\cos^2\theta}$

◀②，③の証明は **19** を参照してください．

(1)では，①と②を利用して，$\sin x$ への統一を図りましょう．

(2)では，変換公式を利用しましょう．暗記せずに単位円を利用してつくれるように練習しておいてください．

◀θ は小さめにとると比べやすいです．

$\pi+\theta$ の傾きと θ の傾きは同じなので

$$\tan(\pi+\theta)=\tan\theta$$

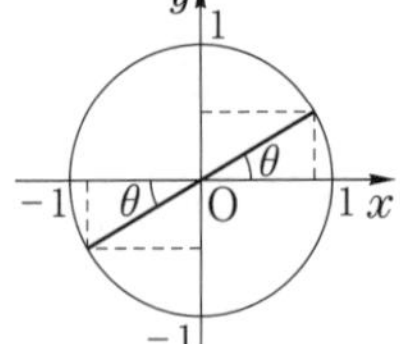

◀tan は傾きを比較！

$\dfrac{\pi}{2}+\theta$ の y 座標と θ の x 座標は同じなので

$$\sin\left(\frac{\pi}{2}+\theta\right)=\cos\theta$$

◀sin は y，cos は x，$\dfrac{\pi}{2}$ 関係はサインとコサインが逆転する！

$\pi+\theta$ の x 座標と θ の x 座標はマイナス倍なので

$$\cos(\pi+\theta)=-\cos\theta$$

◀cos は x

$\pi-\theta$ の傾きと θ の傾きはマイナス倍なので

$$\tan(\pi-\theta)=-\tan\theta$$

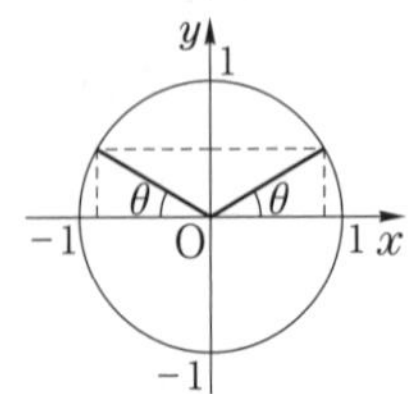

◀tan は傾きを比較！

ちょっと一言

特に，

$$\begin{cases}\sin(\pi-\theta)=\sin\theta\\ \cos(\pi-\theta)=-\cos\theta\\ \tan(\pi-\theta)=-\tan\theta\end{cases}\quad \begin{cases}\sin\left(\dfrac{\pi}{2}-\theta\right)=\cos\theta\\ \cos\left(\dfrac{\pi}{2}-\theta\right)=\sin\theta\\ \tan\left(\dfrac{\pi}{2}-\theta\right)=\dfrac{1}{\tan\theta}\end{cases}$$

◀ $\dfrac{\pi}{2}-\theta$ はサインとコサインを入れ替える公式！

はよく使うので覚えておきましょう．**19** を参照！

通常は，単位円を用いてつくりますが，**84** で学習する加法定理を用いても導けます．

例　$\sin(\pi-\theta)=\sin\pi\cos\theta-\cos\pi\sin\theta=\sin\theta$

ただし，$\dfrac{\pi}{2}$ など，$\tan\theta$ が定義できない場合は計算できないので注意してください．

解答

(1)　$\sqrt{2}\cos x=\tan x$ より $\sqrt{2}\cos x=\dfrac{\sin x}{\cos x}$　◀②の利用！

$\therefore\quad \sqrt{2}\cos^2 x=\sin x$

$\therefore\quad \sqrt{2}(1-\sin^2 x)=\sin x$　◀①の利用！

$\therefore\quad \sqrt{2}\sin^2 x+\sin x-\sqrt{2}=0$

$\therefore\quad (\sqrt{2}\sin x-1)(\sin x+\sqrt{2})=0$　◀ $-1<\sin x<1$ より $\sin x\neq-\sqrt{2}$

$\therefore\quad \sin x=\dfrac{1}{\sqrt{2}}$

$-\dfrac{\pi}{2}<x<\dfrac{\pi}{2}$ より　$\therefore\quad x=\boldsymbol{\dfrac{\pi}{4}}$

(2)　$\tan(\pi+\theta)=\tan\theta$，$\sin\left(\dfrac{\pi}{2}+\theta\right)=\cos\theta$，　◀単位円をかいて導こう！

$\cos(\pi+\theta)=-\cos\theta$，$\tan(\pi-\theta)=-\tan\theta$ より

$$\tan(\pi+\theta)\sin\left(\frac{\pi}{2}+\theta\right)-\cos(\pi+\theta)\tan(\pi-\theta)$$

$$=\tan\theta\cos\theta-(-\cos\theta)(-\tan\theta)=\mathbf{0}$$

メインポイント

三角関数の相互関係はしっかり覚えよう！
変換公式は単位円をかいて導けるように練習しよう！

第11章

84 加法定理

アプローチ

加法定理

$$\sin(\alpha+\beta)=\sin\alpha\cos\beta+\cos\alpha\sin\beta$$
$$\sin(\alpha-\beta)=\sin\alpha\cos\beta-\cos\alpha\sin\beta$$
$$\cos(\alpha+\beta)=\cos\alpha\cos\beta-\sin\alpha\sin\beta$$
$$\cos(\alpha-\beta)=\cos\alpha\cos\beta+\sin\alpha\sin\beta$$

◀加法定理は，三角関数のいろいろな公式の元になる定理です．しっかり押さえてください．

$\cos\dfrac{\pi}{12}$ などの三角関数の値は，単位円を用いて考えても有名角$\left(\dfrac{\pi}{6},\ \dfrac{\pi}{4},\ \dfrac{\pi}{3}\text{ など}\right)$ではないので値がわかりません．しかし，問題になっている角が，三角比の値のわかる角の和や差に表せれば，加法定理を用いて値を求めることができます．例えば，

$$\cos\frac{\pi}{12}=\cos\left(\frac{\pi}{4}-\frac{\pi}{6}\right)$$
$$=\cos\frac{\pi}{4}\cos\frac{\pi}{6}+\sin\frac{\pi}{4}\sin\frac{\pi}{6}$$
$$=\frac{\sqrt{2}}{2}\cdot\frac{\sqrt{3}}{2}+\frac{\sqrt{2}}{2}\cdot\frac{1}{2}=\frac{\sqrt{6}+\sqrt{2}}{4}$$

◀$\dfrac{\pi}{12}$ は 15° ですので，15°＝45°－30° に分解しました．ラジアンでわかりにくい場合は度に直して考えましょう．

(1)では，条件から $\cos\alpha$，$\cos\beta$ を求めて，加法定理を利用します．

(2)では，タンジェントの加法定理を利用します．

tan の加法定理

$$\tan(\alpha\pm\beta)=\frac{\tan\alpha\pm\tan\beta}{1\mp\tan\alpha\tan\beta}\quad(\text{複号同順})$$

◀$\tan(\alpha+\beta)$ は「いちマイナスタンタン分のタンたすタン」$\tan(\alpha-\beta)$ は中央の符号が逆転！

証明

$$\tan(\alpha\pm\beta)=\frac{\sin(\alpha\pm\beta)}{\cos(\alpha\pm\beta)}$$
$$=\frac{\sin\alpha\cos\beta\pm\cos\alpha\sin\beta}{\cos\alpha\cos\beta\mp\sin\alpha\sin\beta}$$
$$=\frac{\tan\alpha\pm\tan\beta}{1\mp\tan\alpha\tan\beta}$$

◀分母・分子を $\cos\alpha\cos\beta$ で割る．

解答

(1) α は鋭角より，$\cos\alpha=\dfrac{4}{5}$，β は鈍角より，$\cos\beta=-\dfrac{3}{5}$

よって，

$$\sin(\alpha+\beta)=\sin\alpha\cos\beta+\cos\alpha\sin\beta$$
$$=\frac{3}{5}\times\left(-\frac{3}{5}\right)+\frac{4}{5}\times\frac{4}{5}=\boldsymbol{\frac{7}{25}}$$
$$\cos(\alpha+\beta)=\cos\alpha\cos\beta-\sin\alpha\sin\beta$$
$$=\frac{4}{5}\times\left(-\frac{3}{5}\right)-\frac{3}{5}\times\frac{4}{5}=\boldsymbol{-\frac{24}{25}}$$

(2) 解と係数の関係から

$$\tan\alpha+\tan\beta=4,\ \tan\alpha\tan\beta=2$$

$$\therefore\quad \tan(\alpha+\beta)=\frac{\tan\alpha+\tan\beta}{1-\tan\alpha\tan\beta}$$
$$=\frac{4}{1-2}=\boldsymbol{-4}$$

◀タンジェントの加法定理の利用！

ブラッシュアップ

A($\cos\alpha$, $\sin\alpha$), B($\cos\beta$, $\sin\beta$) の距離を 2 通りに表すと

◀定義から，A，B はそれぞれ x 軸から α, β 回転した点です．ここでは，$\cos(\alpha-\beta)$ のみ証明しますが，これを変換することで他のものも証明できます．興味のある人は教科書を参照してください．

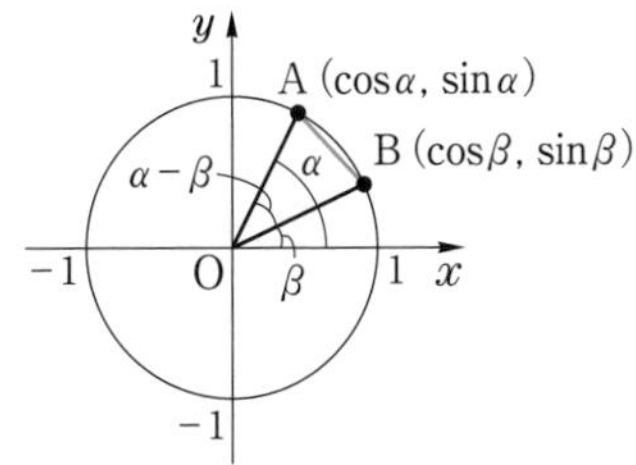

① 2 点間の距離の公式の利用

$$AB^2=(\cos\alpha-\cos\beta)^2+(\sin\alpha-\sin\beta)^2$$
$$=\underbrace{(\sin^2\alpha+\cos^2\alpha)}_{1}+\underbrace{(\sin^2\beta+\cos^2\beta)}_{1}-2(\cos\alpha\cos\beta+\sin\alpha\sin\beta)$$
$$=2-2(\cos\alpha\cos\beta+\sin\alpha\sin\beta)$$

② 余弦定理を利用

$$AB^2=1^2+1^2-2\cdot1\cdot1\cos(\alpha-\beta)=2-2\cos(\alpha-\beta)$$

この 2 つの値が一致することから，

$$\cos(\alpha-\beta)=\cos\alpha\cos\beta+\sin\alpha\sin\beta$$

が導かれます．加法定理は①，②の変形も含めてしっかり理解しましょう！

◀厳密には，A，B の位置関係によって，∠AOB は $\beta-\alpha$ や $2\pi-(\alpha-\beta)$ などになる場合もありますが，cos の値は変わらないので大丈夫です．

メインポイント

加法定理は，三角関数のすべての公式の元になる定理です．

85 なす角

アプローチ

なす角をとらえるには

1. 余弦定理 (辺の長さが主役)
2. 内積 (ベクトル)
3. タンジェント (傾きが主役)

などがありますが，平面座標では，

傾きを主役にしてタンジェントで考える

とよい場合が多いです．

◀タンジェントは傾きです！

図のように α, β, θ をとり，2 直線の傾きを

$m'=\tan\alpha$,

$m=\tan\beta$

とおくと $y=mx+n$ と $y=m'x+n'$ のなす角 θ のタンジェントは

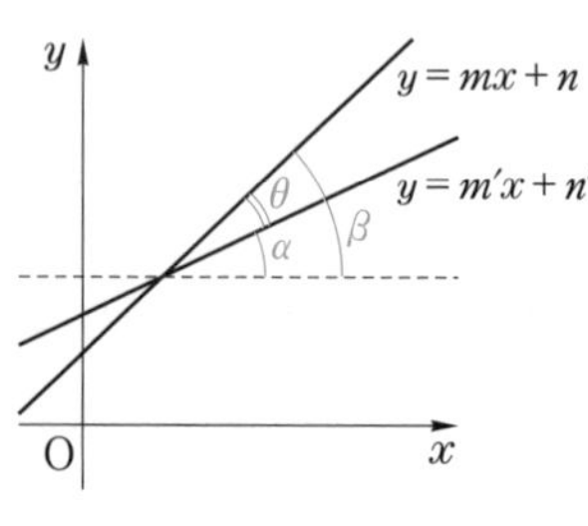

◀直線のなす角 θ は，大きくない方を採用するので，$0\leqq\theta\leqq\dfrac{\pi}{2}$ です．反時計回りに回った角を考えて，(大きい角) から (小さい角) を引きます！

$$\tan\theta=\tan(\beta-\alpha)=\frac{\tan\beta-\tan\alpha}{1+\tan\beta\tan\alpha}=\frac{m-m'}{1+mm'}$$

として計算できます．

ただし，$\theta=90°$ の場合は $\tan\theta$ が定義できませんから，$\boldsymbol{mm'=-1}$ を利用します．

解答

図のように，θ, α, β をとると，

$$\tan\alpha=\frac{\sqrt{3}}{2},\quad \tan\beta=-3\sqrt{3}$$

$$\therefore\quad \tan\theta=\tan(\beta-\alpha)=\frac{\tan\beta-\tan\alpha}{1+\tan\beta\tan\alpha}$$

$$=\frac{-3\sqrt{3}-\dfrac{\sqrt{3}}{2}}{1+(-3\sqrt{3})\cdot\dfrac{\sqrt{3}}{2}}=\frac{-6\sqrt{3}-\sqrt{3}}{2-9}=\sqrt{3}$$

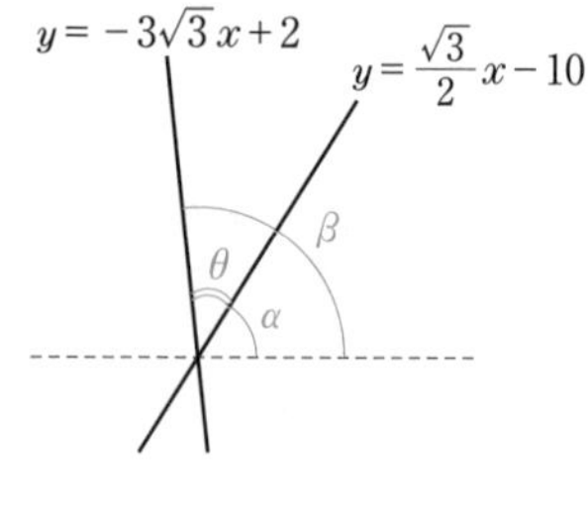

$0\leqq\theta\leqq\dfrac{\pi}{2}$ より，2 直線のなす角 θ は $\theta=\boldsymbol{\dfrac{\pi}{3}}$

メインポイント

座標平面では，なす角はタンジェントで！

86 2倍角・半角の公式

アプローチ

2 倍角の公式，半角の公式を利用する問題です．

2 倍角の公式

$$\sin 2\theta = 2\sin\theta\cos\theta$$

$$\cos 2\theta = \cos^2\theta - \sin^2\theta \quad \cdots①$$

$$= 2\cos^2\theta - 1 \quad \cdots②$$

$$= 1 - 2\sin^2\theta \quad \cdots③$$

$$\tan 2\theta = \frac{2\tan\theta}{1-\tan^2\theta}$$

加法定理を用いると

$$\sin 2\theta = \sin(\theta+\theta) = \sin\theta\cos\theta + \cos\theta\sin\theta$$

$$= 2\sin\theta\cos\theta$$

$$\cos 2\theta = \cos(\theta+\theta)$$

$$= \cos^2\theta - \sin^2\theta \quad \cdots①$$

$$= 2\cos^2\theta - 1 \quad \cdots② \quad (\sin^2\theta = 1-\cos^2\theta \text{ より})$$

$$= 1 - 2\sin^2\theta \quad \cdots③ \quad (\cos^2\theta = 1-\sin^2\theta \text{ より})$$

$$\tan 2\theta = \tan(\theta+\theta) = \frac{2\tan\theta}{1-\tan^2\theta}$$

◀加法定理から証明できることをしっかり確認して覚えよう！

半角の公式*

$$\cos^2\theta = \frac{1+\cos 2\theta}{2}$$

$$\sin^2\theta = \frac{1-\cos 2\theta}{2}$$

$$\tan^2\theta = \frac{1-\cos 2\theta}{1+\cos 2\theta}$$

半角の公式は θ と 2θ の立場を逆転させたもので

$$\cos 2\theta = 2\cos^2\theta - 1 \quad \cdots② \text{ より } \cos^2\theta = \frac{1+\cos 2\theta}{2}$$

$$\cos 2\theta = 1 - 2\sin^2\theta \quad \cdots③ \text{ より } \sin^2\theta = \frac{1-\cos 2\theta}{2}$$

$$\tan^2\theta = \frac{\sin^2\theta}{\cos^2\theta} = \frac{1-\cos 2\theta}{1+\cos 2\theta}$$

となります．

◀半角の公式と 2 倍角の公式は同じ式です！　ただ変形しただけです！

角を倍にしたり，半分にしたい場合は 2 倍角か半角の公式を利用しましょう．

ちょっと一言

θ を $\dfrac{\alpha}{2}$ に置き換えると

$$\cos^2\frac{\alpha}{2}=\frac{1+\cos\alpha}{2},\qquad \sin^2\frac{\alpha}{2}=\frac{1-\cos\alpha}{2},\qquad \tan^2\frac{\alpha}{2}=\frac{1-\cos\alpha}{1+\cos\alpha}$$

となり教科書に載っている式になりますが，＊の形で覚えて，必要な角に適宜置き換えて使いましょう．本質は，「倍にしたい」，「半分にしたい」ときに利用できるということです．

解答

(1)　2 倍角の公式より

$$\cos 2\theta=2\cos^2\theta-1=\frac{5}{13}\qquad \therefore\quad \cos^2\theta=\frac{9}{13}$$

θ は鋭角だから，$\cos\theta=\dfrac{3}{\sqrt{13}}=\boldsymbol{\dfrac{3\sqrt{13}}{13}}$

(2)　$\tan\theta=2$ より

$$\tan 2\theta=\frac{2\tan\theta}{1-\tan^2\theta}=\frac{2\cdot2}{1-2^2}=-\boldsymbol{\frac{4}{3}}$$

◀tan の 2 倍角の公式を利用！

また，$1+\tan^2\theta=\dfrac{1}{\cos^2\theta}$ より

◀相互関係 $1+\tan^2\theta=\dfrac{1}{\cos^2\theta}$ を利用！

$$\cos^2\theta=\frac{1}{1+\tan^2\theta}=\frac{1}{1+2^2}=\frac{1}{5}$$

$$\therefore\quad \cos 2\theta=2\cos^2\theta-1$$

◀2 倍角の公式の利用！

$$=2\cdot\frac{1}{5}-1=-\boldsymbol{\frac{3}{5}}$$

(3)　$\cos 2x=\cos x$ より

◀2 倍角の公式を利用して，$\cos x$ に統一する．

$$2\cos^2x-1=\cos x$$

$$\therefore\quad 2\cos^2x-\cos x-1=0$$

$$\therefore\quad (\cos x-1)(2\cos x+1)=0$$

$0<x<\pi$ より，$\cos x=-\dfrac{1}{2}\qquad \therefore\quad \boldsymbol{x=\dfrac{2}{3}\pi}$

メインポイント

2 倍角の公式はただ覚えるだけでなく，加法定理から導けるようにしよう！
半角の公式は，2 倍角の公式を逆に利用したものである．

87 合成

アプローチ

$$\boldsymbol{a\sin\theta+b\cos\theta=\sqrt{a^2+b^2}\sin(\theta+\alpha)}$$

ただし，$\sin\alpha=\dfrac{b}{\sqrt{a^2+b^2}}$，$\cos\alpha=\dfrac{a}{\sqrt{a^2+b^2}}$，$a^2+b^2\neq0$ とする．

証明 右図の角を α とすると

$$\sin\alpha=\frac{b}{\sqrt{a^2+b^2}}$$

$$\cos\alpha=\frac{a}{\sqrt{a^2+b^2}}$$

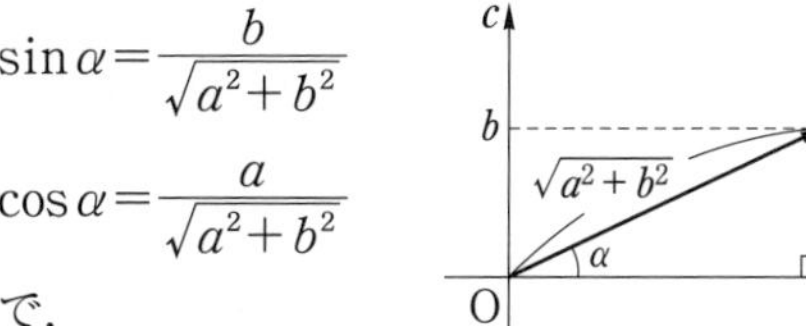

◀斜辺の長さでくくると，必ず $\sin\alpha$，$\cos\alpha$ がつくれる．あとは加法定理の逆を利用してまとめる．

であるので，

$$a\sin\theta+b\cos\theta=\sqrt{a^2+b^2}\left(\sin\theta\times\underbrace{\frac{a}{\sqrt{a^2+b^2}}}_{\cos\alpha}+\cos\theta\times\underbrace{\frac{b}{\sqrt{a^2+b^2}}}_{\sin\alpha}\right)$$

$$=\sqrt{a^2+b^2}\sin(\theta+\alpha)$$

$a\sin\theta+b\cos\theta$ のような $\sin\theta$，$\cos\theta$ の1次式は合成公式を用いて，変数を1つにまとめることができます．これを利用して方程式を解いたり，関数の最大最小を求めることができます．

ちょっと一言

$\boldsymbol{a}\sin\theta+\boldsymbol{b}\cos\theta$ をサインで合成する場合は，

① ベクトル $(\boldsymbol{a},\ \boldsymbol{b})$=(sin の係数，cos の係数) を図示する．

② このベクトルの大きさ $\sqrt{a^2+b^2}$ を前にかき，角度 α を加える．このように，上図をイメージしてまとめます．

◀これをただ暗記してはいけません．きちんと合成の証明がわかってから使うこと．上図では横軸がサインの係数なので s，縦軸はコサインの係数なので c と記述した．

解答

$$F=\sin\left(\theta+\frac{\pi}{6}\right)+\cos\theta$$

$$=\left(\sin\theta\cos\frac{\pi}{6}+\cos\theta\sin\frac{\pi}{6}\right)+\cos\theta$$

$$=\frac{\sqrt{3}}{2}\sin\theta+\frac{1}{2}\cos\theta+\cos\theta$$

$$=\frac{\sqrt{3}}{2}\sin\theta+\frac{3}{2}\cos\theta=\frac{\sqrt{3}}{2}(\sin\theta+\sqrt{3}\cos\theta)$$ ◀下図をイメージして合成！

$$=\frac{\sqrt{3}}{2}\cdot 2\sin\left(\theta+\frac{\pi}{3}\right)=\sqrt{3}\sin\left(\theta+\frac{\pi}{3}\right)$$

よって，$F \leqq -\frac{\sqrt{6}}{2}$ を解くと

$$\sqrt{3}\sin\left(\theta+\frac{\pi}{3}\right)\leqq-\frac{\sqrt{6}}{2} \quad \therefore \quad \sin\left(\theta+\frac{\pi}{3}\right)\leqq-\frac{\sqrt{2}}{2}$$

$0\leqq\theta\leqq 2\pi$ より

$\frac{\pi}{3}\leqq\theta+\frac{\pi}{3}\leqq 2\pi+\frac{\pi}{3}$ であるので，

◀$\frac{\pi}{3}$ をスタートして1周回る範囲で，サインが $-\frac{\sqrt{2}}{2}$ 以下となるところが答え．

求める θ の範囲は

$$\frac{5}{4}\pi\leqq\theta+\frac{\pi}{3}\leqq\frac{7}{4}\pi$$

$$\therefore \quad \frac{11}{12}\pi\leqq\theta\leqq\frac{17}{12}\pi$$

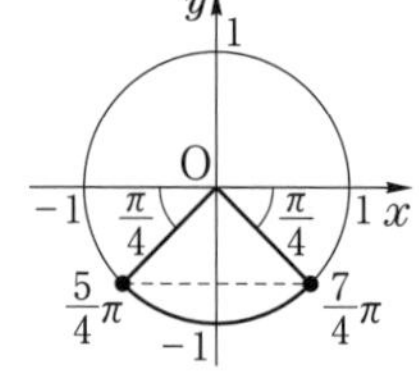

ブラッシュアップ

コサインで合成するには

$$a\sin\theta+b\cos\theta$$

$$=\sqrt{a^2+b^2}\left(\cos\theta\times\underbrace{\frac{b}{\sqrt{a^2+b^2}}}_{\cos\beta}+\sin\theta\times\underbrace{\frac{a}{\sqrt{a^2+b^2}}}_{\sin\beta}\right)$$

$$=\sqrt{a^2+b^2}\cos(\theta-\beta)$$

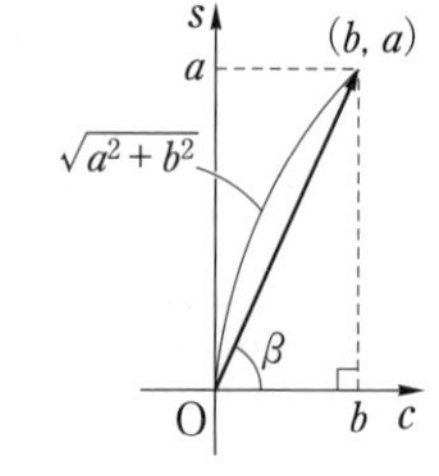

とします．しっかり構造が理解できたら

① ベクトル $(b,\ a)=$(cos の係数，sin の係数) を図示する．

② このベクトルの大きさ $\sqrt{a^2+b^2}$ を前にかき，角度 β を引く．

このように，右上図をイメージしてまとめるといいでしょう．例えば，$\sin\theta+\sqrt{3}\cos\theta$ をコサインで合成すると，右図をイメージして

$$\sin\theta+\sqrt{3}\cos\theta=2\cos\left(\theta-\frac{\pi}{6}\right)$$

となります．

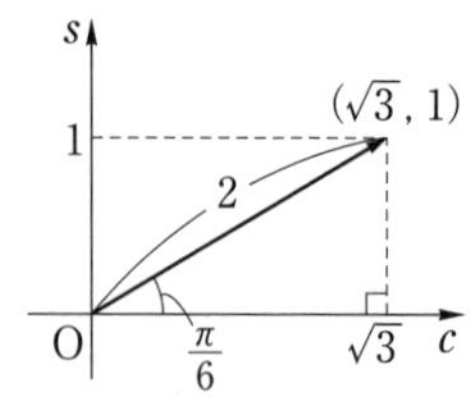

メインポイント

三角関数の合成公式は，重要公式！　原理をしっかり理解して覚えよう！

88 最大・最小 1（統一・置き換え）

アプローチ

三角関数の最大・最小問題では

① **サインまたはコサインに統一する**
② **置き換える**
③ **合成公式の利用**
④ **次数を下げる**

などの方法があります．

◀他には，和積・積和公式の利用や微分の利用（数学Ⅲ）などもありますが，まず左の 4 つの方法をマスターしましょう．

(1)　$\sin^2 x+\cos^2 x=1$ を利用して，$\sin x$ に統一すると，$\sin x$ の 2 次関数になります．

(2)　置き換えを利用する最大・最小問題です．
t の範囲は合成公式を用いて求めましょう．
$t=\sqrt{3}\sin\theta+\cos\theta$ の両辺を 2 乗すると，与式が t で表せます．

解答

(1)　$\cos^2 x=1-\sin^2 x$ より

$$
\begin{aligned}
f(x)&=2\cos^2 x-\sin x-1\\
&=2(1-\sin^2 x)-\sin x-1\\
&=-2\sin^2 x-\sin x+1\\
&=-2\left(\sin x+\frac{1}{4}\right)^2+\frac{9}{8}
\end{aligned}
$$

◀$\sin^2 x+\cos^2 x=1$ を利用して，$\sin x$ に統一！

ここで，$0\leqq x\leqq 2\pi$ より，
$-1\leqq\sin x\leqq 1$
よって，

$\sin x=-\dfrac{1}{4}$ で最大値 $\boldsymbol{\dfrac{9}{8}}$

$\sin x=1$ で最小値 $\mathbf{-2}$

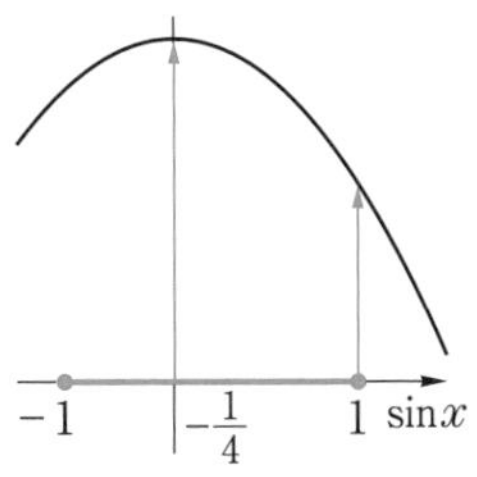

◀$\sin x$ をかたまりで考えたが，考えにくい場合は $t=\sin x$ とおくとよいでしょう．

◀この図は，最大・最小がどこでとるか見るための図で，正確ではありません．

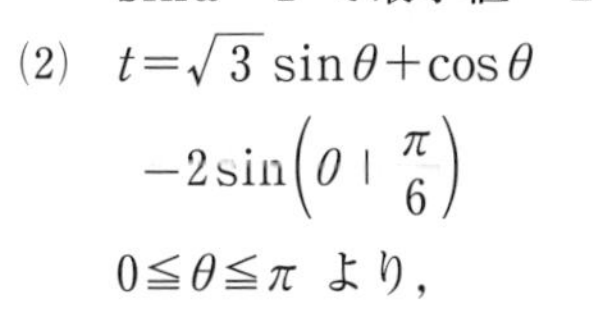

(2)　$t=\sqrt{3}\sin\theta+\cos\theta$
$\quad=2\sin\left(\theta+\dfrac{\pi}{6}\right)$

$0\leqq\theta\leqq\pi$ より，

$\dfrac{\pi}{6}\leqq\theta+\dfrac{\pi}{6}\leqq\pi+\dfrac{\pi}{6}$

$\therefore\quad -\dfrac{1}{2}\leqq\sin\left(\theta+\dfrac{\pi}{6}\right)\leqq 1$

よって，$\boldsymbol{-1\leqq t\leqq 2}$

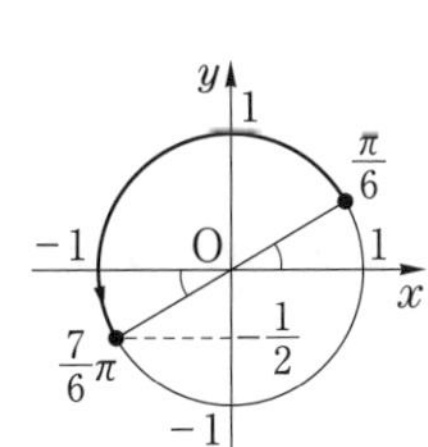

◀合成公式の利用！

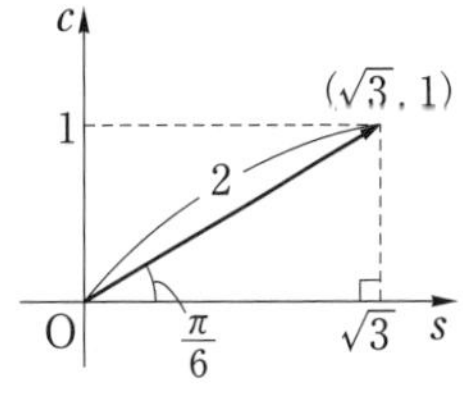

第11章

また，

$$t^2=(\sqrt{3}\sin\theta+\cos\theta)^2$$
$$=3\sin^2\theta+2\sqrt{3}\sin\theta\cos\theta+\cos^2\theta$$
$$=3\sin^2\theta+2\sqrt{3}\sin\theta\cos\theta+(1-\sin^2\theta)$$
$$=2\sin^2\theta+2\sqrt{3}\sin\theta\cos\theta+1$$

◀ 2 乗すると，$\sin^2\theta$ や $\sin\theta\cos\theta$ が出てくる！次に，K に合わせて，$\cos^2\theta$ を $1-\sin^2\theta$ で置き換える．

$$\therefore\quad 2\sin^2\theta+2\sqrt{3}\sin\theta\cos\theta=t^2-1$$

これより，

$$K=2\sin^2\theta+2\sqrt{3}\sin\theta\cos\theta+2(\sqrt{3}\sin\theta+\cos\theta)-5$$
$$=(t^2-1)+2t-5$$
$$=t^2+2t-6=(t+1)^2-7$$

$t=-1$ のとき，$K=-7$

$t=2$ のとき，$K=2$

であるから，K のとり得る値の範囲は $\boldsymbol{-7\leqq K\leqq 2}$

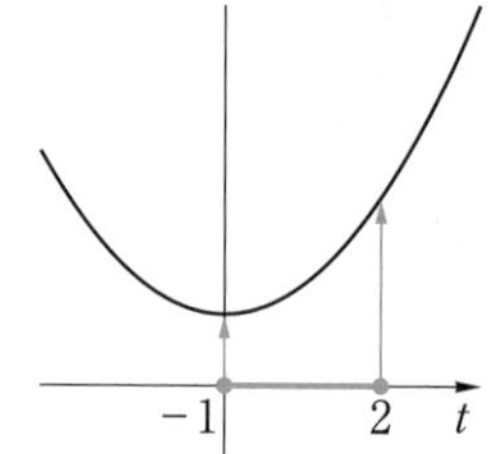

◀左のグラフでは，正確にかくと頂点は負になるが，どこで最大・最小になるかがわかればよいので，左の図のようにしてあります．

ちょっと一言

ここでは，

① サインまたはコサインに統一する

② 置き換える

③ 合成公式の利用

の解法について扱いました．

④ 次数を下げる

に関しては次の問題で！

メインポイント

三角関数の最大・最小問題では

- ① **サインまたはコサインに統一する**
- ② **置き換える**
- ③ **合成公式の利用**
- ④ **次数を下げる**

この 4 つの方法をしっかりマスターせよ！

89 最大・最小 2（次数下げ）

アプローチ

$a\sin^2\theta+b\cos^2\theta+c\sin\theta\cos\theta$ のタイプの関数の最大・最小問題では，半角の公式

$$\sin\theta\cos\theta=\frac{1}{2}\sin 2\theta$$

$$\cos^2\theta=\frac{1+\cos 2\theta}{2},\quad \sin^2\theta=\frac{1-\cos 2\theta}{2}$$

◀ $\sin^2\theta$，$\cos^2\theta$ は $\cos 2\theta$ で表せるとイメージしておく．

を用いて次数を下げるのが基本です．次数を下げると合成公式が利用できます．

解答

$$f(\theta)=2\sin^2\theta-2\sqrt{3}\sin\theta\cos\theta+4\cos^2\theta$$

◀ 半角の公式で次数下げ！ 2θ にまとめる！

$$=2\cdot\frac{1-\cos 2\theta}{2}-\sqrt{3}\sin 2\theta+4\cdot\frac{1+\cos 2\theta}{2}$$

$$=-\sqrt{3}\sin 2\theta+\cos 2\theta+3$$

◀ 合成公式の利用！

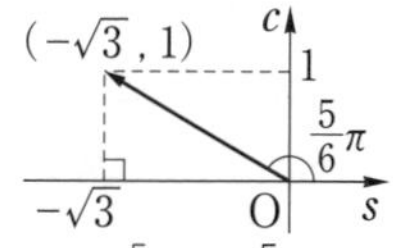

$$=2\sin\left(2\theta+\frac{5}{6}\pi\right)+3$$

$0\leqq\theta\leqq\pi$ より，

$$\frac{5}{6}\pi\leqq 2\theta+\frac{5}{6}\pi\leqq 2\pi+\frac{5}{6}\pi$$

◀ $2\theta+\frac{5}{6}\pi$ は $\frac{5}{6}\pi$ からスタートして一周する！ $\sin\left(2\theta+\frac{5}{6}\pi\right)$ の動きを考えましょう．

よって，$2\theta+\frac{5}{6}\pi=2\pi+\frac{\pi}{2}$

すなわち　$\boldsymbol{\theta=\frac{5}{6}\pi}$ で最大値 $2+3=\boldsymbol{5}$

$$2\theta+\frac{5}{6}\pi=\frac{3}{2}\pi$$

すなわち　$\boldsymbol{\theta=\frac{\pi}{3}}$ で最小値 $-2+3=\boldsymbol{1}$

ちょっと一言

ノーヒントだと，このタイプはできない人が多いです．「統一」「置き換え」に加え，「次数下げ」も解法に加えておきましょう！

メインポイント

$a\sin^2\theta+b\cos^2\theta+c\sin\theta\cos\theta$ のタイプの関数の最大・最小問題では，半角の公式で次数を下げて合成せよ！

第12章 図形と方程式

90 内分点・外分点

アプローチ

例えば，ABを1：2に内分する点Pは右図．

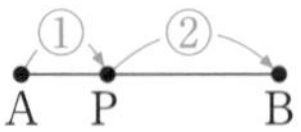

A ①→ P ②→ B（A　P　B）

◀A $\xrightarrow{①}$ P $\xrightarrow{②}$ B と進むイメージ！

ABを2：1に外分する点Qは，右図．

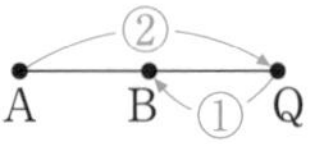

A ②→ Q，Q ①→ B（A　B　Q）

◀A $\xrightarrow{②}$ Q $\xrightarrow{①}$ B と進むイメージ！

ABを1：2に外分する点Rは，右図．

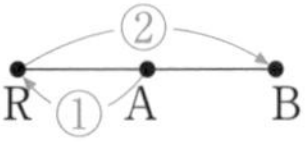

A ①→ R，R ②→ B（R　A　B）

◀A $\xrightarrow{①}$ R $\xrightarrow{②}$ B と進むイメージ！「ABを」ときたら，どれもAからスタートして最後はBに行きます．BAを内分，外分するときはBがスタートです．

のようになります．位置関係をつかんでますか？

内分点，外分点の公式は，次のとおりです．

> $A(x_0,\ y_0)$，$B(x_1,\ y_1)$ を $m:n$ に内分する点は
> $$\left(\frac{nx_0+mx_1}{m+n},\ \frac{ny_0+my_1}{m+n}\right)$$
> $A(x_0,\ y_0)$，$B(x_1,\ y_1)$ を $m:n$ に外分する点は
> $$\left(\frac{-nx_0+mx_1}{m+(-n)},\ \frac{-ny_0+my_1}{m+(-n)}\right)$$

内分点なら，分母に $m+n$ をもってきて，右図のようなイメージで，A，Bの座標にたすき掛けしてかけます．

ABを $m:n$

外分点は，n を $-n$ とし，右図をイメージして，内分の公式と同様につくります．

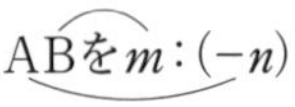

ABを $m:(-n)$

◀m を $-m$ にしてもよい．どちらか一方をマイナスにする．

> $A(x_1,\ y_1)$，$B(x_2,\ y_2)$，$C(x_3,\ y_3)$ を頂点とする
> △ABCの重心Gは $\left(\dfrac{x_1+x_2+x_3}{3},\ \dfrac{y_1+y_2+y_3}{3}\right)$

◀重心は3つの座標の平均です．

解答

$A(a,\ b)$，$B(p,\ q)$ とすると，ABを3：2に内分する点の座標が $(1,\ 3)$ のとき，

◀まず，A，Bの座標をおく！

$$\frac{2a+3p}{3+2}=1,\quad \frac{2b+3q}{3+2}=3$$

◀内分公式の利用！

$$\therefore\quad 2a+3p=5\quad \cdots①\qquad 2b+3q=15\quad \cdots②$$

ABを3：2に外分する点の座標が $(5,\ 7)$ のとき，

$$\frac{-2a+3p}{3-2}=5,\quad \frac{-2b+3q}{3-2}=7$$

$\therefore\quad -2a+3p=5\quad \cdots③\qquad -2b+3q=7\quad \cdots④$

①+③ より，$6p=10\quad \therefore\quad p=\dfrac{5}{3}$　①に代入して，$a=0$

②+④ より，$6q=22\quad \therefore\quad q=\dfrac{11}{3}$　②に代入して，$b=2$

よって，**A(0, 2)**，$\mathbf{B}\left(\dfrac{\mathbf{5}}{\mathbf{3}},\ \dfrac{\mathbf{11}}{\mathbf{3}}\right)$

△OAB の重心は　$\left(\dfrac{0+0+\frac{5}{3}}{3},\ \dfrac{0+2+\frac{11}{3}}{3}\right)=\left(\dfrac{\mathbf{5}}{\mathbf{9}},\ \dfrac{\mathbf{17}}{\mathbf{9}}\right)$

ブラッシュアップ

ベクトルを利用して表すと

$A(x_0,\ y_0)$，$B(x_1,\ y_1)$ を $m:n$ に内分する点Pは

$$\overrightarrow{OP}=\frac{n\overrightarrow{OA}+m\overrightarrow{OB}}{m+n}=\left(\frac{nx_0+mx_1}{m+n},\ \frac{ny_0+my_1}{m+n}\right)$$

$A(x_0,\ y_0)$，$B(x_1,\ y_1)$ を $m:n$ に外分する点Qは

$$\overrightarrow{OQ}=\frac{-n\overrightarrow{OA}+m\overrightarrow{OB}}{m+(-n)}=\left(\frac{-nx_0+mx_1}{m+(-n)},\ \frac{-ny_0+my_1}{m+(-n)}\right)$$

$A(x_1,\ y_1)$，$B(x_2,\ y_2)$，$C(x_3,\ y_3)$ を頂点とする △ABC の重心Gは

$$\overrightarrow{OG}=\frac{\overrightarrow{OA}+\overrightarrow{OB}+\overrightarrow{OC}}{3}=\left(\frac{x_1+x_2+x_3}{3},\ \frac{y_1+y_2+y_3}{3}\right)$$

のように，本来はベクトルで押さえておいた方がよいでしょう．覚えやすいし．

ちょっと一言

実は，P(1, 3)，Q(5, 7) とおくと，点Qが AB を 3：2 に外分するので，
AB：BQ=1：2=5：10 です．
（AB の目盛りを 5 とすると，AQ の目盛りは 5×3=15 となる．）

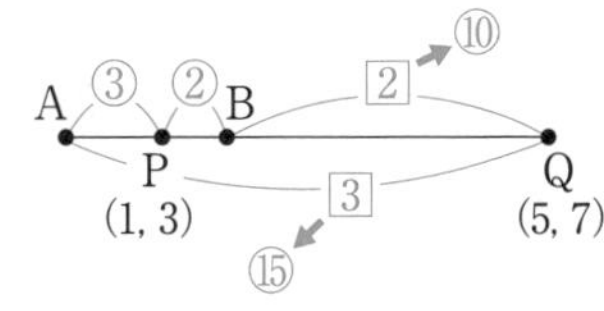

よって，点Bは PQ を 2：10 に内分する点で，点Aは PQ を 3：15 に外分する点です．これから求めてもよいでしょう．

メインポイント

内分点，外分点はその位置や公式をしっかり理解して覚えよう！

91 直線の方程式

アプローチ

直線 $y=mx$ を x 方向に a, y 方向に b だけ平行移動した直線は

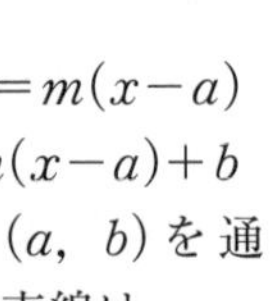

$$y-b=m(x-a)$$

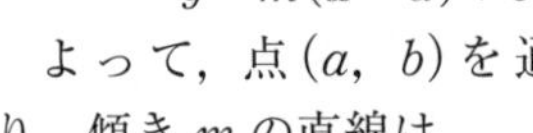

$$\therefore\quad y=m(x-a)+b$$

よって，点 $(a,\ b)$ を通り，傾き m の直線は

$$\boldsymbol{y=m(x-a)+b}$$

です．直線は，**通る点**と**傾き**で決まります．

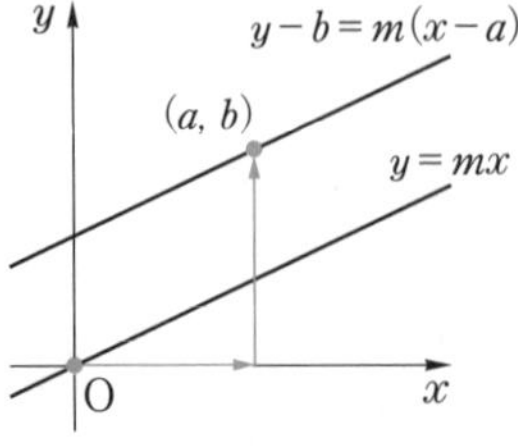

◀直線は，通る点と傾きで決まる！　厳密には **ちょっと一言** 参照！

一般に，2 直線 $y=mx+n$, $y=m'x+n'$ が

平行であるとき，$\boldsymbol{m=m'}$，

垂直であるとき，$\boldsymbol{m\times m'=-1}$

が成り立ちます．

解答

(1)　直線 $2x-3y=7$ すなわち直線 $y=\dfrac{2}{3}x-\dfrac{7}{3}$ の傾きは $\dfrac{2}{3}$

◀傾き m と垂直な傾きは $-\dfrac{1}{m}$，逆数にしてマイナス！

したがって，これと垂直な直線の傾きは $-\dfrac{3}{2}$

よって，点 $(2,\ 3)$ を通り，直線 $2x-3y=7$ に平行な直線は

$$y=\frac{2}{3}(x-2)+3 \qquad \therefore\quad \boldsymbol{y=\frac{2}{3}x+\frac{5}{3}}$$

垂直な直線は

$$y=-\frac{3}{2}(x-2)+3 \qquad \therefore\quad \boldsymbol{y=-\frac{3}{2}x+6}$$

(2)　△ABC の重心は

$$\left(\frac{2+0+3}{3},\ \frac{0+2+3}{3}\right)=\left(\frac{5}{3},\ \frac{5}{3}\right)$$

よって，重心と点 A$(2,\ 0)$ を通る直線の傾きは

◀2 点を結んだ傾きは $\dfrac{y\text{の変化}}{x\text{の変化}}$

$\dfrac{\frac{5}{3}-0}{\frac{5}{3}-2}=\dfrac{5-0}{5-6}=-5$ であるので，求める直線は

$$y=-5(x-2) \qquad \therefore\quad \boldsymbol{y=-5x+10}$$

(3) $y=-x+5$ …①, $y=2x-1$ …②, $y=-ax$ …③

が三角形をつくらない条件は，2直線が平行になるか，3直線が1点で交わるときである.

◀①$\not\parallel$②より3直線が平行になることはない.

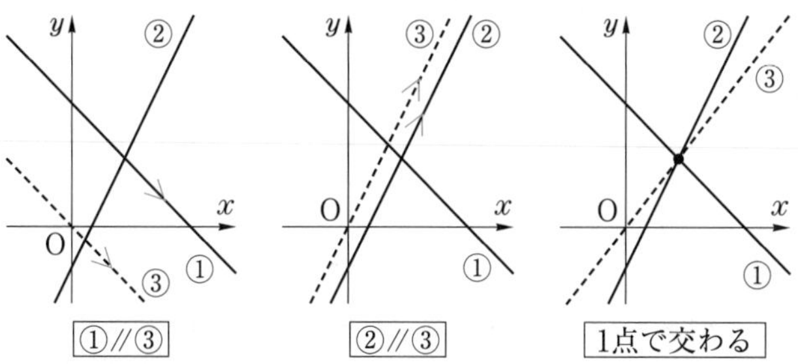

①//③のとき，$-a=-1$ $\therefore$ $a=1$

②//③のとき，$-a=2$ $\therefore$ $a=-2$

◀平行条件は，傾きが等しい！

①と②の交点は

$-x+5=2x-1$ より，$x=2$，$y=3$

$\therefore$ (2, 3)

であるから，3直線が1点で交わるのは，直線 $y=-ax$ が点(2, 3)を通るときで，

$$3=-2a \quad \therefore \quad a=-\frac{3}{2}$$

したがって，求める a の値は **1，−2，$-\frac{3}{2}$**

ちょっと一言

$y=mx+n$ のように，$y=$ と表した場合，傾きのない直線 $x=k$ は表せないことに注意しましょう．すべての直線を表すには $ax+by+c=0$ と表します.

メインポイント

点 $(a,\ b)$ を通り，傾き m の直線は　$\boldsymbol{y=m(x-a)+b}$

直線は，通る点と傾きで決まる！

ただし，傾きが存在しない場合は　$\boldsymbol{x=k}$

また，一般に，2直線 $y=mx+n$，$y=m'x+n'$ が

平行であるとき，$\boldsymbol{m=m'}$，垂直であるとき，$\boldsymbol{m\times m'=-1}$

第12章

92 距離の公式

アプローチ

2点間の距離の公式と点と直線の距離の公式の練習問題です．

2点間の距離の公式

2点 $P(x_1,\ y_1)$，$Q(x_2,\ y_2)$の距離 l は

$$l=\sqrt{(x_2-x_1)^2+(y_2-y_1)^2}$$

◀ピタゴラスの定理を使っているだけ！

点と直線の距離の公式

点 $P(x_0,\ y_0)$ と直線 $ax+by+c=0$ の距離 d は

$$d=\frac{|ax_0+by_0+c|}{\sqrt{a^2+b^2}}$$

◀点と直線の距離は垂線の長さ，つまり最短距離をいう．

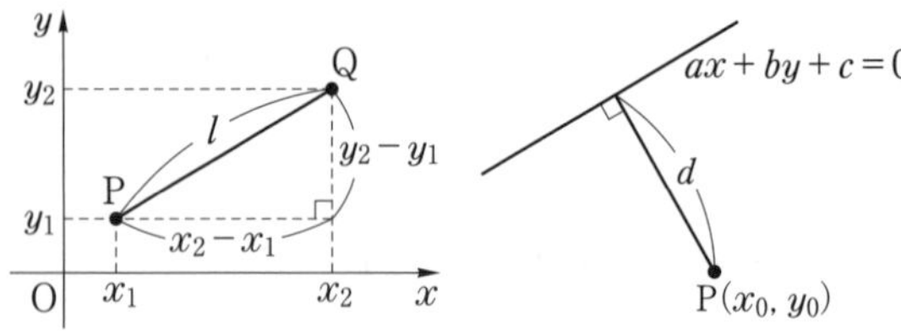

解答

(1)　直線 BC の傾きは

$$\frac{-1-2}{3-(-3)}=-\frac{1}{2}$$

であるので，直線 BC は

$$y=-\frac{1}{2}(x+3)+2$$

$$=-\frac{1}{2}x+\frac{1}{2}$$

$$\therefore\quad x+2y-1=0$$

よって，点 A$(-1,\ 5)$ と直線 BC との距離は

$$\frac{|(-1)+2\cdot5-1|}{\sqrt{1^2+2^2}}=\frac{8}{\sqrt{5}}=\boldsymbol{\frac{8\sqrt{5}}{5}}$$

◀点と直線の距離の公式の利用！

(2)

$$\mathrm{BC}=\sqrt{\{3-(-3)\}^2+(-1-2)^2}$$

$$=\sqrt{45}=3\sqrt{5}$$

◀BC が底辺で，高さが点Aと直線 BC の距離とみる．

したがって，△ABC の面積は

$$\frac{1}{2}\cdot\frac{8\sqrt{5}}{5}\cdot3\sqrt{5}=\mathbf{12}$$

ブラッシュアップ

> 1°) $\overrightarrow{\mathrm{OA}}=(a,\ c)$，$\overrightarrow{\mathrm{OB}}=(b,\ d)$ のとき，$\triangle\mathrm{OAB}$ の面積は $\dfrac{1}{2}|ad-bc|$

これを用いると，$\overrightarrow{\mathrm{AB}}=(-2,\ -3)$，$\overrightarrow{\mathrm{AC}}=(4,\ -6)$ より

$$\triangle\mathrm{ABC}=\frac{1}{2}|(-2)(-6)-4(-3)|=12$$

となります．知っていると便利ですよ！

証明 A$(a,\ c)$，B$(b,\ d)$ をとると，OA の長さは $\sqrt{a^2+c^2}$，また，直線 OA は $cx-ay=0$ であるから，点Bから直線 OA に下ろした垂線の長さ BH は，

$\mathrm{BH}=\dfrac{|bc-ad|}{\sqrt{a^2+c^2}}$ となる．

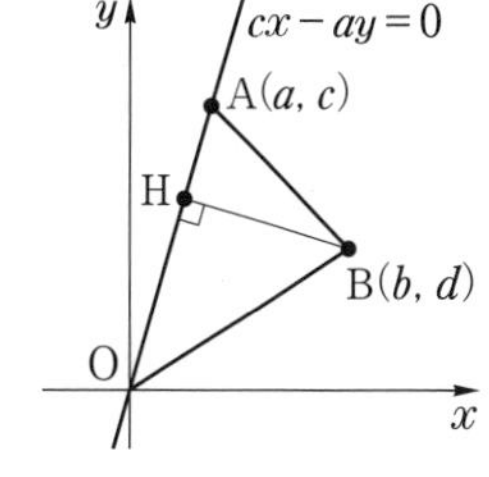

$$\therefore\quad \triangle\mathrm{OAB}=\frac{1}{2}\mathrm{OA}\cdot\mathrm{BH}$$

$$=\frac{1}{2}\cdot\sqrt{a^2+c^2}\cdot\frac{|bc-ad|}{\sqrt{a^2+c^2}}=\frac{1}{2}|ad-bc|$$

2°) 右図の直線 $y=mx+n$ 上の 2 点 A，B 間の距離 l は，A，B の x 座標をそれぞれ α，β とすると

$$\boldsymbol{l=\sqrt{1+m^2}\,|\beta-\alpha|}$$

となります．

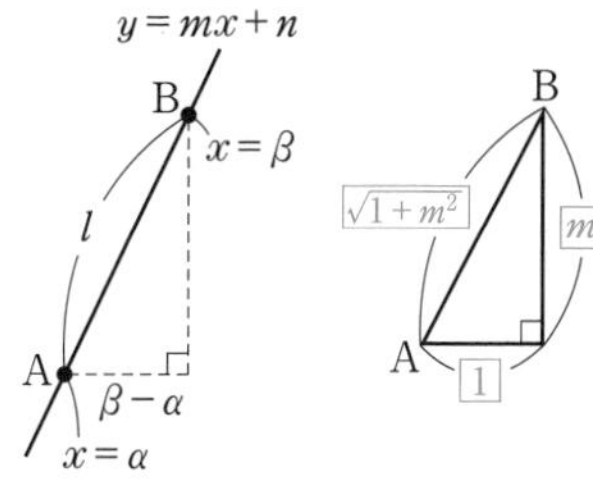

これは，傾きが m の直角三角形をイメージして $|\beta-\alpha|$ を $\sqrt{1+m^2}$ 倍してるだけです．本問では，BC の傾きが $-\dfrac{1}{2}$ なので，（B，C を頂点とし，辺が 1，2，$\sqrt{5}$ の直角三角形）より，

$\mathrm{BC}=\dfrac{\sqrt{5}}{2}\{3-(-3)\}=3\sqrt{5}$ とするか，y 軸方向で考えて，

$\mathrm{BC}=\sqrt{5}\{2-(-1)\}=3\sqrt{5}$ とすると楽です．公式を覚えるというよりは，比で考えられることを押さえましょう．特に，座標が複雑なときに活躍します．

メインポイント

2 点間の距離の公式，点と直線の距離の公式をしっかり押さえよう！

93 対称点

アプローチ

(1)　点Aと点Cが直線 l に関して対称であることは $AC \perp l$ かつ AC の中点が l 上にあるととらえるのが基本です．

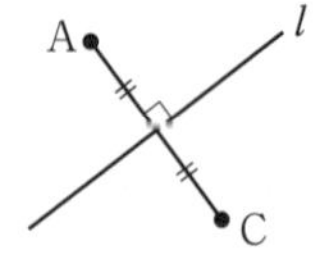

◀対称点は，垂直かつ直線までの距離が等しい．

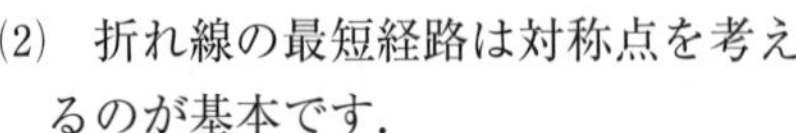

(2)　折れ線の最短経路は対称点を考えるのが基本です．

例えば，A地点にいる農夫が，川岸のP地点で農機具を洗って，家に帰りたいのですが，疲れているので，なるべく歩かない（最短距離）で行く方法は？　と聞かれたらどうしましょう？

◀最短経路になるとき，川に対して，入射角と反射角が同じつまり，光や玉のAからBへの反射の経路と同じです．（最短経路＝反射）です．

川岸の線に関して，点Aと対称な点Cをとると，$AP=CP$ ですから

$$AP+PB=CP+PB$$

となります．これが最小になるのはCからBに直線的に行ったときですから，その最小値は BC となりますね．式で書くと

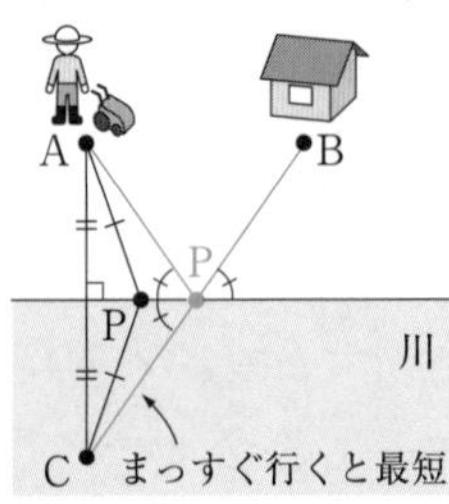

$$AP+PB=CP+PB \geqq BC$$

となります．折れ線の最短経路は，対称点からの直線距離になります．

解答

(1)　$C(a,\ b)$ とおくと，$AC \perp l$ より

$$\frac{b-4}{a-1} \times \frac{1}{2} = -1$$

$\therefore\quad b-4=-2(a-1)$

$\therefore\quad b=-2a+6\quad \cdots①$

また，AC の中点 $\left(\dfrac{a+1}{2},\ \dfrac{b+4}{2}\right)$ が l 上にあるから

$$\frac{b+4}{2} = \frac{1}{2} \cdot \frac{a+1}{2} + 1$$

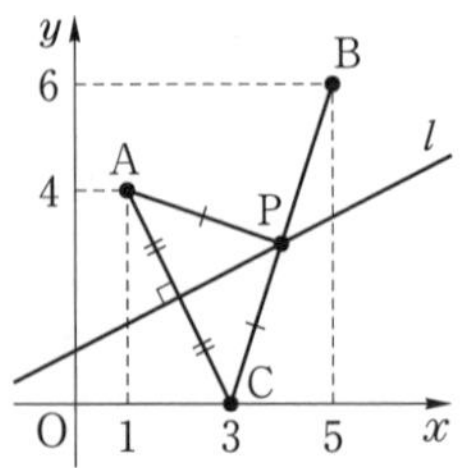

∴　$2(b+4)=a+5$　　∴　$a=2b+3$　…②

②を①に代入して

$$b=-2(2b+3)+6 \quad ∴ \quad b=0 \quad ∴ \quad a=3$$

したがって，C(**3**, **0**)

(2)　　$AP+PB=CP+PB \geqq BC$

より，AP＋PB は，点Pが直線 BC：$y=3(x-3)$ と l の交点となるとき最小となる．交点の x 座標は

$$3x-9=\frac{1}{2}x+1 \quad ∴ \quad x=4$$

よって，AP＋PB を最小にするPの座標は (**4**, **3**)

ちょっと一言

ビリヤードをやったことはありますか？

実は，玉が反射するとき，入射角と反射角が同じになるので，ビリヤードの問題は最短経路を考えることと同じです．ですから，反射を扱う問題も対称点がポイントになります．例えば，下図のように外枠に１回または２回反射させて，障害物×にぶつけないように，玉Aを玉Bに当てるにはどうしたらよいでしょうか？

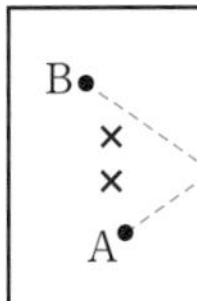

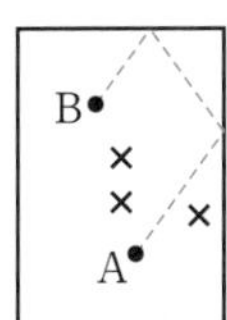

解答は下図です．１回反射させて当てたい場合は，外枠に対する点Bの対称点 B′ を考え，その方向に打てば OK です．

２回反射させて当てたい場合は，外枠に対して，点Aと点Bの対称点 A′, B′ をそれぞれとって，それを結んだ直線と外枠との交点C方向に打てば，玉Aは玉Bに当たります．

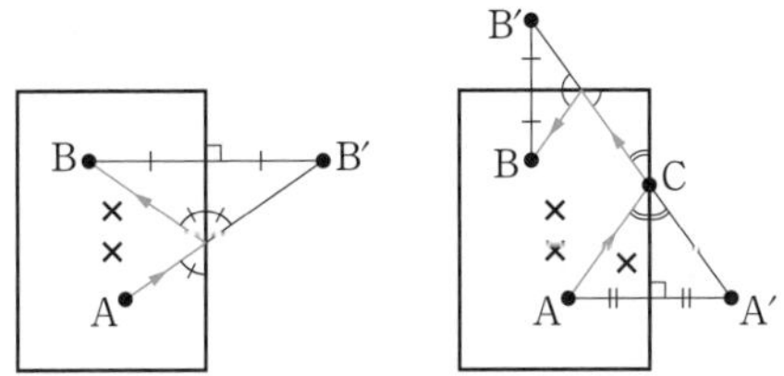

メインポイント

折れ線の最短経路は，対称点を考えるのが基本！

第12章

94 円

アプローチ

中心 A$(a,\ b)$，半径 r の円周上の点を P$(x,\ y)$ とすると，AP$=r$ より AP$^2=r^2$

◀円は中心からの距離が一定の軌跡

$$\therefore\quad \boldsymbol{(x-a)^2+(y-b)^2=r^2}\quad \cdots Ⓐ$$

◀距離の公式を利用

これを展開して

$$x^2+y^2\underbrace{-2a}_{l}x\underbrace{-2b}_{m}y+\underbrace{a^2+b^2-r^2}_{n}=0$$

とおくと

$$\boldsymbol{x^2+y^2+lx+my+n=0}\quad \cdots Ⓑ$$

となります．円の方程式を求めるときには，中心と半径が主役ならⒶ，それ以外はⒷを利用して求めます．

(1)ではⒷ，(2)ではⒶを利用しましょう．

解答

(1)　3 点 $(0,\ -3)$，$(8,\ -1)$，$(9,\ 0)$ を通る円の方程式を $x^2+y^2+ax+by+c=0$ とおくと

$9-3b+c=0\quad \cdots①$，$65+8a-b+c=0\quad \cdots②$

$81+9a+c=0\quad \cdots③$

①−③ より，$-72-3b-9a=0\qquad \therefore\quad b=-3a-24\quad \cdots④$

②−③ より，$-16-a-b=0\qquad \therefore\quad b=-a-16\quad \cdots⑤$

④，⑤より，$-3a-24=-a-16\qquad \therefore\quad a=-4$

⑤より，$b=-12$，①より $c=3(-12)-9=-45$

よって，求める円は $\boldsymbol{x^2+y^2-4x-12y-45=0}$

$\therefore\quad (x-2)^2+(y-6)^2=85$　　から，円の半径は $\boldsymbol{\sqrt{85}}$

(2)　条件より，円の中心は第 1 象限にあるので，半径を $r\,(>0)$ とすると，円の方程式は

$(x-r)^2+(y-r)^2=r^2$

これが点 $(4,\ 2)$ を通ることから

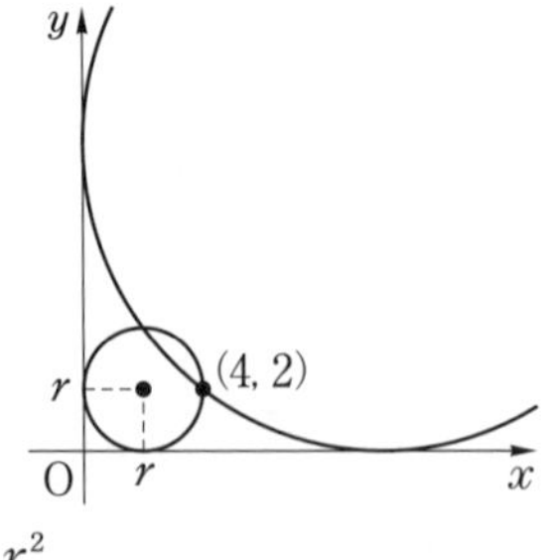

◀両軸に接して，点 $(4,\ 2)$ を通るから，中心は第 1 象限にある．これより，半径を r として，中心は $(r,\ r)$ と表せます．

$(4-r)^2+(2-r)^2=r^2$

$\therefore\quad r^2-12r+20=0\qquad \therefore\quad (r-2)(r-10)=0$

◀小さい方はすぐに見つかるが，円は 2 つ存在する．

$\therefore\quad r=2,\ 10$

より，小さい円の半径は **2**，大きい円の半径は **10**

ちょっと一言

円なら必ずⒷの形になりますが，Ⓑの形のものがすべて円になるわけではないことに注意しましょう．

例えば，$x^2+y^2-2x-4y+6=0$ は

$$(x-1)^2+(y-2)^2=-1$$

となり，これを満たす点は存在しません．円になるには，上の式の右辺が正となることが必要です．

◀中心が点 $(1,\ 2)$，半径が $\sqrt{-1}$．あれ？

ブラッシュアップ

$A(0,\ -3)$，$B(8,\ -1)$，$C(9,\ 0)$，円の中心を $P(x,\ y)$ とすると

$$AP=BP=CP$$

より中心 P は AB，BC の垂直 2 等分線の交点になります．

◀外心は，垂直 2 等分線の交点！

BC の中点は $\left(\dfrac{17}{2},\ -\dfrac{1}{2}\right)$，BC の傾きは 1 より，BC の垂直 2 等分線は

◀垂直な直線の傾きは -1

$$y=-\left(x-\frac{17}{2}\right)-\frac{1}{2}=-x+8$$

AB の中点は $(4,\ -2)$，AB の傾きは $\dfrac{1}{4}$ より，AB の垂直 2 等分線は

◀垂直な直線の傾きは -4

$$y=-4(x-4)-2=-4x+14$$

これらの交点が中心 P なので，P の x 座標は

$$-x+8=-4x+14 \qquad \therefore\quad x=2$$

よって，$P(2,\ 6)$

半径は $PA=\sqrt{(2-0)^2+\{6-(-3)\}^2}=\sqrt{85}$

よって，求める円は　$(x-2)^2+(y-6)^2=85$

$\therefore\quad x^2+y^2-4x-12y-45=0$

のように求めることもできます．

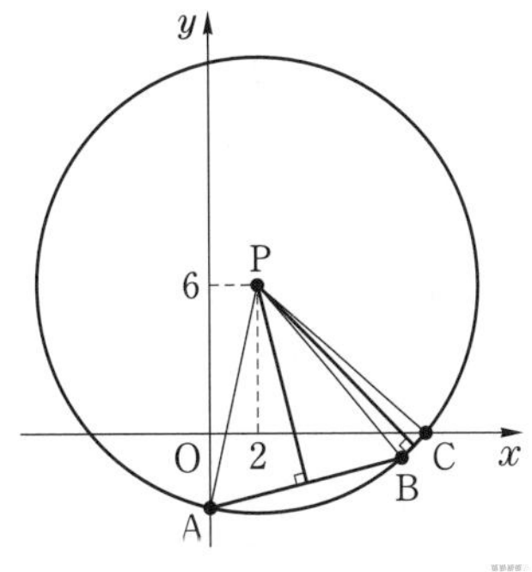

メインポイント

円の方程式は

① $(\boldsymbol{x}-\boldsymbol{a})^2+(\boldsymbol{y}-\boldsymbol{b})^2=\boldsymbol{r}^2$ （中心と半径が主役）

② $\boldsymbol{x}^2+\boldsymbol{y}^2+\boldsymbol{lx}+\boldsymbol{my}+\boldsymbol{n}=\boldsymbol{0}$ （一般形）

95 弦・接線

アプローチ

(1) 点 $(-2,\ 3)$ から接線を引く場合は，
$y=m(x+2)+3$ を利用します．接するとき，中心と接線の距離は半径です．ただし，$y=$ とおいたとき，y 軸に平行な直線は含まれません．今回は，答えの１つが y 軸に平行になるので注意しましょう！

◀常に，図をイメージして解くことが大切です．

(2) 円の弦の長さを求めるときは，図形的に解きましょう．

解答

(1) 右図より，直線 $x=-2$ は接線の１つである．もう１つの接線を $y=m(x+2)+3$ とおくと

$$mx-y+2m+3=0$$

これと円の中心Oとの距離が半径と等しいことから

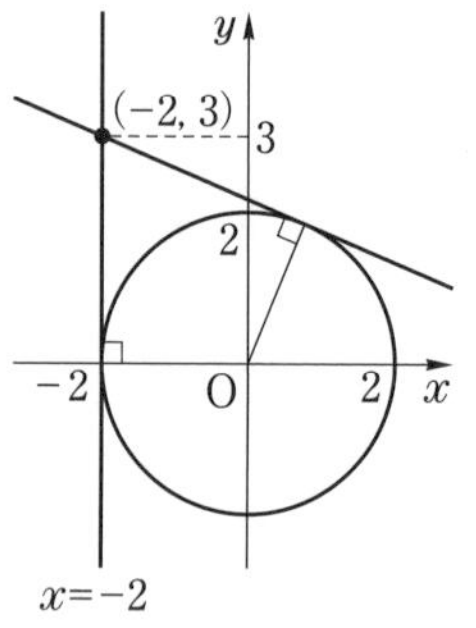

◀$x=-2$ に気づかずに計算すると，答えは１つしか出ません．円の外から引いた接線は２本あるはずですから，もう１つは $x=k$ の形です．

$$\frac{|2m+3|}{\sqrt{m^2+1}}=2$$

$\therefore\ \ |2m+3|=2\sqrt{m^2+1}\quad \therefore\ \ (2m+3)^2=4(m^2+1)$

◀円と直線が接するときは，(中心と直線の距離)＝(半径)

$\therefore\ \ 12m+9=4\quad \therefore\ \ m=-\dfrac{5}{12}$

よって，求める接線は $\boldsymbol{x=-2,\ y=-\dfrac{5}{12}x+\dfrac{13}{6}}$

(2) $x^2-4x+y^2-4y-17=0$ より $(x-2)^2+(y-2)^2=25$
となり，円 C は中心 $(2,\ 2)$，半径５の円である．

円 C の中心を点P，円 C と直線 $l:x-y+1=0$ の２交点を点A，B，円 C の中心から直線 l に下ろした垂線の足を点Hとすると，

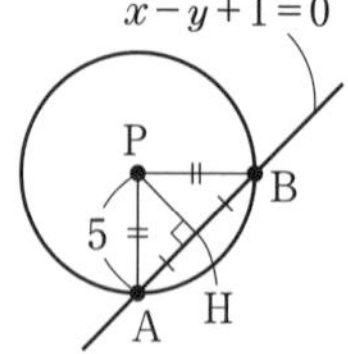

◀PA＝PB より，中心Pから弦ABに下ろした垂線の足は常に弦ABの中点です！

$$\mathrm{PH}=\frac{|2-2+1|}{\sqrt{1^2+(-1)^2}}=\frac{1}{\sqrt{2}}$$

ピタゴラスの定理より

◀弦の長さはピタゴラス！

$$\mathrm{AH}^2=\mathrm{PA}^2-\mathrm{PH}^2=5^2-\left(\frac{1}{\sqrt{2}}\right)^2=\frac{49}{2}$$

よって，$\mathrm{AB}=2\mathrm{AH}=2\sqrt{\dfrac{49}{2}}=\boldsymbol{7\sqrt{2}}$

ブラッシュアップ

円 $x^2+y^2=r^2$ 上の点 $(x_0,\ y_0)$ での接線は

$$x_0x+y_0y=r^2 \quad \cdots(*)$$

円 $(x-a)^2+(y-b)^2=r^2$ 上の点 $(x_0,\ y_0)$ での接線は

$$(x_0-a)(x-a)+(y_0-b)(y-b)=r^2 \quad \cdots(**)$$

◀$(*)$は，$xx+yy=r^2$ と見て，x と y の片方にそれぞれ接点を代入すると覚える．同様に，$(**)$ は $(x-a)(x-a)+(y-b)(y-b)=r^2$ と見て，片方に接点を代入すると覚える．

例えば，円 $x^2+y^2=5$ の点 $(1,\ 2)$ における接線は，公式を用いると

$$1\cdot x+2\cdot y=5 \qquad \therefore \quad x+2y=5$$

ですが，右図において，点 $\mathrm{P}(1,\ 2)$ とすると，OP の傾きが 2 であることから，接線の傾きは $-\dfrac{1}{2}$ とわかるので $y=-\dfrac{1}{2}(x-1)+2$ となり，$x+2y=5$ に一致します．

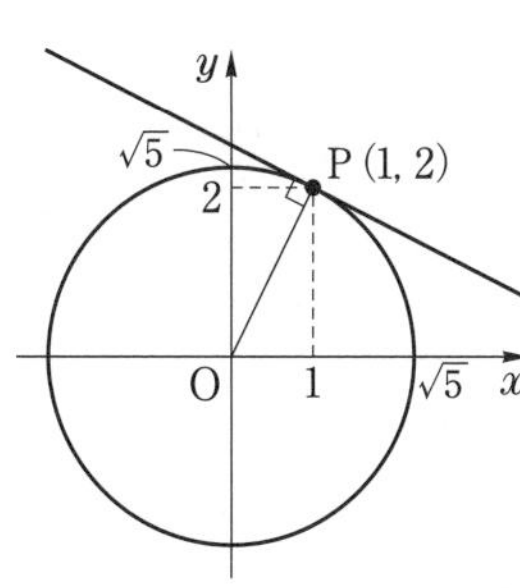

◀左の議論を一般化すれば，公式も証明できる．

ちょっと一言

(1)を接線の公式を用いて解くと，以下のようになります．

円 $x^2+y^2=4$ 上の点 $(a,\ b)$ での接線は　$ax+by=4 \quad \cdots$(ア)

これが，点 $(-2,\ 3)$ を通るから，　$-2a+3b=4 \quad \cdots$①

点 $(a,\ b)$ は円上にあるので，$a^2+b^2=4 \quad \cdots$②

①と②を連立して，

$$(a,\ b)=(-2,\ 0),\ \left(\frac{10}{13},\ \frac{24}{13}\right)$$

(ア)に代入して，$x=-2,\ \dfrac{5}{13}x+\dfrac{12}{13}y=2$

となります．ちょっと面倒ですね．

◀②を忘れる人が多いので注意！②がないと，点 $(a,\ b)$ はどこにあるかわかりません．

メインポイント

円の外から接線を引くときは，$y=m(x-a)+b$ の利用！
円と直線が接するときは，(中心と直線の距離)＝(半径)
弦の長さは，ピタゴラス！

第12章

96 軌跡 1

アプローチ

軌跡の方程式を求めるには，まず，動点を $(x,\ y)$ とおいて，$x,\ y$ の関係を導くのが基本です．ただし，軌跡の限界に注意しましょう！

解答

(1)　2点 A(1, 6)，B(5, 3) から等距離にある点を P$(x,\ y)$ とおくと，AP＝BP より

◀まず，動点を $(x,\ y)$ とおく！

$$(x-1)^2+(y-6)^2=(x-5)^2+(y-3)^2$$

◀ 2点間の距離の公式を利用！

$$\therefore\ (-2x+1)+(-12y+36)$$
$$=(-10x+25)+(-6y+9)$$

よって，求める軌跡は，**直線　$8x-6y+3=0$**

(2)　各点を A(3, 0)，B(9, 0)，P$(x,\ y)$ とおくと AP：PB＝2：1 より，

◀まず，動点を $(x,\ y)$ とおく！

AP＝2PB　∴　$AP^2=4PB^2$

$$\therefore\ (x-3)^2+y^2=4\{(x-9)^2+y^2\}$$

◀ 2点間の距離の公式を利用！

$$\therefore\ (x^2-6x+9)+y^2=4(x^2-18x+81+y^2)$$
$$\therefore\ 3x^2+3y^2-66x+315=0$$
$$\therefore\ x^2+y^2-22x+105=0$$
$$\therefore\ (x-11)^2+y^2=16$$

よって，点Pの軌跡は，中心 (11, 0)，半径4の円であるので，この軌跡上の2点間の距離の最大値は，直径を考えて**8**

ブラッシュアップ

> 定点A，Bと動点PがAP：PB＝1：1 を満たして動くとき，点Pの軌跡は線分ABの垂直2等分線です．

(1)では，A(1, 6)，B(5, 3) より，直線ABの傾きは

$$\frac{3-6}{5-1}=-\frac{3}{4}$$

◀傾き m の直線に垂直な直線の傾きは $-\dfrac{1}{m}$

ABの中点は $\left(3,\ \dfrac{9}{2}\right)$ であるから，

点Pの軌跡は

直線　$y=\frac{4}{3}(x-3)+\frac{9}{2}=\frac{4}{3}x+\frac{1}{2}$

> 定点 A, B と動点 P が AP：PB＝m：n ($m \neq n$) を満たして動くとき，点 P の軌跡は，線分 AB を m：n に内分する点と外分する点を直径とする円となる．これを**アポロニウスの円**という．

(2)の軌跡は，２点 A(3, 0)，B(9, 0) に対して，AP：PB＝2：1 ですから線分 AB を 2：1 に内分する点 (7, 0) と AB を 2：1 に外分する点 (15, 0) を結んだ線分を直径とする円となります．

◀軌跡が線分 AB の内分点 C と外分点 D を必ず通ることと，線分 AB に関して対称であることから，軌跡が円であることを認めれば，線分 CD が直径となるのはイメージできるでしょう！

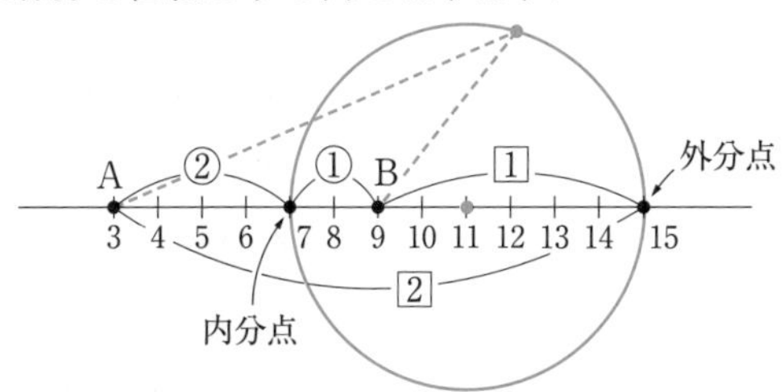

この方法を使うと，２点 A，B やその内分点や外分点が整数値のときは，かなり簡単に答えが求められます．

メインポイント

軌跡の方程式を求めるには，まず，動点を $(x,\ y)$ とおいて，x，y の関係を導くのが基本です．ただし，軌跡の限界に注意！
特に，定点 A，B と動点 P が AP：PB＝m：n を満たして動くとき，$m=n$ なら垂直２等分線，$m \neq n$ ならアポロニウスの円である．

97 軌跡 2

アプローチ

パラメータを消去して，軌跡を求めるタイプの問題です．

(I) **パラメータを直接消去して，x，y の関係を求める．** ◀直接消去

(II) **a，b の関係を利用して，x，y の関係を求める．** ◀間接消去

の方法があります．

(1) 接する条件から，放物線を a のみで表し，まずは頂点を a で表します．頂点を $(x,\ y)$ とおくと，

◀軌跡を求める問題では，まず，動点を $(x,\ y)$ とおく！

$$x=-\frac{1}{2}a,\ y=-\frac{1}{2}a-\frac{3}{4}$$

と表されるので，パラメータ a を消去して x，y の関係を導きます．ただし，a が正の範囲しか動けないので，x の範囲が限定されます．

◀x，y がパラメータで表される場合は，パラメータを消去する！ ただし，パラメータに制限がある場合は，軌跡の限界に注意！

(2) $\mathrm{Q}(x,\ y)$ とおくと，点 Q は AP を 2：1 に外分する点ですので，点 P の座標も表記する必要があります．そこで，$\mathrm{P}(a,\ b)$ とおくと，点 P は円周上の点ですから

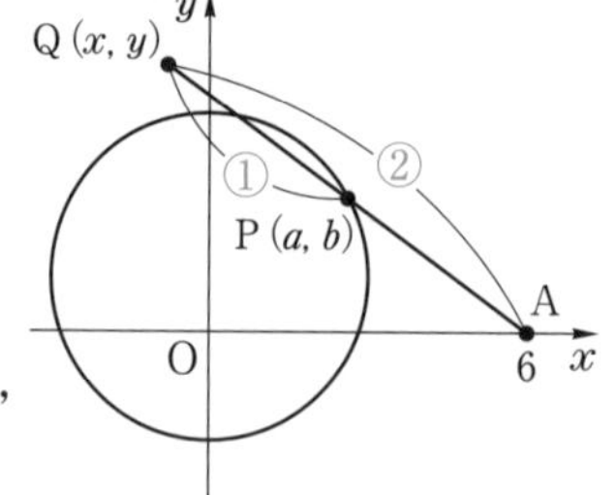

◀こんな場合，とりあえず点 P もおく！ ただし，①の関係を忘れずに．①をつけないと点 $(a,\ b)$ はどこにあるの？ ってなことになりますね．

$a^2+(b-1)^2=9$ …①

を満たし，$x=2a-6$，$y=2b$ と表せます．これから，a，b を消去したいのですが，直接消去できません．こんなときは，a，b を x，y で表し

◀a，b の関係を利用して，x，y の関係を導く！

$$a=\frac{x+6}{2},\ b=\frac{y}{2}$$

を①に代入することによって，x，y の関係を求めることができます．

ちょっと一言

イメージ的には，a 君と b さんはカップルで，①の関係がある．そこで，x 君と y さんが a，b を介して仲良くなるという感じです．

◀他人の関係を利用して，自分たちの関係を求める．

解答

(1) 放物線 $y=x^2+ax+b$ と直線 $y=x-1$ が接するとき，

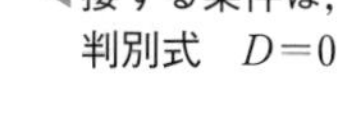
◀接する条件は，判別式 $D=0$

$$x^2+ax+b=x-1$$

$$\therefore\quad x^2+(a-1)x+b+1=0$$

が重解をもつことから，判別式をDとすると

$$D=(a-1)^2-4(b+1)=0 \qquad \therefore\quad 4b=a^2-2a-3$$

$$\therefore\quad b=\frac{1}{4}a^2-\frac{1}{2}a-\frac{3}{4}$$

よって，$y=x^2+ax+\frac{1}{4}a^2-\frac{1}{2}a-\frac{3}{4}$

◀まずは，すべてaで表す．

$$=\left(x+\frac{a}{2}\right)^2-\frac{1}{2}a-\frac{3}{4}$$

◀頂点をaで表し，パラメータ消去！ ただし，軌跡の限界に注意！

頂点を$(x,\ y)$とおくと

$$x=-\frac{1}{2}a,\quad y=-\frac{1}{2}a-\frac{3}{4}$$

ここで，$a>0$ より $x=-\frac{1}{2}a<0$

aを消去して求める軌跡は

直線 $y=x-\frac{3}{4}$ の $x<0$ の部分である．

(2) $\mathrm{P}(a,\ b)$，$\mathrm{Q}(x,\ y)$ とおくと，

◀点Pも座標を表記しないと点Qが表せない．①の関係は絶対忘れないように！

$$a^2+(b-1)^2=9 \quad \cdots①$$

点QはAPを2：1に外分するから，

$$x=2a-6,\quad y=2b$$

$$\therefore\quad a=\frac{x+6}{2},\quad b=\frac{y}{2}$$

これらを①に代入して，

◀a，bの関係を利用して，x，yの関係を導く！

$$\left(\frac{x+6}{2}\right)^2+\left(\frac{y}{2}-1\right)^2=9$$

両辺に2^2をかけて

◀展開せず，xの係数が1となるように2^2をかける．

$$(x+6)^2+(y-2)^2=36$$

点Qの軌跡は**中心$(-6,\ 2)$，半径6の円**である．

メインポイント

軌跡はパラメータ消去だよ！　直接消去できない場合は，他人の力を借りよう！　パラメータに制限がある場合は，軌跡の限界に注意！

98 領域

アプローチ

$$ab<0 \iff \begin{cases} a>0 \text{ かつ } b<0 \\ \quad\text{または} \\ a<0 \text{ かつ } b>0 \end{cases}$$

を利用して領域を図示しましょう．積領域は交互になります．

◀ ちょっと一言 参照！

解答

$(x-y+1)(x^2+y^2-9)<0$

$$\iff \begin{cases} x-y+1>0 \text{ かつ } x^2+y^2-9<0 \\ \quad\text{または} \\ x-y+1<0 \text{ かつ } x^2+y^2-9>0 \end{cases}$$

$$\iff \begin{cases} y<x+1\,(\text{下}) \text{ かつ } x^2+y^2<9\,(\text{内}) \\ \quad\text{または} \\ y>x+1\,(\text{上}) \text{ かつ } x^2+y^2>9\,(\text{外}) \end{cases}$$

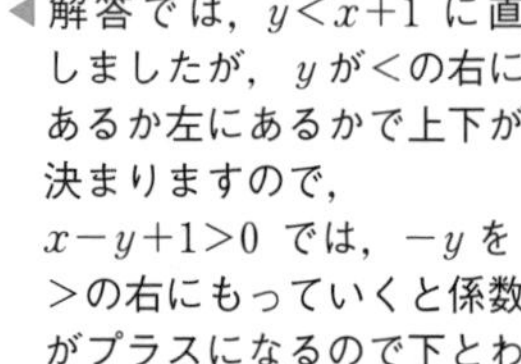
◀解答では，$y<x+1$ に直しましたが，y が＜の右にあるか左にあるかで上下が決まりますので，$x-y+1>0$ では，$-y$ を＞の右にもっていくと係数がプラスになるので下とわかります．

以上より，求める領域は下図のようになる．ただし，境界は含まない．

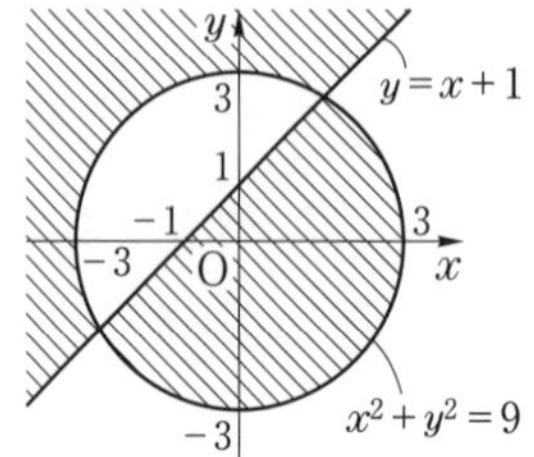

ブラッシュアップ

$y=x+1$ は直線上の点を表しますが，$y>x+1$ のように y が大きければ上，$y<x+1$ のように y が小さければ下の領域を表します．

◀関数の表す領域では，y が大きければ上，y が小さければ下です．同様に，x が大きければ右，x が小さければ左です．例えば，$x>1$ は直線 $x=1$ の右側です．

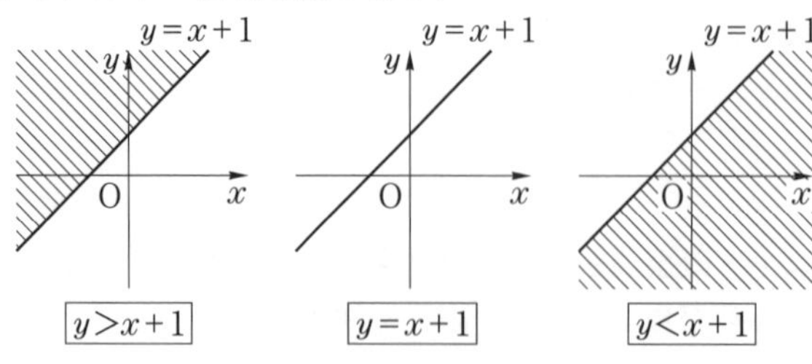

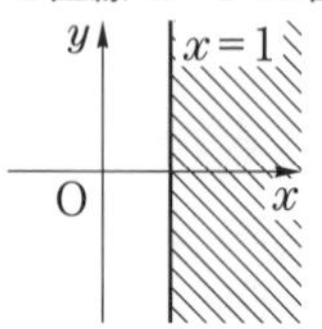

$x^2+y^2=9$ は原点が中心で半径 3 の円周上の点を表しますが，左辺は中心からの距離の 2 乗を表すので，$x^2+y^2<9$ は内部，$x^2+y^2>9$ は外部の点を表します．

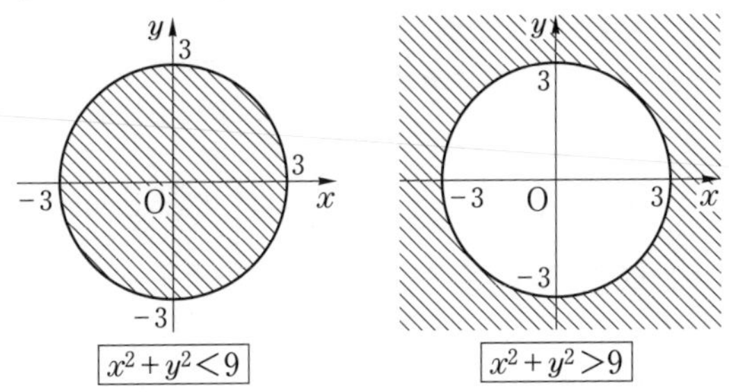

ちょっと一言

なぜ，積領域 $(x-y+1)(x^2+y^2-9)<0$ …(＊) が交互になるのか？

例えば，(＊) に $x=0$，$y=0$ を代入すると，

$$\text{左辺}=\underset{\boxed{+}}{1}\times\underset{\boxed{-}}{(-9)}$$

$$=-9<0$$

で成立するので，原点Oを含む領域は答えの 1 つです．

ここでOの代わりに，A$(-2,\ 2)$ を代入すると，

$$\text{左辺}=\underset{\boxed{-}}{(-3)}\times\underset{\boxed{-}}{(-1)}>0$$

となり成り立ちません．それは，$x-y+1=0$ の境界を飛び越えているので $x-y+1$ の符号のみが「＋」から「－」に変わり，全体の符号が変わるからです．つまり，境界を超えるたびに一方のかっこの符号が変わるので領域は交互になります．

◀慣れてきたら，1 つ点を代入して成り立つかどうか調べ，あとは交互に色を塗っていけば OK です．

メインポイント

積領域は，1 つ代入して，交互に塗る！

99 領域の最大・最小

アプローチ

(1) $x+y=k$ とおくと，$y=-x+k$（傾き -1，切片 k の直線）が領域と共有点をもつような切片 k の範囲が求めるものです．

◀なぜ k とおくかはわかっていますか？ ブラッシュアップ 参照！

(2) $\dfrac{y+1}{x+1}=k$ とおくと，$y=k(x+1)-1$ より，点 $(-1,\ -1)$ を通り傾き k の直線が領域と共有点をもつような傾き k の範囲が求めるものです．

(3) $(x+1)^2+(y-1)^2=k$ とおくと，中心 $(-1,\ 1)$，半径 $\sqrt{k}$ の円が領域と共有点をもつような半径の 2 乗 k の範囲が求めるものです．

解答

(1) 2 つの直線

$x+2y=5 \quad \cdots①$

$2x+y=6 \quad \cdots②$

の交点Pは $\left(\dfrac{7}{3},\ \dfrac{4}{3}\right)$

$x+y=k$ となる条件は，直線 $y=-x+k \quad \cdots③$ が領域と共有点をもつことである．

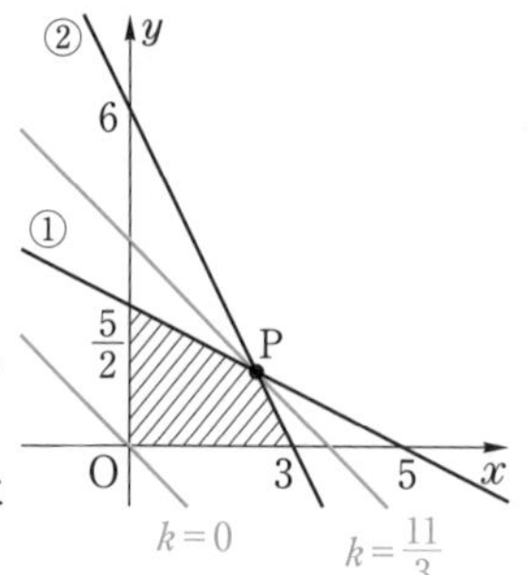

◀①の傾きは $-\dfrac{1}{2}$，②の傾きは -2 に注意して，③が領域と共有点をもつ範囲を考える．③の y 切片 k が最大になるのは点Pを通るときで，最小となるのは原点を通るときである．

よって，図より点 $\mathrm{P}\left(\dfrac{7}{3},\ \dfrac{4}{3}\right)$ で最大値 $\dfrac{7}{3}+\dfrac{4}{3}=\dfrac{11}{3}$，点 $(0,\ 0)$ で最小値 0 となり，求める値の範囲は

$$\boldsymbol{0 \leqq x+y \leqq \frac{11}{3}}$$

(2) $\dfrac{y+1}{x+1}=k$ となる条件は直線 $y=k(x+1)-1$ すなわち点 $(-1,\ -1)$ を通り，傾きが k の直線が領域と共有点をもつことである．

点 $\left(0,\ \dfrac{5}{2}\right)$ を通るとき，$k=\dfrac{7}{2}$，点 $(3,\ 0)$ を通るとき，$k=\dfrac{1}{4}$ であるから，求める値の範囲は $\boldsymbol{\dfrac{1}{4} \leqq \dfrac{y+1}{x+1} \leqq \dfrac{7}{2}}$

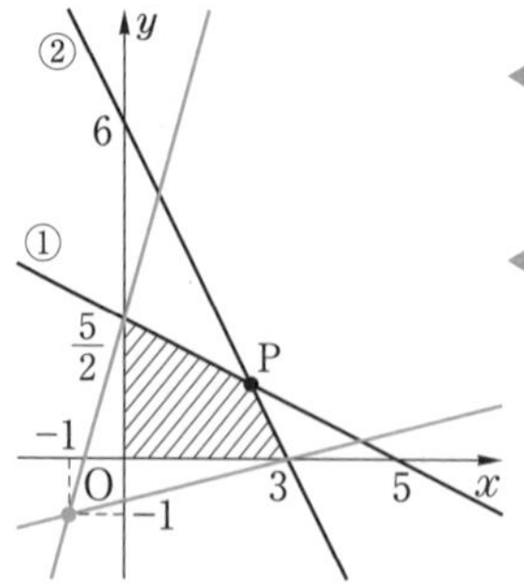

◀点 $(-1,\ -1)$ を通り傾き k の直線をくるくる回して共有点をもつ範囲を考える．

◀$\dfrac{y+1}{x+1}$ は 2 点 $(-1,\ -1)$，$(x,\ y)$ を結んだ直線の傾きを表す．

(3) $(x+1)^2+(y-1)^2=k$ とおくと，この中心 $(-1,\ 1)$，半径 $\sqrt{k}$ の円が領域と共有点をもつ k の値の範囲が求めるものである．

y 軸と接するとき，$k=1$，
点 $(3,\ 0)$ を通るとき，

$$k=4^2+1^2=17$$

であるから，求める値の範囲は

$$\mathbf{1 \leqq (x+1)^2+(y-1)^2 \leqq 17}$$

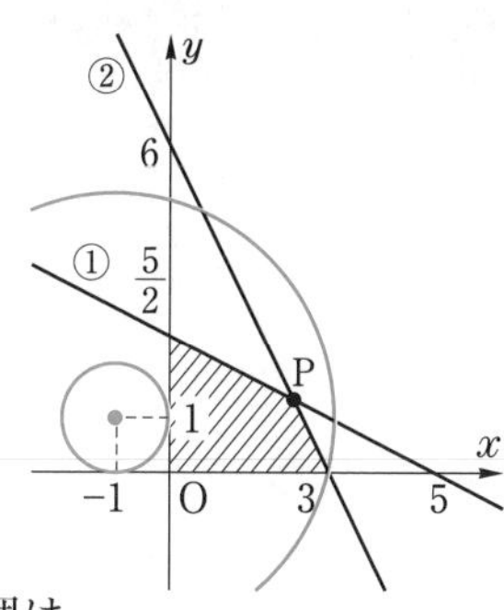

◀点 $(-1,\ 1)$ を中心とする同心円をかき，領域と共有点をもつような k の範囲を考える．

◀ $(x+1)^2+(y-1)^2$ は 2 点 $(-1,\ 1)$，$(x,\ y)$ の距離の 2 乗を表すので，k とおかずに直接考えることもできる．

ブラッシュアップ

《なぜ k とおくのか？》

$z=x+y$ とおくと，この領域を点 $(x,\ y)$ が動くときの z の動きをとらえる問題になりますが，x，y の 2 変数関数なので難しそうです．

このように関数の動きを直接考えにくいときには，発想を変えて，z の値を決めて，その値をとれるかどうか考えるのが基本です．

$x+y=$ 1 となるか？

直線 $x+y=1$ と領域が共有点をもっているので，$x+y=1$ となる点 $(x,\ y)$ は無数にあります．したがって，$x+y$ は 1 になれます．

$x+y=$ 5 となるか？

直線 $x+y=5$ と領域は共有点をもっていないので，$x+y=5$ となる点 $(x,\ y)$ はありません．したがって，$x+y$ は 5 になれません．

$x+y$ がとれる値の判断基準がわかってきましたね．

そこで一般化して，

$x+y=k$ になるか？

と考えると，$x+y=k$ となる点 $(x,\ y)$ が存在する範囲，すなわち，
直線 $x+y=k$ が領域と共有点をもつような k の範囲が求めるものとなります．

これが，k とおく解法の意味です．

メインポイント

関数の動きが直接調べられないときは，k とおけ！

第12章

第13章 微分・積分

100 極限

アプローチ

$\lim_{x\to1}$(分母)$=0$ より，$\lim_{x\to1}\dfrac{x^2+ax+a-2}{x-1}$ が有限値に確定するためには，$\lim_{x\to1}$(分子)$=0$ が必要です．

◀例えば，分子が1で，分母がどんどん0に近づいたら，有限値には近づきませんね．

解答

$\lim_{x\to1}\dfrac{x^2+ax+a-2}{x-1}$ が有限値に確定するためには

$\lim_{x\to1}$(分母)$=0$ より，$\lim_{x\to1}$(分子)$=0$ が必要である．

◀(分母)→0 なら，(分子)→0 が必要！

よって，求める必要条件は

$$\lim_{x\to1}(x^2+ax+a-2)=2a-1=0 \qquad \therefore\quad a=\frac{1}{2}$$

このとき，

$$\begin{aligned}\lim_{x\to1}\frac{x^2+ax+a-2}{x-1}&=\lim_{x\to1}\frac{x^2+\frac{1}{2}x-\frac{3}{2}}{x-1}\\&=\lim_{x\to1}\frac{2x^2+x-3}{2(x-1)}\\&=\lim_{x\to1}\frac{\cancel{(x-1)}(2x+3)}{2\cancel{(x-1)}}\quad\cdots(*)\\&=\lim_{x\to1}\frac{2x+3}{2}=\frac{5}{2}\end{aligned}$$

◀分子が0になる条件 $a=\frac{1}{2}$ を代入したので，分子にも $x-1$ が現れる．

ちょっと一言

極限を考えたとき，$\dfrac{0}{0}$ の形になるものを「不定形」といいます．このタイプは，このままでは極限値を求めることができないので，不定形を解消する必要があります．解答の (＊) のように，$x-1$ が消えることによって，極限値が求まります．分子にも $x-1$ をつくりましょう．

メインポイント

極限が有限値となるとき，**分母 → 0 ならば 分子 → 0** が必要！

101 接線

アプローチ

(1)　曲線 $y=f(x)$ の $x=t$ での接線は，点 $(t,\ f(t))$ を通り，傾きが $f'(t)$ の直線ですから

$$\boldsymbol{y=f'(t)(x-t)+f(t)}$$

と表せます．

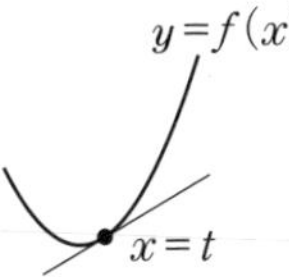

◀点 $(a,\ b)$ を通り，傾き m の直線は $y=m(x-a)+b$ でしたね．

(2)　曲線 $y=f(x)$ に曲線外の点 $(a,\ b)$ から接線を引く問題では，曲線 $y=f(x)$ の $x=t$ での接線を考え，その中で点 $(a,\ b)$ を通るものを求めるのが基本になります．

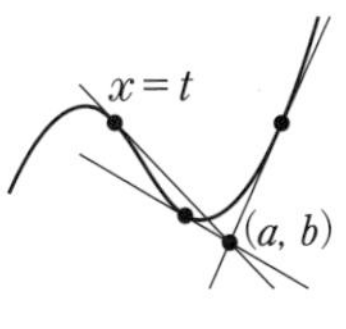

◀接点から始めよう！

解答

(1)　$y=x^3+3x^2-6x$ より

$$y'=3x^2+6x-6$$

点 $(1,\ -2)$ における接線 l の傾きは $3+6-6=3$ であるから，

$$l : \boldsymbol{y}=3\cdot(x-1)-2=\boldsymbol{3x-5}$$

(2)　曲線 C の $x=t$ での接線は

$$y=(3t^2+6t-6)(x-t)+t^3+3t^2-6t$$
$$=(3t^2+6t-6)x-2t^3-3t^2 \quad \cdots ①$$

◀曲線 C の一般の接線を求め，この中で，たまたま点 $(1,\ -10)$ を通るものを求める．

これが点 $(1,\ -10)$ を通るから

$$-10=-2t^3+6t-6$$
$$\therefore\ 2t^3-6t-4=0$$
$$\therefore\ t^3-3t-2=0$$
$$\therefore\ (t+1)(t^2-t-2)=0$$
$$\therefore\ (t+1)^2(t-2)=0$$
$$\therefore\ t=-1,\ 2$$

◀因数定理で，$t=-1$ を見つける！

①に代入して，求める接線は

$$\boldsymbol{y=-9x-1,\ y=18x-28}$$

ブラッシュアップ

曲線 $y=f(x)$ の $x=a$ での接線の傾き $f'(a)$ は，次のようにして定義されます．

◀$f'(a)$ は，$y=f(x)$ の $x=a$ での微分係数と呼ばれます．

右の図のように，曲線 $y=f(x)$ 上の点 $\mathrm{P}(a,\ f(a))$ に対して，点 $\mathrm{Q}(a+h,\ f(a+h))$ をとります．

このとき，PQ の平均変化率（傾き）は

$$\frac{f(a+h)-f(a)}{h}$$

です．

この h を 0 に近づけていくと，Q がどんどん P に近づき，平均変化率は接線の傾きに近づいていくのがわかりますね．この値を $f'(a)$ と決め

$$\lim_{h\to 0}\frac{f(a+h)-f(a)}{h}=f'(a)\quad\cdots(*)$$

と定義します．

◀厳密には，この値が存在するときとなる（数学Ⅲ）．

◀$a+h=b$ とおいて $\lim_{b\to a}\frac{f(b)-f(a)}{b-a}=f'(a)$ と表すこともできる．

例えば，$f(x)=x^2$ とすると，$x=a$ での接線の傾きは

$$\begin{aligned}\lim_{h\to 0}\frac{f(a+h)-f(a)}{h}&=\lim_{h\to 0}\frac{(a+h)^2-a^2}{h}\\&=\lim_{h\to 0}\frac{2ah+h^2}{h}\\&=\lim_{h\to 0}(2a+h)=2a=f'(a)\end{aligned}$$

これが，すべての a で成り立つことから，$f'(x)=2x$，すなわち，$(x^2)'=2x$ が導かれます．同様にして，一般に $\boldsymbol{(x^n)'=nx^{n-1}}$ となることも証明できます．

◀$f'(x)$ は導関数と呼ばれます．

ちょっと一言

微分公式 $(x^n)'=nx^{n-1}$ を用いれば，接線の傾きは求められますが，どうしてそのようになるのかを理解して覚えてもらいたいものです．

通常は，微分公式 $(x^n)'=nx^{n-1}$ を用いて計算しますが，「定義に従って求めよ」ときたら $(*)$ を利用して導く必要があります．

メインポイント

曲線 $y=f(x)$ の $x=t$ での接線は，　$\boldsymbol{y=f'(t)(x-t)+f(t)}$

曲線外の点 $(a,\ b)$ から曲線に接線を引く問題は，接点から始めよう！

102 共通接線

アプローチ

一般に，2 曲線 $y=f(x)$，$y=g(x)$ が $x=t$ で接する条件は

$$(*)\begin{cases} \boldsymbol{f(t)=g(t)} & \text{(同じ点で)} \\ \quad \text{かつ} \\ \boldsymbol{f'(t)=g'(t)} & \text{(同じ傾き)} \end{cases}$$

このとき，2 曲線は，$x=t$ で共通接線をもちます．

本問では，点 $(-1,\ 1)$ で共通接線をもつ条件なので，$(*)$ を利用しましょう．

◀接する＝1 点で共通接線をもつ．

◀2 次関数までなら，接する条件を判別式でとらえることもできますが，一般の関数では，$(*)$ を利用しましょう．

解答

$f(x)=x^2$，$g(x)=x^3+ax^2+bx$ とおくと，

$$f'(x)=2x,\quad g'(x)=3x^2+2ax+b$$

2 曲線が点 $(-1,\ 1)$ で共通接線をもつとき，

$$f(-1)=g(-1)=1 \text{ かつ } f'(-1)=g'(-1)$$

◀同じ点で，同じ傾き．

$\therefore\ 1=-1+a-b,\ -2=3-2a+b$

$\therefore\ b=a-2,\ b=2a-5$ より，$\boldsymbol{a=3}$，$\boldsymbol{b=1}$

このとき，点 $(-1,\ 1)$ での接線は $f'(-1)=-2$ より

$$y=-2(x+1)+1$$

◀これが共通接線！

$\therefore\ y=-2x-1$

よって，$\boldsymbol{m=-2}$，$\boldsymbol{n=-1}$

ちょっと一言

2 曲線 $y=f(x)$，$y=g(x)$ が $x=t$ で直交する条件は，

$$(*)\begin{cases} \boldsymbol{f(t)=g(t)} & \text{(同じ点で)} \\ \quad \text{かつ} \\ \boldsymbol{f'(t)\cdot g'(t)=-1} & \text{(傾きが垂直)} \end{cases}$$

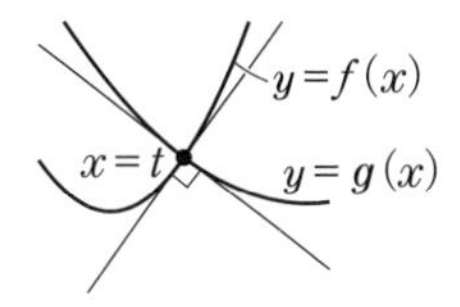

も押さえておきましょう．$x=t$ での接線が直交するということです．

メインポイント

2 曲線 $y=f(x)$，$y=g(x)$ が $x=t$ で接するとは，

$$\boldsymbol{f(t)=g(t)} \textbf{ かつ } \boldsymbol{f'(t)=g'(t)} \quad \text{(同じ点で，同じ傾き)}$$

このとき，$x=t$ で共通接線をもつ．

103 3次関数のグラフ

アプローチ

$f(x)$ が $x=-2$, $x=1$ で極値をとることから，$f'(-2)=f'(1)=0$ です．これらと $f'(0)=-12$ を用いて，a, b, c を決定しましょう．

◀ $x=-2$, $x=1$ で接線の傾きが0になる．

解答

(1) $$f(x)=ax^3+bx^2+cx+15$$
$$f'(x)=3ax^2+2bx+c$$

条件より，$f'(0)=c=\mathbf{-12}$

$x=-2$, $x=1$ で極値をとるから，

$$f'(-2)=f'(1)=0$$

$$\therefore\quad f'(x)=3ax^2+2bx-12$$
$$=3a(x+2)(x-1)$$
$$=3ax^2+3ax-6a$$

◀ $f'(x)=0$ は $x=-2, 1$ を解にもつから因数分解可能！

係数を比較して，$2b=3a$, $-12=-6a$

$\therefore\quad a=\mathbf{2}$, $b=\mathbf{3}$

(2) (1)より，$f(x)=2x^3+3x^2-12x+15$

$f'(x)=6(x+2)(x-1)$ より

◀ **ブラッシュアップ** 参照！

x	$\cdots$	-2	$\cdots$	1	$\cdots$
$f'(x)$	$+$	0	$-$	0	$+$
$f(x)$	↗		↘		↗

極大値は $f(-2)=-16+12+24+15=\mathbf{35}$

極小値は $f(1)=2+3-12+15=\mathbf{8}$

ブラッシュアップ

$y=f(x)$ の増減を調べるには，
$y=f'(x)=6(x+2)(x-1)$ のグラフをイメージしましょう．

◀ $f(x)$ の増減は，$f'(x)$（接線の傾き）の符号で決まります．グラフから，傾きの符号変化がわかりますね．

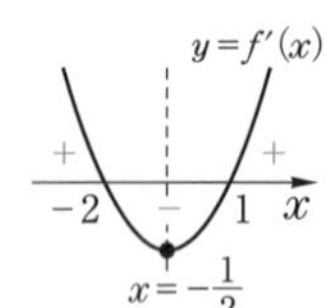

x	$\cdots$	-2	$\cdots$	1	$\cdots$
$f'(x)$	$+$	0	$-$	0	$+$
$f(x)$	↗		↘		↗

また，$f'(x)=6\left(x+\dfrac{1}{2}\right)^2-\dfrac{27}{2}$ より，

接線の傾き $f'(x)$ は，$x=-\dfrac{1}{2}$ で最小であり，$x=-\dfrac{1}{2}$ に関して対称な値をもちます．これより，極大点と極小点の中点Pは曲線 $y=f(x)$ の対称の中心であることがイメージできます．

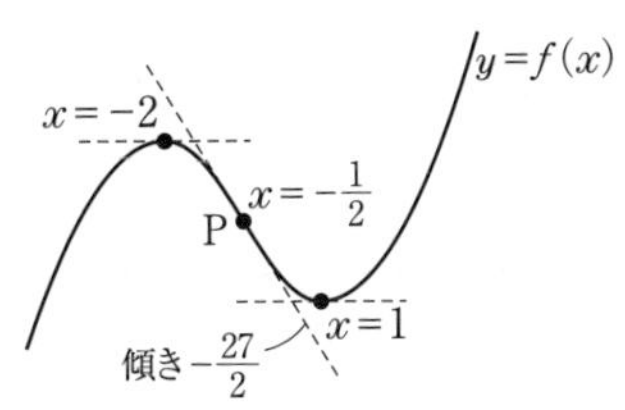

$y=f'(x)$ のグラフと $y=f(x)$ のグラフの関連性をしっかり理解して，増減表をかきましょう．

ちょっと一言

極大は，接線の傾きが $\boxed{+}\Rightarrow\boxed{-}$ に変化するところ，極小は，接線の傾きが $\boxed{-}\Rightarrow\boxed{+}$ に変化するところです．

$f'(x)=0$ になっても，極値にならないこともあることに注意しましょう．

例えば，$f(x)=\dfrac{1}{3}(x-1)^3$ のとき，$f'(x)=(x-1)^2$ は常に0以上ですから，$f'(1)=0$ でも極値にはなりません．

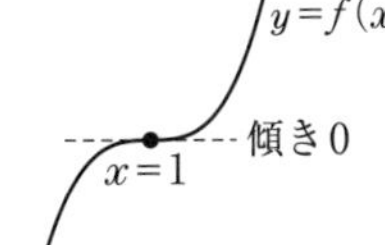

また，$y=|x|$ は $x=0$ では微分できませんが，傾きが $\boxed{-}\Rightarrow\boxed{+}$ に変化するので，$x=0$ で極小となります．

極値とは，傾きが符号変化するところです．

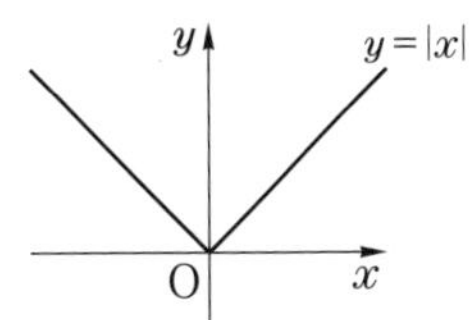

メインポイント

グラフの増減は $f'(x)$ の符号変化をみよ！
極値は傾きが符号変化するところ！

第13章

104 3次関数

アプローチ

3次関数 $y=f(x)$ が極値をもたない条件は，$f'(x)=0$ が異なる2つの実数解をもたないことです．判別式を利用しましょう．

◀なぜそうなるかは ブラッシュアップ 参照！

解答

$y=x^3+2kx^2-8kx+6$ が極値をもたない条件は，$y'=3x^2+4kx-8k=0$ が異なる2つの実数解をもたないことであるから，判別式を D として

$$\frac{D}{4}=(2k)^2-3(-8k)=4k^2+24k\leqq 0$$

$$\therefore\quad 4k(k+6)\leqq 0\qquad \therefore\quad \boldsymbol{-6\leqq k\leqq 0}$$

ブラッシュアップ

3次関数 $f(x)$ の極値の個数は，$f'(x)=0$ の実数解の個数で分類できます．

◀3次関数が極値をもつのは，$f'(x)=0$ が異なる2つの実数解をもつときだけです．具体例でしっかり理解して覚えること！

1°) $f'(x)=0$ が異なる2つの実数解をもつとき

例 $f'(x)=x(x-1)$

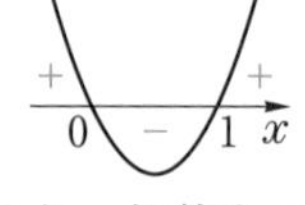

x	…	0	…	1	…
$f'(x)$	+	0	−	0	+
$f(x)$	↗		↘		↗

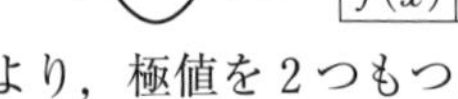
より，極値を2つもつ．

2°) $f'(x)=0$ が実数の重解をもつとき

◀ $f'(1)=0$ となるが，傾きの符号変化は起こらず，極値をもたない．

例 $f'(x)=(x-1)^2$

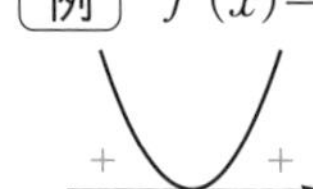

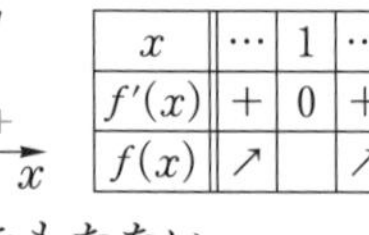

x	…	1	…
$f'(x)$	+	0	+
$f(x)$	↗		↗

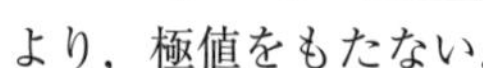
より，極値をもたない．

3°) $f'(x)=0$ が実数解をもたないとき

◀傾きは $x=0$ で最小となり，$x=0$ の点が $y=f(x)$ のグラフの対称の中心

例 $f'(x)=x^2+1$

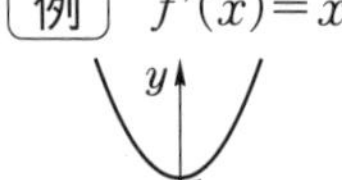

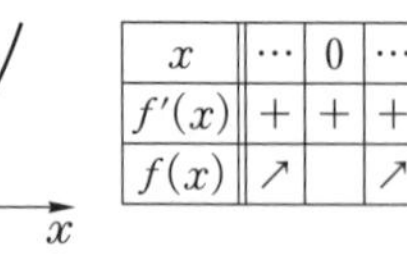

x	…	0	…
$f'(x)$	+	+	+
$f(x)$	↗		↗

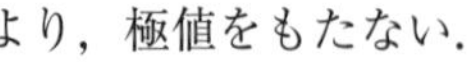
より，極値をもたない．

これより，3 次関数が極値をもつのは，$f'(x)=0$ が異なる 2 つの実数解をもつときに限ることがわかります．$f'(x)$ のグラフをしっかりイメージして覚えてください．

ちょっと一言

3 次関数のグラフをラフにかきたい場合は，因数分解が効果的です．

例 1　$y=x(x-1)(x-2)$

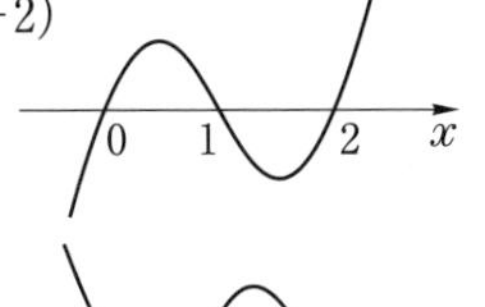

◀ x^3 の係数が＋より，最終的に増加．あとは 0，1，2 で x 軸と交わる．

例 2　$y=-x^2(x-1)$

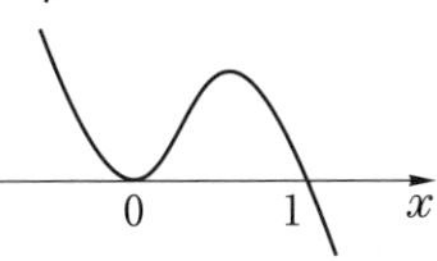

◀ x^3 の係数が－より，最終的に減少．0 は重解だから，x 軸と 0 で接して，1 で交わる．

こんなのは，どうでしょう．

例 3　$y=x^2(x-1)(x-2)(x-3)^3$

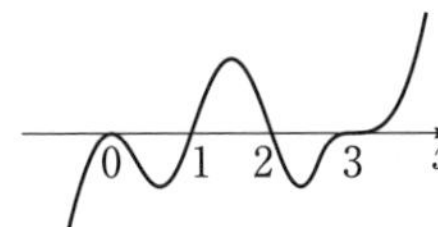

◀最高次係数が＋で最終的に増加．3 は 3 重解より，$x=3$ では x 軸と $y=x^3$ のように接する．

$y=0$ としたときに，単解部分では直線 $y=x$ のように，重解部分では $y=x^2$ のように，3 重解部分では $y=x^3$ のように振る舞います．あとは，最高次係数がプラスかマイナスかで最終的に増加するか，減少するかが決まります．

メインポイント

3 次関数が極値をもつのは，$f'(x)=0$ が異なる 2 つの実数解をもつときに限る！　ただ，暗記するのでなく，$f'(x)$ のグラフをしっかりイメージして覚えること．

105 接線の本数

アプローチ

曲線外の点 A(2, a) から，曲線に引いた接線を求めたいときは，接点からスタートでしたね．まずは，$y=x^3$ の $x=t$ での接線を考え，これがAを通る条件

$$a=6t^2-2t^3 \quad \cdots(*)$$

を求めます．

(＊)を満たす t の個数が接線の本数と対応します．

解答

$y'=3x^2$ より，曲線 $y=x^3$ の $x=t$ での接線は

$$y=3t^2(x-t)+t^3=3t^2x-2t^3$$

これが，点 A(2, a) を通る条件は

$$a=6t^2-2t^3 \quad \cdots(*)$$

これを満たす実数 t が3つ存在する条件が求めるものである．

◀ 3次関数では，接線の本数と(＊)の解の個数が対応する！

$f(t)=6t^2-2t^3$ とおくと，

$$f'(t)=12t-6t^2=-6t(t-2)$$

t	$\cdots$	0	$\cdots$	2	$\cdots$
$f'(t)$	$-$	0	$+$	0	$-$
$f(t)$	↘		↗		↘

$f(0)=0$, $f(2)=8$

となり，グラフは右図のようになる．

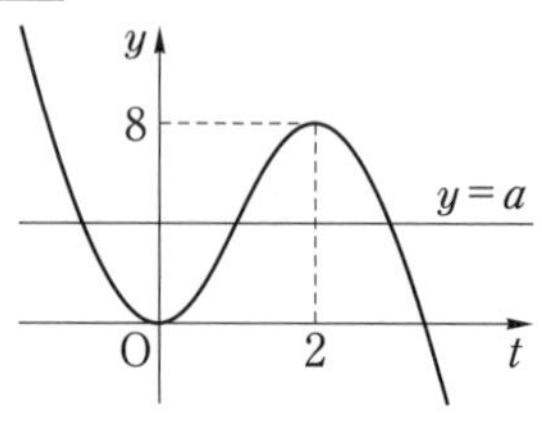

◀ 文字定数は分離せよ！曲線 $y=f(t)$ と直線 $y=a$ の交点の個数を考えると楽！

よって，$y=f(t)$ のグラフと直線 $y=a$ が3交点をもつことから

$$\mathbf{0<a<8}$$

ブラッシュアップ

方程式(＊)では，文字定数を分離して

直線 $y=a$ と曲線 $y=6t^2-2t^3$ の交点

と考えました．これはよく使う重要な考え方ですが，文字定数を分離できない場合もあるので，一般に，3次方程式の解の個数を調べる方法を紹介します．

◀ 方程式の解は，いろいろなグラフの交点の x 座標と見ることができます．

$f(x)=ax^3+bx^2+cx+d=0$ の実数解の個数は，
曲線 $y=f(x)$ と x 軸との共有点を考えると

1°) 異なる3つの実数解をもつとき，$y=f(x)$ が極値をもち

(極大値)×(極小値)<0

◀極値が異符号！

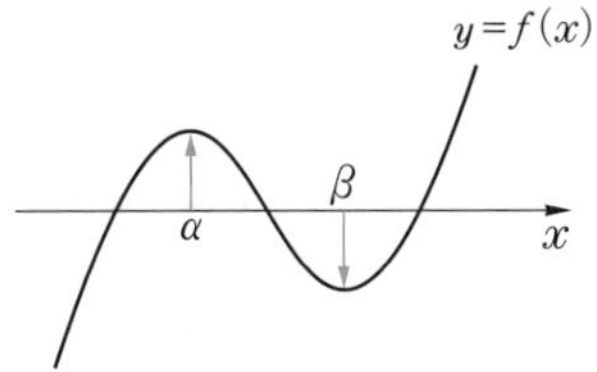

2°) 2重解をもつとき，$y=f(x)$ が極値をもち

(極大値)×(極小値)=0

◀極値の1つが0

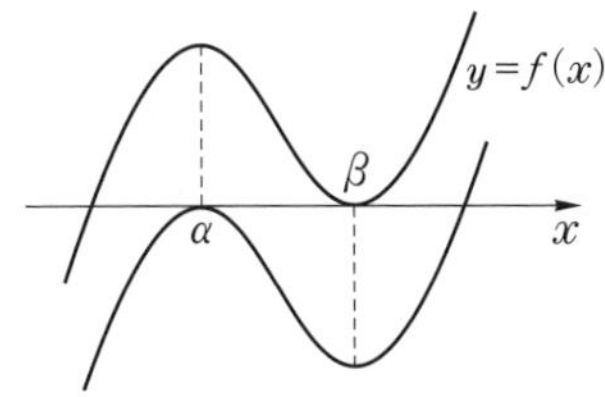

3°) 実数解を1つもつとき，

$y=f(x)$ が極値をもち (極大値)×(極小値)>0

または，極値をもたない

◀極値が同符号または極値をもたない.

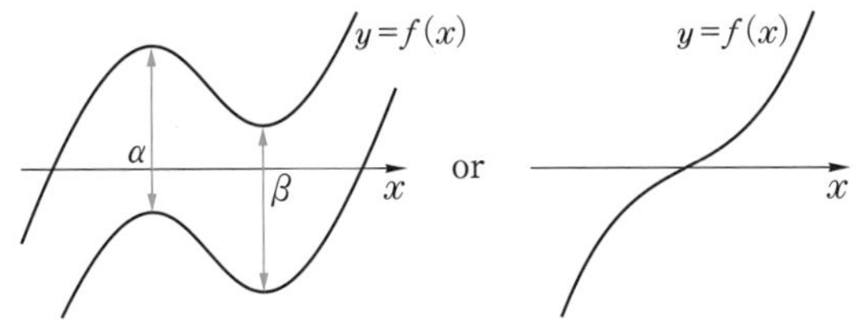

となります．こちらもあわせて押さえましょう！

メインポイント

3次方程式の解の個数の問題を攻略し，接線の本数を分類できるようにしよう！

106 定積分

アプローチ

不定積分は，n を 0 以上の整数とするとき

$$\int x^n dx = \frac{1}{n+1}x^{n+1} + C \quad (C\text{は積分定数})$$

定積分は，$F'(x)=f(x)$ として

$$\int_a^b f(x)\,dx = \Big[F(x)\Big]_a^b = F(b) - F(a)$$

となります．

◀ $\int x^n dx$ は微分して，x^n となる関数であるので，無数にある．
$\left(\frac{1}{n+1}x^{n+1}+C\right)' = x^n$
である．積分は微分の逆演算！

解答

(1) $$\int_{-1}^{2}(x^3+2)\,dx = \left[\frac{x^4}{4}+2x\right]_{-1}^{2}$$
$$=(4+4)-\left(\frac{1}{4}-2\right)=\mathbf{\frac{39}{4}}$$

(2) $$\int_1^2 (x-1)^2 dx = \int_1^2 (x^2-2x+1)\,dx$$
$$=\left[\frac{x^3}{3}-x^2+x\right]_1^2$$
$$=\left(\frac{2^3}{3}-2^2+2\right)-\left(\frac{1^3}{3}-1^2+1\right)$$
$$=\frac{7}{3}-2=\mathbf{\frac{1}{3}}$$

(3) $$\int_1^2 (x-1)(x-2)\,dx = \int_1^2 (x^2-3x+2)\,dx$$
$$=\left[\frac{x^3}{3}-\frac{3}{2}x^2+2x\right]_1^2$$
$$=\frac{2^3-1^3}{3}-\frac{3}{2}(2^2-1^2)+2(2-1)$$
$$=\frac{7}{3}-\frac{9}{2}+2=-\mathbf{\frac{1}{6}}$$

◀ バラバラに代入して計算してもよい．分母が同じものだとまとまって計算しやすい．

ちょっと一言

定積分では通常，積分定数 C を書かないのはなぜでしょう？
あえて書いてみると

$$\int_1^2 x^2 dx = \left[\frac{x^3}{3}+C\right]_1^2 = \left(\frac{2^3}{3}+\not{C}\right)-\left(\frac{1^3}{3}+\not{C}\right)$$

となり消えてしまいます．だから，あえて書かないのです．

ブラッシュアップ

数学Ⅲで習う公式ですが，

$$\boxed{\int(\boldsymbol{x}+\boldsymbol{\alpha})^n d\boldsymbol{x}=\frac{1}{\boldsymbol{n}+1}(\boldsymbol{x}+\boldsymbol{\alpha})^{n+1}+\boldsymbol{C}\quad(\boldsymbol{n}\fallingdotseq-1)}$$

◀ $\{(x+\alpha)^n\}'=n(x+\alpha)^{n-1}$ も成り立ちます．$(x+\alpha)^n$ は x^n と同じように扱えます．

は，覚えておくと便利です．これを用いると，(2)は

◀覚えておこう！

$$\int_1^2(x-1)^2dx=\left[\frac{1}{3}(x-1)^3\right]_1^2=\frac{1}{3}$$

となります．また，(3)を一般化した積分公式

$$\boxed{\int_\alpha^\beta(\boldsymbol{x}-\boldsymbol{\alpha})(\boldsymbol{x}-\boldsymbol{\beta})\,d\boldsymbol{x}=-\frac{1}{6}(\boldsymbol{\beta}-\boldsymbol{\alpha})^3}\quad\cdots(*)$$

◀覚えておこう！

はよく用いられる重要公式です．証明は x 軸方向に $-\alpha$ だけ平行移動して，区間の端点を0にすると

◀区間ごとグラフをずらせば，定積分は変わらない．(＊)の左辺は左図の斜線部のマイナスの面積を表しています．

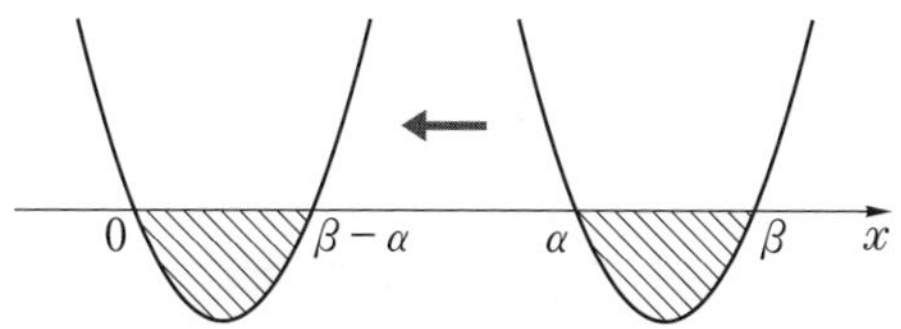

$$\begin{aligned}\int_\alpha^\beta(x-\alpha)(x-\beta)\,dx&=\int_0^{\beta-\alpha}x\{x-(\beta-\alpha)\}\,dx\\&=\int_0^{\beta-\alpha}\{x^2-(\beta-\alpha)x\}\,dx\\&=\left[\frac{x^3}{3}-\frac{\beta-\alpha}{2}x^2\right]_0^{\beta-\alpha}\\&=\frac{(\beta-\alpha)^3}{3}-\frac{(\beta-\alpha)^3}{2}\\&=-\frac{1}{6}(\beta-\alpha)^3\end{aligned}$$

となり簡単にまとめられます．

メインポイント

定積分は，しっかり計算できるように練習しよう．特に

$$\int(\boldsymbol{x}+\boldsymbol{\alpha})^n d\boldsymbol{x}=\frac{1}{\boldsymbol{n}+1}(\boldsymbol{x}+\boldsymbol{\alpha})^{n+1}+\boldsymbol{C}\quad(\boldsymbol{n}\fallingdotseq-1)$$

$$\int_\alpha^\beta(\boldsymbol{x}-\boldsymbol{\alpha})(\boldsymbol{x}-\boldsymbol{\beta})\,d\boldsymbol{x}=-\frac{1}{6}(\boldsymbol{\beta}-\boldsymbol{\alpha})^3$$

はよく用いられる重要公式！

107 絶対値を含む定積分

アプローチ

絶対値を含む定積分では，

区間の中でグラフがどうなるか？

がポイントです．区間に注意して被積分関数の絶対値を外して積分しましょう．

(1)では，$y=|2x-1|$ の部分のグラフをイメージして絶対値を外しましょう．

また，(2)では，対称性に着目すると，計算が簡単になります．

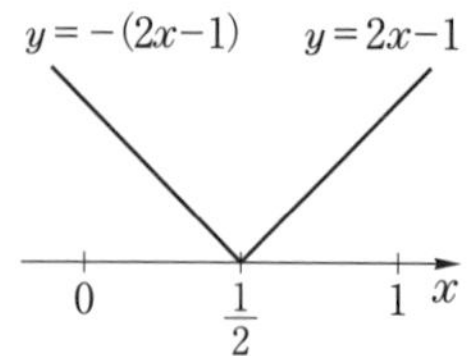

解答

(1)
$$\int_0^1 x|2x-1|\,dx=\int_0^{\frac{1}{2}} x(1-2x)\,dx+\int_{\frac{1}{2}}^1 x(2x-1)\,dx \quad \cdots(*)$$

$$=\int_0^{\frac{1}{2}}(x-2x^2)\,dx+\int_1^{\frac{1}{2}}(x-2x^2)\,dx$$

◀ ちょっと一言 参照.

$$=\left[\frac{x^2}{2}-\frac{2}{3}x^3\right]_0^{\frac{1}{2}}+\left[\frac{x^2}{2}-\frac{2}{3}x^3\right]_1^{\frac{1}{2}}$$

$$=2\left(\frac{1}{8}-\frac{1}{12}\right)-0-\left(\frac{1}{2}-\frac{2}{3}\right)$$

$$=\frac{3-2-6+8}{12}=\mathbf{\frac{1}{4}}$$

(2) x は奇関数，$|x^2-1|$ は偶関数なので

$$\int_{-2}^2 x\,dx=0$$

$$\int_{-2}^2 |x^2-1|\,dx=2\int_0^2 |x^2-1|\,dx$$

よって，

$$\int_{-2}^2 (x+|x^2-1|)\,dx=\int_{-2}^2 |x^2-1|\,dx$$

$$=2\int_0^2 |x^2-1|\,dx$$

$$=2\left\{\int_0^1 (1-x^2)\,dx+\int_1^2 (x^2-1)\,dx\right\}$$

$$=2\left\{\left[x-\frac{x^3}{3}\right]_0^1+\left[x-\frac{x^3}{3}\right]_2^1\right\}$$

$$=2\left\{2\left(1-\frac{1}{3}\right)-0-\left(2-\frac{8}{3}\right)\right\}=\mathbf{4}$$

◀ 奇関数は原点対称，偶関数は y 軸対称です．ブラッシュアップ を参照！
また，$y=|x^2-1|$ のグラフは，$y=|(x+1)(x-1)|$ として，絶対値の中身のグラフをかいて折り返す．

ちょっと一言

場合分けして積分する場合，区間を上下逆にして

$$\int_a^b f(x)\,dx=-\int_b^a f(x)\,dx$$

が成り立つことを利用すると，計算を簡単にできます．

例えば(＊)では，$f(x)=x(1-2x)$ とおくと，$x(2x-1)=-f(x)$ となり，ちょうどマイナス倍なので，

$$\int_0^{\frac{1}{2}} f(x)\,dx+\int_{\frac{1}{2}}^1\{-f(x)\}\,dx$$

$$=\int_0^{\frac{1}{2}} f(x)\,dx+\int_1^{\frac{1}{2}} f(x)\,dx$$

$$=\Big[F(x)\Big]_0^{\frac{1}{2}}+\Big[F(x)\Big]_1^{\frac{1}{2}}$$

$$=2F\left(\frac{1}{2}\right)-F(0)-F(1)$$

のようにしています．

◀区間の上下を逆にすると，同じ関数の積分になり，かつ区間の上端または下端がそろうので何度も同じ計算をする必要がなくなります．

ブラッシュアップ

偶関数	**奇関数**
$\Longleftrightarrow$ $f(-x)=f(x)$	$\Longleftrightarrow$ $g(-x)=-g(x)$
$\Longleftrightarrow$ y 軸対称	$\Longleftrightarrow$ 原点対称
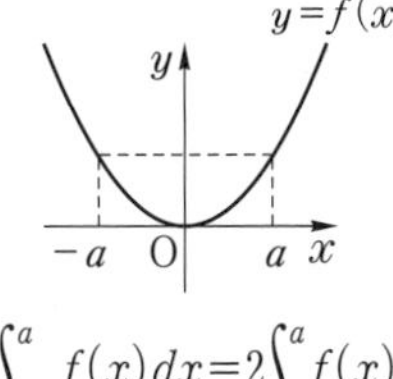	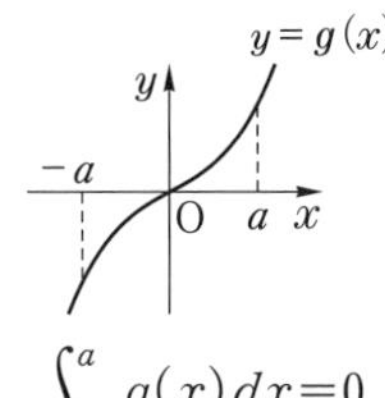
$\int_{-a}^a f(x)\,dx=2\int_0^a f(x)\,dx$	$\int_{-a}^a g(x)\,dx=0$

上が偶関数と奇関数の定義と性質です．(2)ではこの性質を利用しています．特に，$x^{\text{偶数}}$ は偶関数，$x^{\text{奇数}}$ は奇関数です．

◀$f(x)=|x^2-1|$ とおくと，$f(-x)=f(x)$ が成り立つので，偶関数．$g(x)=x$ とおくと，$g(-x)=-g(x)$ となり，$g(x)$ は奇関数となります．$-x$ を代入して調べる癖をつけよう．

メインポイント

絶対値を含む定積分では，

区間の中でグラフがどうなるか？

がポイントです．

108 積分を含む方程式

アプローチ

積分の入った方程式では

1°) $\int_a^b f(t)\,dt=A$ （A は定数）

2°) $\dfrac{d}{dx}\int_a^x f(t)\,dt=f(x)$ （$f(t)$ は x を含まない関数）

の利用を考えるのが基本です．

(1)では，1°)，(2)では，2°) を利用しましょう．

解答

(1) $\int_0^1 tf(t)\,dt=A$ …① とおくと，$f(x)=1+Ax$

◀定数区間の積分は定数とおく！

①に代入して，

$$A=\int_0^1 t(1+At)\,dt$$

$$=\int_0^1 (t+At^2)\,dt=\left[\frac{1}{2}t^2+\frac{A}{3}t^3\right]_0^1=\frac{1}{2}+\frac{A}{3}$$

$\therefore\quad A=\dfrac{1}{2}+\dfrac{A}{3}\qquad\therefore\quad A=\dfrac{3}{4}$

$\therefore\quad f(x)=\boldsymbol{\dfrac{3}{4}x+1}$

(2) $\int_3^x f(t)\,dt=2x^2-4x+k$ …(＊)

の両辺を x で微分すると

$\dfrac{d}{dx}\int_3^x f(t)\,dt=4x-4\qquad\therefore\quad f(x)=\boldsymbol{4x-4}$

(＊) に $x=3$ を代入すると，

$0=2\cdot3^2-4\cdot3+k\qquad\therefore\quad k=12-18=\boldsymbol{-6}$

◀$\int_3^3 f(t)\,dt=0$ を利用するために $x=3$ を代入する．

ちょっと一言

(1)で $f(x)=1+\int_0^1 xtf(t)\,dt$ となっていた場合，$\int_0^1 xtf(t)\,dt$ は x が入っていて定数ではないので，$\int_0^1 xtf(t)\,dt=A$ とおいてはいけません．x を追い出して，問題のように，$f(x)=1+x\int_0^1 tf(t)\,dt$ と変形してから，$\int_0^1 tf(t)\,dt=A$ とおきます．

ブラッシュアップ

(ア) $\dfrac{d}{dx}\displaystyle\int_a^x f(t)\,dt=f(x)$ （$f(t)$ は x を含まない関数）

の $\dfrac{d}{dx}$ は x で微分するという記号です.

$F'(x)=f(x)$ とすると

$$\int_a^x f(t)\,dt=\Big[F(t)\Big]_a^x=F(x)-F(a)$$

この両辺を x で微分すると

$$\frac{d}{dx}\int_a^x f(t)\,dt=f(x)$$

となります.

◀ $\dfrac{d}{dx}$ は $'$ と同じ.
何で微分するかを明確にしたいときに利用する.

◀ $F(a)$ は定数なので，微分すると消える.

(イ) (2)では,

$f(x)=g(x)$ ならば $f'(x)=g'(x)$

は真ですが，逆

$f'(x)=g'(x)$ ならば $f(x)=g(x)$

は正しくありません.

そこで，傾きだけでなく，同じ点を通る条件 $f(a)=g(a)$ を加えると同じグラフになりますので,

$f'(x)=g'(x)$ かつ $f(a)=g(a)$ $\Longleftrightarrow$ $f(x)=g(x)$

となります.

したがって，(2)では

(＊)の両辺を x で微分した $f(x)=4x-4$ に加え,

(＊)に，区間の幅を 0 とするために $x=3$ を代入し，$\displaystyle\int_3^3 f(t)\,dt=0$ を用いて条件を求めています.

◀例えば，$f(x)=x^2+2$ と $g(x)=x^2+1$ が反例です.

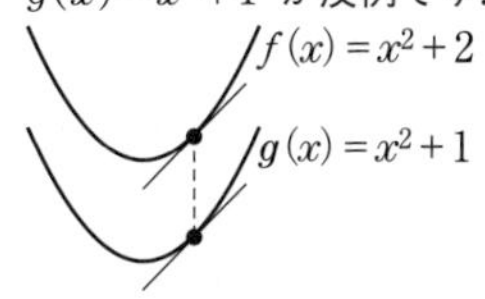

◀両辺を微分した条件は必要条件．まだあまいので，$f(a)=g(a)$ も確認しよう！

第13章

メインポイント

定積分の入った方程式では

1°) $\displaystyle\int_a^b f(t)\,dt=A$ （A は定数）

2°) $\dfrac{d}{dx}\displaystyle\int_a^x f(t)\,dt=f(x)$ （$f(t)$ は x を含まない関数）

の利用を考えるのが基本！

2°) では $\displaystyle\int_a^a f(t)\,dt=0$ の確認を忘れないように.

109 面積 1

アプローチ

右図の斜線部の面積 S は

$$S=\int_a^b\{f(x)-g(x)\}\,dx$$

で表されます．常に，「上－下」にしなければいけないことに注意して立式しましょう．

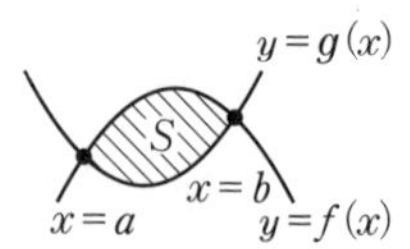

ちょっと一言

もともと $\int$ は英語の和 (sum) の頭文字 S からきていて

◀インテグラルは，微小面積を足し合わせるイメージ！上から下を引かないとマイナスの面積になってしまう．

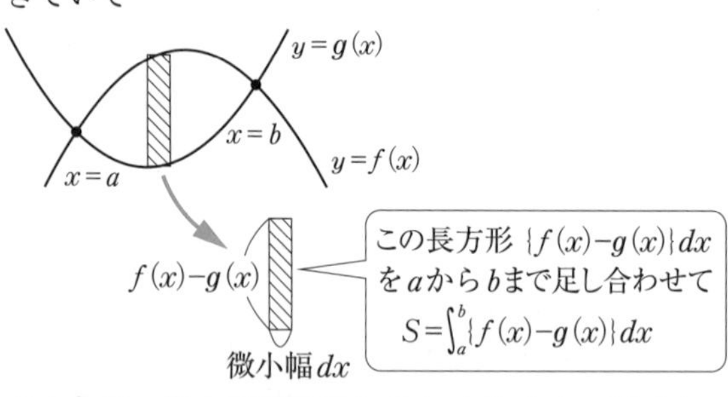

◀dx は微小な幅です．幅のない線分を足し合わせても面積にはなりません．チョークで黒板に色がぬれるのは幅があるからです．

のように，微小面積を足し合わせるイメージです．

解答

$C：y=-x(x-2)$ より

C と x 軸が囲む面積 S は

$$S=\int_0^2\{(-x^2+2x)-0\}\,dx$$

$$=\left[-\frac{x^3}{3}+x^2\right]_0^2$$

$$=-\frac{8}{3}+4=\mathbf{\frac{4}{3}}$$

y　$l：y=x$　O　1　2　x　$C：y=-x^2+2x$

◀上－下

C と l を連立すると，$-x^2+2x=x$

$\therefore\ \ x^2-x=0$　　$\therefore\ \ x(x-1)=0$　　$\therefore\ \ x=0,\ 1$

よって，グラフは右上図のようになるから，C と l によって囲まれる部分の面積 T は

$$T=\int_0^1\{(-x^2+2x)-x\}\,dx$$

$$=\int_0^1(-x^2+x)\,dx=\left[-\frac{x^3}{3}+\frac{x^2}{2}\right]_0^1=-\frac{1}{3}+\frac{1}{2}=\mathbf{\frac{1}{6}}$$

ブラッシュアップ

放物線と直線が囲む面積は

$$\boxed{S_1=\frac{|a|}{6}|\beta-\alpha|^3}$$

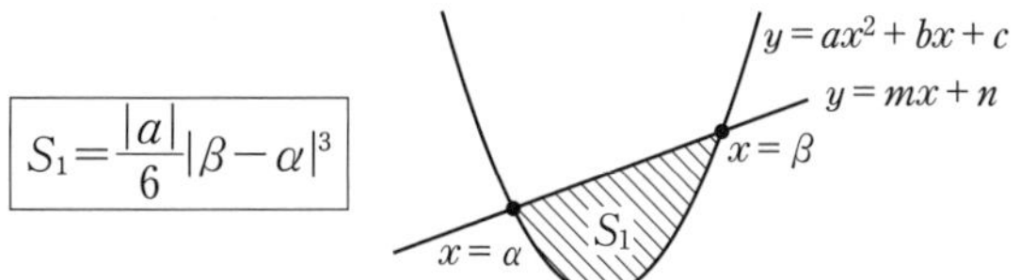

◀マーク式なら，公式一発！記述式は証明が必要！

証明　$S_1=\left|\int_\alpha^\beta \underbrace{\{mx+n-(ax^2+bx+c)\}}_{=0\text{ の解が }\alpha,\ \beta} dx\right|$

$=\left|-a\int_\alpha^\beta (x-\alpha)(x-\beta)\,dx\right|$

$=\frac{|a|}{6}|\beta-\alpha|^3$

◀差が 0 になるのは，交点の x 座標 α と β のときだから，必ず $(x-\alpha)(x-\beta)$ で因数分解できることがポイント！　最後に，

$\int_\alpha^\beta (x-\alpha)(x-\beta)\,dx$

$=-\frac{1}{6}(\beta-\alpha)^3$

を利用する．

ポイントは，交点で因数分解できることです．因数分解したら

$$\int_\alpha^\beta (x-\alpha)(x-\beta)\,dx=-\frac{1}{6}(\beta-\alpha)^3$$

を利用します．ただし，x^2 の係数をチェックするのを忘れないようにしましょう．

本問では，

$S=\int_0^2 (-x^2+2x)\,dx$

$=-\int_0^2 x(x-2)\,dx=\frac{1}{6}(2-0)^3=\frac{4}{3}$

$T=\int_0^1 \{(-x^2+2x)-x\}\,dx$

$=-\int_0^1 x(x-1)\,dx=\frac{1}{6}(1-0)^3=\frac{1}{6}$

とすることもできます．

◀この問題で使うのは大げさですが，例として押さえておいてください．

メインポイント

面積は，$\int_a^b \underbrace{(\text{上}-\text{下})}_{+} dx$ と計算せよ．

特に，放物線と直線が囲む面積は　$\frac{|a|}{6}|\beta-\alpha|^3$

第13章

110 面積 2

アプローチ

(2)　l と垂直な傾き $\dfrac{1}{2}$ となるような C 上の点を探すために $y'=-\dfrac{1}{2}x=\dfrac{1}{2}$ を解きます．

(3)　上側のグラフが $x=\dfrac{3}{2}$ で m から l に変わるので，場合分けして「上－下」を積分しましょう．接したら，$(x-\alpha)^2$ の積分に帰着するのが基本です．

◀接したら 2 乗の積分！

解答

(1)　$C：y=2-\dfrac{1}{4}x^2$ より，$y'=-\dfrac{1}{2}x$

l の傾きは $-\dfrac{1}{2}\cdot 4=-2$

$\therefore\quad l：\boldsymbol{y}=-2(x-4)-2=\boldsymbol{-2x+6}$

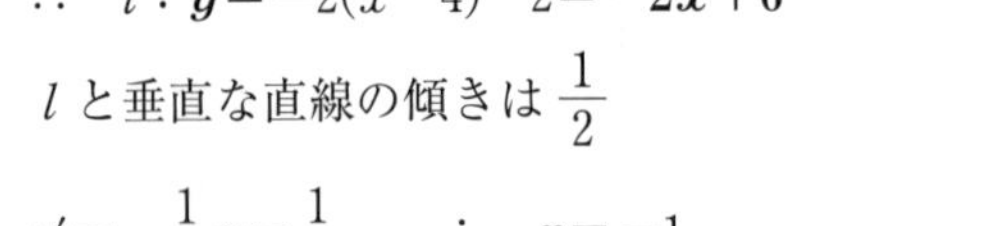

(2)　l と垂直な直線の傾きは $\dfrac{1}{2}$

$y'=-\dfrac{1}{2}x=\dfrac{1}{2}\qquad\therefore\quad x=-1$

◀傾きが $\dfrac{1}{2}$ の点を探す！

よって，l に垂直な接線 m は，点 $\left(-1,\ \dfrac{7}{4}\right)$ での接線で

$\boldsymbol{y}=\dfrac{1}{2}(x+1)+\dfrac{7}{4}=\boldsymbol{\dfrac{1}{2}x+\dfrac{9}{4}}$

(3)　l と m の交点の x 座標は

$\dfrac{1}{2}x+\dfrac{9}{4}=-2x+6$ より，$x=\dfrac{3}{2}$

◀$x=\dfrac{3}{2}$ で直線が変わるので，場合分け！

したがって，C，l，m で囲まれた部分の面積 S は

$$S=\underbrace{\int_{-1}^{\frac{3}{2}}\left\{\frac{1}{2}x+\frac{9}{4}-\left(2-\frac{1}{4}x^2\right)\right\}dx}_{(*)}+\int_{\frac{3}{2}}^{4}\left\{-2x+6-\left(2-\frac{1}{4}x^2\right)\right\}dx$$

$$=\frac{1}{4}\int_{-1}^{\frac{3}{2}}(x+1)^2dx+\frac{1}{4}\int_{\frac{3}{2}}^{4}(x-4)^2dx$$

$$=\frac{1}{4}\left[\frac{(x+1)^3}{3}\right]_{-1}^{\frac{3}{2}}+\frac{1}{4}\left[\frac{(x-4)^3}{3}\right]_{\frac{3}{2}}^{4}$$

$$=\frac{1}{12}\left(\frac{5}{2}\right)^3-\frac{1}{12}\left(-\frac{5}{2}\right)^3=\boldsymbol{\frac{125}{48}}$$

◀ $\displaystyle\int(x+\alpha)^n dx=\frac{1}{n+1}(x+\alpha)^{n+1}+C$ の利用．

ブラッシュアップ

大切なのは，放物線と直線が接する場合，$(x-\alpha)^2$ の積分に帰着されることです．

◀接したら，2乗の積分！

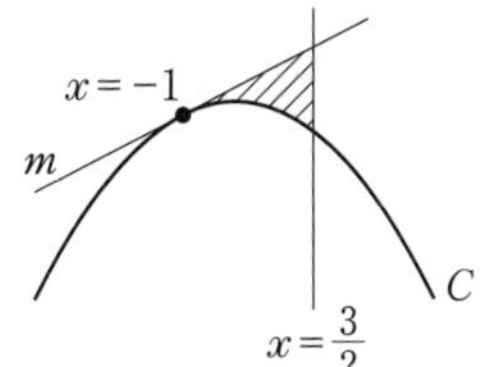

例えば，(＊) の計算では，m と C は $x=-1$ で接するので，

$$\frac{1}{2}x+\frac{9}{4}-\left(2-\frac{1}{4}x^2\right)=0 \quad \cdots(**)$$

は $x=-1$ を重解にもちます．

◀-1 が重解なので，$(x+1)^2$ を因数にもつことを利用して，実際には計算せずに変形！

よって，

$$(**)\text{ の左辺}=\frac{1}{4}(x+1)^2$$

となります．あとはこれを積分することになります．

前問と比較してまとめると，放物線と直線が囲む面積では

◀交点で読むことがポイント！

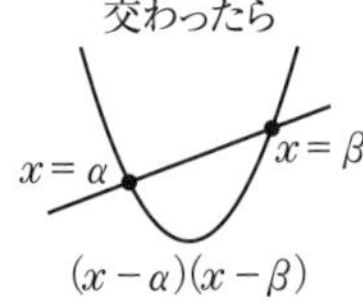

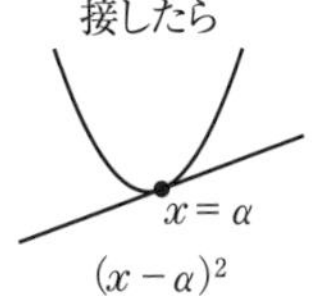

の積分に帰着させることがポイントになります．

ちょっと一言

次のような有名公式があります．

$$S_1=\frac{|a|}{6}|\beta-\alpha|^3$$

$$S_2=\frac{|a|}{12}|\beta-\alpha|^3$$

$$S_1 : S_2=2 : 1$$

◀マーク式なら，そのまま使えますが，記述式では，証明しながら使います．ブラッシュアップ を熟読して，証明も含めて覚えましょう．

これを用いれば，題意の面積は

$$S_2=\frac{\frac{1}{4}}{12}\{4-(-1)\}^3=\frac{125}{48}$$ となります．

メインポイント

2次関数のグラフと直線の囲む面積では，交わったら $(x-\alpha)(x-\beta)$，接したら $(x-\alpha)^2$ の積分に帰着せよ！

第14章 数列

111 等差数列

アプローチ

初項が a_1，公差が d の等差数列 $\{a_n\}$ の一般項は

$$\boldsymbol{a_n=a_1+(n-1)d}$$

また，等差数列 $\{a_n\}$ の初項から第 n 項までの和 S_n は

$$S_n=\frac{(\text{項数})\times\{(\text{初項})+(\text{末項})\}}{2}$$

$$=\frac{n(a_1+a_n)}{2}=\frac{n\{2a_1+(n-1)d\}}{2}$$

は，しっかり理解して覚えてますか？

◀等差数列は，差が一定の数列！

◀言葉で覚えよう！

◀$\dfrac{n(a_1+a_n)}{2}$ に $a_n=a_1+(n-1)d$ を代入すると，最後の式が導ける．つながりを大切に！

解答

公差を d とし，$a_n=a_1+(n-1)d$ とおくと，条件より

$a_{10}=a_1+9d=2$　…①

$a_{15}=a_1+14d=17$　…②

②−① より，$5d=15$　∴　$d=3$，$a_1=-25$

∴　$a_n=-25+3(n-1)=\boldsymbol{3n-28}$

$a_n=3n-28\leqq 0$ となるのは，$n\leqq\dfrac{28}{3}$

よって，a_1〜a_9 は負，a_{10} からは正となるから，和が最小になるのは初項から第 9 項までの和で，その最小値は

◀0 以下の項のみを加えたものが最小！

$$\frac{9(a_1+a_9)}{2}=\frac{9(-25-1)}{2}=\boldsymbol{-117}$$

ちょっと一言

等差数列は,「差が一定」の数列です．図示すると

a_{10}	a_{11}	a_{12}	a_{13}	a_{14}	a_{15}	…
2	○	○	○	○	17	…
d	d	d	d	d		

から，$a_{15}-a_{10}=5d=15$ となり，②−① の意味もわかりますね．数列の苦手な人は，公式をただ覚えて当てはめるだけの人が多いように思われま

◀公差 5 つ分で 15 増える！同様に，等差数列の一般項は，初項 a_1 に公差 d を間の数 $n-1$ 個加えて，$a_n=a_1+(n-1)d$ としています．

す．数列は，数の並び方の規則を考える分野です．
まずは，書き出すことから始めましょう．

ブラッシュアップ

等差数列 $a_n=3n-28$ は，n の1次式ですから，公差が傾きの直線をイメージしましょう．n が1増加すると公差3増加します．図から，a_9 まで負で，a_{10} から正になることから，a_9 までの和が最小であることがわかります．

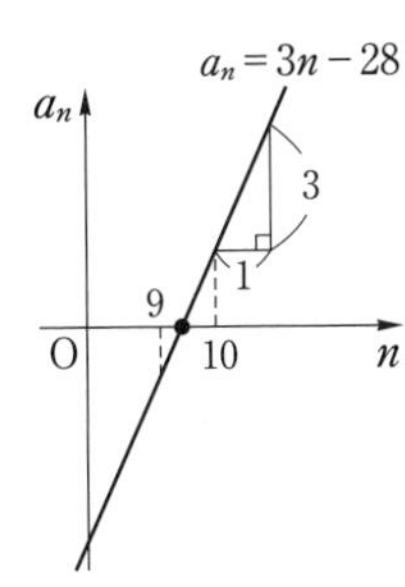

◀等差数列は，直線をイメージ！ 傾きが公差です．

等差数列は直線をイメージ！
しましょう．

また，和の公式を用いると，和 S_n は

$$S_n=\frac{n(a_1+a_n)}{2}=\frac{n(3n-53)}{2}$$

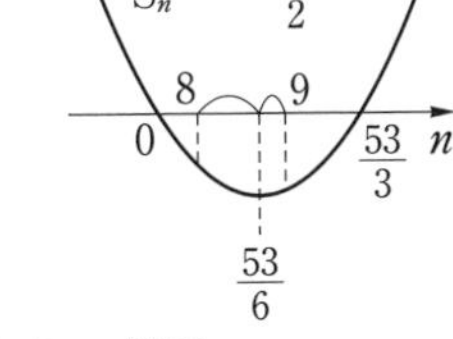

となり，n の2次関数です．

◀軸に最も近い自然数で最小となる．

n 軸との交点が0と $\frac{53}{3}$ ですから，軸は

$$n=\frac{53}{6}=8+\frac{5}{6}$$

なので，軸に最も近い自然数は9より，$n=9$ で最小となります．

メインポイント

初項 a_1，公差 d の等差数列 $\{a_n\}$ の一般項は　$\boldsymbol{a_n=a_1+(n-1)d}$

初項から第 n 項までの和 S_n は　$\boldsymbol{S_n=\frac{(\text{項数})\times\{(\text{初項})+(\text{末項})\}}{2}}$

公式に当てはめるだけでなく，等差数列の構造をしっかり理解しよう！

第14章

112 等比数列

アプローチ

初項がa，公比がrの等比数列$\{a_n\}$の一般項は

$$\boldsymbol{a_n=ar^{n-1}}$$

また，$\{a_n\}$の初項から第n項までの和S_nは

$$S_n=\begin{cases}\dfrac{a(1-r^n)}{1-r}=\dfrac{a(r^n-1)}{r-1} & (r\neq1)\\ \underbrace{a+a+\cdots+a}_{n\text{個}}=na & (r=1)\end{cases}$$

となります．これらの公式を使って解いていく場合，aやrを求めようとするとうまくいきません．S_6，S_9の中にS_3が含まれることに着目して，S_3とrの連立方程式にもっていきましょう．

◀等比数列は，比が一定の数列！

◀$\dfrac{a(1-r^{(\text{項数乗})})}{1-r}$と覚えよう！

解答

$r=1$ のとき，題意を満たさないので，$S_3=\dfrac{a(r^3-1)}{r-1}$ であるから，

$$S_6=\frac{a(r^6-1)}{r-1}=\frac{a(r^3-1)}{r-1}\cdot(r^3+1)=S_3(r^3+1)=21$$

$$\therefore\quad S_3=\frac{21}{r^3+1}\qquad\cdots①$$

$$S_9=\frac{a(r^9-1)}{r-1}=\frac{a(r^3-1)}{r-1}\cdot(r^6+r^3+1)$$
$$=S_3(r^6+r^3+1)=37$$

$$\therefore\quad S_3=\frac{37}{r^6+r^3+1}\qquad\cdots②$$

◀$r^6-1=(r^3)^2-1=(r^3-1)(r^3+1)$ なので，S_6の中にS_3が含まれます．

◀$r^9-1=(r^3)^3-1=(r^3-1)(r^6+r^3+1)$ なので，S_9の中にS_3が含まれます．

①，②より

$$\frac{21}{r^3+1}=\frac{37}{r^6+r^3+1}\qquad\therefore\quad 21(r^6+r^3+1)=37(r^3+1)$$

$$\therefore\quad 21r^6-16r^3-16=0$$

$$\therefore\quad (3r^3-4)(7r^3+4)=0\qquad\therefore\quad r^3=\frac{4}{3},\ -\frac{4}{7}$$

よって，①から $S_3=\boldsymbol{9,\ 49}$

ブラッシュアップ

1°）等比数列の和の公式の使用上の注意

$$1+2+2^2+\cdots+2^n=\frac{1\cdot(2^n-1)}{2-1}$$

とすると間違いです．和の公式において $\dfrac{a(r^{\blacktriangle}-1)}{r-1}$ の▲の部分は項数ですので，

$$\frac{a(r^{(\text{項数乗})}-1)}{r-1}$$

と覚えましょう．正解は

$$\underbrace{1+2+2^2+\cdots+2^n}_{n+1\text{項}}=\frac{1\cdot(2^{n+1}-1)}{2-1}=2^{n+1}-1$$

です．

2°）本問では，和の公式を使うと意外に手こずりますが，等比数列の和の構造を理解していれば，もっと簡単に解くことができます．書き出してみると

$$\underbrace{(a+ar+ar^2)}_{S_3}+\underbrace{(ar^3+ar^4+ar^5)}_{r^3S_3}+\underbrace{(ar^6+ar^7+ar^8)}_{r^6S_3}$$

すべて r^3 倍　　すべて r^3 倍

のように3つセットで考えれば，公比が r^3 の等比数列となっています．3つずれて r^3 倍されるので当たり前ですが，綺麗な構造ですね．

よって，

$$S_6=S_3+r^3S_3=(1+r^3)S_3$$
$$S_9=S_6+r^6S_3=S_3+r^3S_3+r^6S_3=(1+r^3+r^6)S_3$$

これを利用すると，次のように解くこともできます．

別解　$S_6=S_3+r^3S_3=(1+r^3)S_3=21$　　$\therefore\ S_3=\dfrac{21}{1+r^3}$　…③

$S_9=S_6+r^6S_3$ より，$37=21+r^6S_3$　　$\therefore\ S_3=\dfrac{16}{r^6}$　…④

③，④より $\dfrac{21}{1+r^3}=\dfrac{16}{r^6}$　　$\therefore\ 21r^6-16r^3-16=0$

$\therefore\ (3r^3-4)(7r^3+4)=0$　　$\therefore\ r^3=\dfrac{4}{3},\ -\dfrac{4}{7}$

よって，④から $S_3=\mathbf{9,\ 49}$

本来数列は，数の並び方の規則を考えることが重要ですので，書き出すことは大切ですよ．

メインポイント

初項が a，公比が r の等比数列 $\{a_n\}$ の一般項は　　$\boldsymbol{a_n=ar^{n-1}}$

初項から第 n 項までの和 S_n は　　$\boldsymbol{S_n=\dfrac{a(r^{(\text{項数乗})}-1)}{r-1}}$　$(\boldsymbol{r\neq1})$

公式に当てはめるだけでなく，等比数列の構造をしっかり理解しよう！

第14章

113 等差・等比数列

アプローチ

$\boldsymbol{a,\ b,\ c}$ **の順に等差数列**

$\iff \boldsymbol{b-a=c-b=}$**(公差)**

$\iff \boldsymbol{2b=a+c}$

a　b　c　+d　+d

◀等差数列は差が一定！

$\boldsymbol{a,\ b,\ c}$ **の順に等比数列**

$\iff \boldsymbol{\dfrac{b}{a}=\dfrac{c}{b}=}$**(公比)**

$\iff \boldsymbol{b^2=ac}$

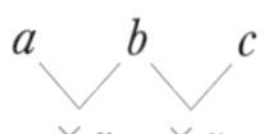

◀等比数列は比が一定！

がポイントです．解答ではこの関係を導きながら使ってみます．

解答

1，a，b，c の順に等差数列より　◀差が一定！

$a-1=b-a$ かつ $b-a=c-b$

$\therefore\ b=2a-1\ \cdots①\qquad 2b=a+c\ \cdots②$

a，b，1，c の順に等比数列より，$a\neq0$，$b\neq0$ であり　◀比が一定！

$\dfrac{b}{a}=\dfrac{1}{b}$ かつ $\dfrac{1}{b}=\dfrac{c}{1}$

$\therefore\ b^2=a\ \cdots③\qquad bc=1\ \cdots④$

①，③より a を消去して

$b=2b^2-1\qquad\therefore\ 2b^2-b-1=0\qquad\therefore\ (b-1)(2b+1)=0$

$\therefore\ b=1$ または $b=-\dfrac{1}{2}$

$b=1$ のとき，③より $a=1$，④より $c=1$

このとき②は成り立つ．

◀①，③，④から a，b，c は求まるが，②を満たすことを確認しないといけない．

$b=-\dfrac{1}{2}$ のとき，③より $a=\dfrac{1}{4}$，④より $c=-2$

このとき②は $-1\neq\dfrac{1}{4}-2$ より成立しない．

したがって，$c=1$ である．

メインポイント

① $\boldsymbol{a,\ b,\ c}$ **の順に等差数列** $\iff \boldsymbol{2b=a+c}$ （等差数列は差が一定！）

② $\boldsymbol{a,\ b,\ c}$ **の順に等比数列** $\iff \boldsymbol{b^2=ac}$ （等比数列は比が一定！）

114 Σの計算 1

アプローチ

数列 $\{a_n\}$ は等差数列ですから，

$\sum_{k=1}^{50} a_k$ は，等差数列 $\{a_n\}$ の初項から第 50 項までの和

$\sum_{k=26}^{75} a_k$ は，等差数列 $\{a_n\}$ の第 26 項から第 75 項までの和

を表します．等差数列の和の公式を使いましょう．

$\sum_{k=1}^{10}(a_k-104)^2$ については，$\sum$ をバラして公式を利用するのが普通でしょうが….

◀ $\sum_{k=1}^{n} a_k$ はあくまでも数列 $\{a_n\}$ の和を表している．

解答

公差を d とし，$a_n=a_1+(n-1)d$ とおくと，

$a_5=a_1+4d=92$ …①，$a_{13}=a_1+12d=76$ …②

②−① より，

$8d=-16$ $\therefore$ $d=\mathbf{-2}$ （公差）

①より，$a_1=92-4(-2)=\mathbf{100}$ （初項）

よって，$a_n=100-2(n-1)=-2n+102$ より，

$$\sum_{k=1}^{50} a_k=\frac{50(a_1+a_{50})}{2}=\frac{50(100+2)}{2}=\mathbf{2550} \quad \cdots(*)$$

$$\sum_{k=26}^{75} a_k=\frac{50(a_{26}+a_{75})}{2}=\frac{50(50-48)}{2}=\mathbf{50} \quad \cdots(**)$$

◀ 等差数列の和の公式 $\dfrac{(\text{項数})\{(\text{初項})+(\text{末項})\}}{2}$ を利用した．

また，$a_k-104=(-2k+102)-104=-2(k+1)$ から

$$\begin{aligned}\sum_{k=1}^{10}(a_k-104)^2&=4\sum_{k=1}^{10}(k+1)^2\\&=4\left(\sum_{k=1}^{10}k^2+2\sum_{k=1}^{10}k+\sum_{k=1}^{10}1\right)\\&=4\left(\frac{10\cdot 11\cdot 21}{6}+2\cdot\frac{10\cdot 11}{2}+10\right)\\&=4(385+110+10)=\mathbf{2020}\end{aligned}$$

◀ $\sum$ はバラせる！ バラして公式に帰着させるのが基本！

別解 $\sum_{k=1}^{10}(a_k-104)^2=4\sum_{k=1}^{10}(k+1)^2$

$$\begin{aligned}&=4\{2^2+3^2+\cdots+10^2+(10+1)^2\}\\&=4\{(1^2+2^2+3^2+\cdots+11^2)-1^2\}\\&=4\left(\sum_{k=1}^{11}k^2-1^2\right)=4\left(\frac{11\cdot 12\cdot 23}{6}-1\right)=\mathbf{2020}\end{aligned}$$

◀ $(k+1)^2$ は k^2 を 1 つずらしたものであることに気づけば，左の変形はわかるでしょう．意味を考えた変形です．

第14章

1°) **Σ記号について**

$$\sum_{k=1}^{n} \boldsymbol{a_k} = \boldsymbol{a_1} + \boldsymbol{a_2} + \boldsymbol{a_3} + \cdots + \boldsymbol{a_n}$$

は，数列 $\{a_k\}$ の k を 1 から n まで動かしたときの和を意味します．

例えば，

$a_k = 2k-1$ であれば，$\{a_k\}$ は等差数列であるので

$$\sum_{k=1}^{n}(2k-1) = 1+3+5+\cdots+(2n-1)$$
$$= \frac{n(1+2n-1)}{2}$$
$$= n^2 \quad [n \text{ 個の奇数の和は } n^2]$$

$a_k = 2^{k-1}$ であれば，$\{a_k\}$ は等比数列ですから

$$\sum_{k=1}^{n} 2^{k-1} = 1+2+2^2+\cdots+2^{n-1} = \frac{1\cdot(2^n-1)}{2-1} = 2^n-1$$

このように**あくまでも和を意味する記号**なので，$\{a_k\}$ が等差数列なら等差数列の和，等比数列なら等比数列の和なのです．Σ で困ったら，まずは代入して展開してみてください．意味がわかってくるはずです．

2°) **Σの公式について**

① $\displaystyle\sum_{k=1}^{n} \boldsymbol{a} = \underbrace{\boldsymbol{a}+\boldsymbol{a}+\boldsymbol{a}+\cdots+\boldsymbol{a}}_{n \text{ 個の } a \text{ の和}} = \boldsymbol{na}$　[定数列の和]

② $\displaystyle\sum_{k=1}^{n} \boldsymbol{k} = \boldsymbol{1+2+3+\cdots+n} = \frac{\boldsymbol{n(n+1)}}{\boldsymbol{2}}$　[等差数列 k の和]

k の 1 次式は等差数列でしたね．

$$\frac{(\text{項数})\times\{(\text{初項})+(\text{末項})\}}{2} = \frac{n(n+1)}{2}$$

となります．

③ $\displaystyle\sum_{k=1}^{n} \boldsymbol{k^2} = \boldsymbol{1^2+2^2+3^2+\cdots+n^2} = \frac{\boldsymbol{n(n+1)(2n+1)}}{\boldsymbol{6}}$　[n と $n+1$ を加えると $2n+1$]（図中注記：和）

④ $\displaystyle\sum_{k=1}^{n} \boldsymbol{k^3} = \boldsymbol{1^3+2^3+3^3+\cdots+n^3} = \left\{\frac{\boldsymbol{n(n+1)}}{\boldsymbol{2}}\right\}^2$　$\left[\displaystyle\sum_{k=1}^{n} k \text{ の 2 乗}\right]$

③，④では，k^2 も k^3 も等差数列でも等比数列でもありませんので，すぐには求められませんが，昔の偉い人が証明してくれていますので，覚えて使いましょう（問題 **117** の ブラッシュアップ で③の証明の概略を示しています）．

⑤ **Σはバラせる！**

例えば，

$$\sum_{k=1}^{n}(2k^2+3k)=\boxed{\begin{array}{c}2\cdot1^2+3\cdot1\\+2\cdot2^2+3\cdot2\\+2\cdot3^2+3\cdot3\\\vdots\quad\ \vdots\\+2\cdot n^2+3\cdot n\end{array}}\begin{aligned}&=2(1^2+2^2+\cdots+n^2)+3(1+2+\cdots+n)\\&=2\sum_{k=1}^{n}k^2+3\sum_{k=1}^{n}k\\&=2\cdot\frac{n(n+1)(2n+1)}{6}+3\cdot\frac{n(n+1)}{2}\\&=\frac{n(n+1)}{6}\{2(2n+1)+9\}\\&=\frac{n(n+1)(4n+11)}{6}\end{aligned}$$

足し算の順番は関係ありませんから，まず $2k^2$ の部分を加え，そのあと $3k$ の部分を加えていると思えば，$\sum$ がバラせるのも納得できるでしょう．暗記ではなく，構造をしっかり理解して使ってください．この性質を使うと，複雑な和もバラバラにして計算できるので非常に便利なのです．

ちょっと一言

《(＊) と (＊＊) に関連して》

(＊) は $\sum_{k=1}^{50}a_k=\sum_{k=1}^{50}(-2k+102)$

$$=-2\sum_{k=1}^{50}k+\sum_{k=1}^{50}102=-2\cdot\frac{50\cdot51}{2}+102\cdot50=2550$$

とすることもできますが，遠回りな変形です．k の 1 次式なら等差数列の和の公式で処理しましょう．

また，(＊＊) は $\sum_{k=26}^{75}a_k=\sum_{k=1}^{75}a_k-\sum_{k=1}^{25}a_k$ と変形することもできますが，これまた遠回りです．解答のように初項 a_{26}，末項 a_{75}，項数 $75-26+1=50$ の等差数列の和と考えて計算しましょう．

ただし，$\sum_{k=11}^{20}k^2$ のようにスタートを $k=1$ にしないと公式が使えない場合は

$$\sum_{k=11}^{20}k^2=\sum_{k=1}^{20}k^2-\sum_{k=1}^{10}k^2=\frac{20\cdot21\cdot41}{6}-\frac{10\cdot11\cdot21}{6}=\frac{10\cdot21(2\cdot41-11)}{6}=2485$$

として，$k=1$ から考えます．

メインポイント

$\sum_{k=1}^{n}a_k$ は数列 $\{a_k\}$ の和を表しているにすぎない．

公式をただ当てはめるだけでなく，その意味も考えよう！

第14章

115 Σ の計算 2

アプローチ

数列の和を求めるには，**一般項を求めて Σ** が基本です．

◀数列の和を求めるには，まず一般項をチェックしよう！

(1)では，等差数列の和なので，等差数列の和の公式を使った方がよいですが，(2)では，a_k の係数である数列 $1, 2, \cdots, n$ の k 番目の項が k より，求める和は ka_k の Σ になります．

(3)では，a_n の係数である数列 $n,\ n-1,\ n-2,\ \cdots$ は初項が n，公差が -1 の等差数列なので，k 番目の項は

$$n+(k-1)\cdot(-1)=n+1-k$$

◀$n-$(番号)$+1$ などと考えてもよい．

となり，求める和は $(n+1-k)a_k$ の Σ です．このとき，変数は k ですから，n が定数であることに注意して計算しましょう．

解答

数列 $\{a_n\}$ は初項が 4，公差が 6 の等差数列であるから，
$a_n=4+6(n-1)=6n-2$ である．

(1) $$A_n=\sum_{k=1}^{n}a_k=\frac{n(a_1+a_n)}{2}=\frac{n\{4+(6n-2)\}}{2}$$
$$=\boldsymbol{n(3n+1)}$$

◀$\dfrac{(\text{項数})\{(\text{初項})+(\text{末項})\}}{2}$

(2) $$B_n=\sum_{k=1}^{n}ka_k=\sum_{k=1}^{n}(6k^2-2k)=6\cdot\frac{n(n+1)(2n+1)}{6}-2\cdot\frac{n(n+1)}{2}$$
$$=n(n+1)\{(2n+1)-1\}=\boldsymbol{2n^2(n+1)}$$

(3) $$C_n=n\cdot a_1+(n-1)\cdot a_2+\cdots+1\cdot a_n$$
$$=\sum_{k=1}^{n}(n+1-k)a_k=(n+1)\sum_{k=1}^{n}a_k-\sum_{k=1}^{n}ka_k$$
$$=(n+1)A_n-B_n$$
$$=(n+1)\cdot n(3n+1)-2n^2(n+1)$$
$$=\boldsymbol{n(n+1)^2}$$

◀k 番目すなわち一般項を求めて Σ

◀(1)，(2)の結果を利用．

◀共通因数 $n(n+1)$ でくくりながら計算．

メインポイント

数列の和を求めるには，一般項を求めて Σ

116 Σの計算 3

アプローチ

a_n が 1, 2, 3, …, n (等差数列) と

3^n, 3^{n-1}, 3^{n-2}, …, 3 $\left(\text{公比 } \frac{1}{3} \text{ の等比数列}\right)$ をかけたものの和になっています．このように

(等差数列)×(等比数列) すなわち **(k の 1 次式)×r^k** タイプの数列の和を求めるときには，公比倍して，累乗をそろえて引くと等比数列の和が現れることを利用します．

◀一般項は $k\cdot 3^{n-k+1}$ となります．これは Σ の公式が使えないタイプですね．

解答

$$\begin{array}{rl} a_n = & 1\cdot 3^n + 2\cdot 3^{n-1} + 3\cdot 3^{n-2} + 4\cdot 3^{n-3} + \cdots + n\cdot 3 \\ -\big)\ \frac{1}{3}a_n = & \qquad 1\cdot 3^{n-1} + 2\cdot 3^{n-2} + 3\cdot 3^{n-3} + \cdots + (n-1)\cdot 3 + n\cdot 1 \\ \hline \frac{2}{3}a_n = & \underbrace{3^n + 3^{n-1} + 3^{n-2} + 3^{n-3} + \cdots + 3}_{\text{右から見ると初項 3 公比 3 の等比数列の } n \text{ 項の和}} - n \end{array}$$

$$= \frac{3(3^n-1)}{3-1} - n = \frac{3^{n+1}-3-2n}{2}$$

$$\therefore \quad a_n = \boldsymbol{\frac{3^{n+2}-6n-9}{4}}$$

◀等比数列部分の公比 $\frac{1}{3}$ をかけて，累乗をそろえて引く．

◀等比数列の和が現れる！

ちょっと一言

$a_n - \frac{1}{3}a_n$ を計算する際，$3^{\triangledown}$ の係数の差は常に 1 になっています．これは等差数列 k の公差になっているのがわかるでしょうか？　これより，$3^{\triangledown}$ の係数は常に一定値となり，等比数列の和に帰着されるわけです．

実は，初項が a，公比が r ($\neq 1$) の等比数列の和 S_n の公式をつくる際にも $S_n - rS_n$ を計算します．すなわち，

$$\begin{array}{rl} S_n = & a + ar + ar^2 + ar^3 + \cdots + ar^{n-2} + ar^{n-1} \\ -\big)\ rS_n = & \quad\ \ ar + ar^2 + ar^3 + \cdots + ar^{n-2} + ar^{n-1} + ar^n \\ \hline (1-r)S_n = & a - ar^n = a(1-r^n) \end{array} \qquad \therefore \quad S_n = \frac{a(1-r^n)}{1-r}$$

となり，ほとんど同じですね．

メインポイント

(等差数列)×(等比数列) すなわち **(k の 1 次式)×r^k** の和は，公比をかけて累乗をそろえて引きましょう．

第14章

117 差分解

アプローチ

例えば，$\displaystyle\sum_{k=1}^{n}\frac{1}{k(k+1)}$ を求めるとき，Σ の公式は使えませんので

$$\frac{1}{k}-\frac{1}{k+1}=\frac{(k+1)-k}{k(k+1)}=\frac{1}{k(k+1)}$$

◀分数の積は，部分分数に分ける！

を利用して，

$$\sum_{k=1}^{n}\frac{1}{k(k+1)}=\sum_{k=1}^{n}\left(\frac{1}{k}-\frac{1}{k+1}\right)$$

$$=\left(1-\frac{1}{2}\right)+\left(\frac{1}{2}-\frac{1}{3}\right)+\left(\frac{1}{3}-\frac{1}{4}\right)+\cdots$$

$$\cdots+\left(\frac{1}{n-1}-\frac{1}{n}\right)+\left(\frac{1}{n}-\frac{1}{n+1}\right)$$

$$=1-\frac{1}{n+1}=\frac{n}{n+1}$$

とします．ここで大切なのは，$\dfrac{1}{k(k+1)}$ を $\dfrac{1}{k}-\dfrac{1}{k+1}$ というように，k 項目と $k+1$ 項目の隣り同士の差に分解していることです．隣り同士の差に分解することにより，項が消えていき，和が求まるのです．

◀Σ の基本は差分解！

解答

(1) $\dfrac{1}{k}-\dfrac{1}{k+2}=\dfrac{(k+2)-k}{k(k+2)}=\dfrac{2}{k(k+2)}$

◀とりあえず，部分分数の差を計算してから，調整する．実は分母の差の分の調整が必要．

より，$\dfrac{1}{k(k+2)}=\dfrac{1}{2}\left(\dfrac{1}{k}-\dfrac{1}{k+2}\right)$

$$\sum_{k=1}^{n}a_k=\sum_{k=1}^{n}\frac{1}{k(k+2)}$$

◀$\dfrac{1}{k}$ と $\dfrac{1}{k+2}$ は 2 つずれているので，1 つ飛びで消える．

$$=\frac{1}{2}\sum_{k=1}^{n}\left(\frac{1}{k}-\frac{1}{k+2}\right)$$

$$=\frac{1}{2}\left\{\left(\frac{1}{1}-\frac{1}{3}\right)+\left(\frac{1}{2}-\frac{1}{4}\right)+\left(\frac{1}{3}-\frac{1}{5}\right)+\left(\frac{1}{4}-\frac{1}{6}\right)+\cdots\right.$$

$$\left.\cdots+\left(\frac{1}{n-1}-\frac{1}{n+1}\right)+\left(\frac{1}{n}-\frac{1}{n+2}\right)\right\}$$

$$=\frac{1}{2}\left(1+\frac{1}{2}-\frac{1}{n+1}-\frac{1}{n+2}\right)=\frac{3}{4}-\frac{1}{2(n+1)}-\frac{1}{2(n+2)}$$

$$=\boldsymbol{\frac{n(3n+5)}{4(n+1)(n+2)}}$$

(2) $\displaystyle\sum_{k=1}^{n} b_k=\sum_{k=1}^{n}\frac{1}{\sqrt{k+1}+\sqrt{k}}=\sum_{k=1}^{n}(\sqrt{k+1}-\sqrt{k})$

◀まずは，有理化！

$=(\sqrt{2}-\sqrt{1})+(\sqrt{3}-\sqrt{2})+(\sqrt{4}-\sqrt{3})+\cdots$

$\cdots+(\sqrt{n}-\sqrt{n-1})+(\sqrt{n+1}-\sqrt{n})$

$=\boldsymbol{\sqrt{n+1}-1}$

◀$\sqrt{k+1}-\sqrt{k}$ のように隣り同士の差を発見できれば，和が求められる．

(3) $\displaystyle\sum_{k=1}^{n} c_k=\sum_{k=1}^{n}\log_2\frac{k+1}{k}$

◀$\log_a\dfrac{M}{N}=\log_a M-\log_a N$

$\displaystyle=\sum_{k=1}^{n}\{\log_2(k+1)-\log_2 k\}$

◀隣り同士の差！　和が求められる．

$=(\log_2 2-\log_2 1)+(\log_2 3-\log_2 2)+(\log_2 4-\log_2 3)+\cdots$

$\cdots+\{\log_2 n-\log_2(n-1)\}+\{\log_2(n+1)-\log_2 n\}$

$=\log_2(n+1)-\log_2 1=\boldsymbol{\log_2(n+1)}$

ちょっと一言

$\displaystyle\sum_{k=1}^{n} c_k=\log_2\frac{2}{1}+\log_2\frac{3}{2}+\cdots+\log_2\frac{n+1}{n}$

$\displaystyle=\log_2\left(\frac{2}{1}\cdot\frac{3}{2}\cdot\cdots\cdot\frac{n+1}{n}\right)=\log_2(n+1)$

◀$\log_2 m+\log_2 n=\log_2 mn$

とすることもできます．

ブラッシュアップ

皆さんの知っている公式

$$\sum_{k=1}^{n} k^2=\frac{1}{6}n(n+1)(2n+1)$$

はどのようにしてつくられるか知っていますか？

$(k+1)^3-k^3=3k^2+3k+1$ の両辺の和を考え

$$\sum_{k=1}^{n}\{(k+1)^3-k^3\}=3\sum_{k=1}^{n}k^2+3\sum_{k=1}^{n}k+\sum_{k=1}^{n}1$$

$$\therefore\quad (n+1)^3-1^3=3\sum_{k=1}^{n}k^2+3\cdot\frac{n(n+1)}{2}+n$$

これを整理すると，$\displaystyle\sum_{k=1}^{n}k^2=\frac{n(n+1)(2n+1)}{6}$ となります．

このように，Σ 計算の基本は，数列を差に分解することなのです．

メインポイント

Σ の基本は差分解！　隣り同士の差がつくれたら和は求まる．

118 階差数列

アプローチ

数列$\{a_n\}$の階差数列を$\{b_n\}$とすると，$b_n=a_{n+1}-a_n$であり，

$$\begin{array}{lccccc} \{a_n\}: & a_1 & a_2 & a_3 & \cdots & a_{n-1} \quad a_n \\ \{b_n\}: & +b_1 & +b_2 & & \cdots & +b_{n-1} \end{array}$$

一般項a_nは，$n\geqq 2$のとき，

$$\boldsymbol{a_n=a_1+(b_1+b_2+\cdots+b_{n-1})}$$
$$\boldsymbol{=a_1+\sum_{k=1}^{n-1}b_k}$$

◀この式は，$n=1$のときは定義できないので，最後に$n=1$のときの確認が必要です．

と表せます．初項a_1に階差数列を間の数$(n-1)$個だけ加えたものがa_nです．図のイメージをしっかりもって覚えましょう！

解答

数列$\{b_n\}$の公比をr (>0)とすると，

$$b_n=a_{n+1}-a_n=2r^{n-1}$$

$a_1=1$，$a_4=15$より，

$$\begin{array}{lccccc} \{a_n\}: & 1 & a_2 & a_3 & 15 & \cdots \\ \{b_n\}: & +2 & +2r & +2r^2 & & \cdots \end{array}$$

◀図をイメージすると構造がよくわかりますね．a_1にb_1，b_2，b_3を順に加えたものがa_4です．

$$a_4=1+(2+2r+2r^2)=15$$
$$r^2+r-6=0 \qquad \therefore \quad (r+3)(r-2)=0$$

よって，$r>0$より，$\boldsymbol{r=2}$

ゆえに，$b_n=2\cdot 2^{n-1}=2^n$

したがって，$n\geqq 2$のとき，

$$a_n=1+\sum_{k=1}^{n-1}2^k=1+\frac{2(2^{n-1}-1)}{2-1}=2^n-1$$

これは，$n=1$のときも成り立つ．

◀$a_1=1$となることを確認する．

よって，$a_n=\boldsymbol{2^n-1}$ $(n\geqq 1)$

メインポイント

$\boldsymbol{b_n=a_{n+1}-a_n}$ **は数列**$\{\boldsymbol{a_n}\}$**の階差数列**であり，

$n\geqq 2$のとき，$\boldsymbol{a_n=a_1+\sum_{k=1}^{n-1}b_k}$ と表せる．

119 和と一般項の関係

アプローチ

和から一般項を求める問題では，

$$\begin{cases} a_1=S_1 \\ a_n=S_n-S_{n-1} \quad (n\geqq 2) \end{cases}$$

を利用しますが，これを覚えるというよりは，**和から一般項を求める際には，ずらして引くイメージをもつことが大切です．**

◀ n 項までの和 S_n から $n-1$ 項までの和 S_{n-1} を引いたら何が残りますか？ a_n ですね。

解答

(1) $a_1=S_1=1-1=0$

◀ $S_1=a_1$

$n\geqq 2$ のとき，

$$\begin{aligned} a_n&=S_n-S_{n-1} \\ &=(n^3-n)-\{(n-1)^3-(n-1)\} \\ &=3n^2-3n \end{aligned}$$

これは，$n=1$ のときも成り立つ．

よって，$a_n=\boldsymbol{3n^2-3n}$　$(\boldsymbol{n\geqq 1})$

◀ $n=1$ の場合も含むかを確認！

(2) $\displaystyle\sum_{k=1}^{n}\frac{b_k}{k}=\frac{b_1}{1}+\frac{b_2}{2}+\cdots+\frac{b_{n-1}}{n-1}+\frac{b_n}{n}=n^2+1$　…①

◀ $\sum$ も和を表しているので，一般項を求めるにはずらして引きます．

$n\geqq 2$ のとき，

$\displaystyle\sum_{k=1}^{n-1}\frac{b_k}{k}=\frac{b_1}{1}+\frac{b_2}{2}+\cdots+\frac{b_{n-1}}{n-1}=(n-1)^2+1$　…②

①－② より

$$\frac{b_n}{n}=2n-1 \qquad \therefore \quad b_n=n(2n-1)$$

①で $n=1$ とすると，$b_1=2$ であるから，

$$\begin{cases} \boldsymbol{b_1=2} \\ \boldsymbol{b_n=n(2n-1)} \quad (\boldsymbol{n\geqq 2}) \end{cases}$$

ちょっと一言

$n\geqq 2$ の式 $b_n=n(2n-1)$ に 1 を代入すると，$b_1=1$ となり，①で $n=1$ とした実際の初項 $b_1=2$ と異なります．このような場合は，$n=1$ と $n\geqq 2$ で分けて答えます．

メインポイント

和から一般項はずらして引け！　ただし，n の範囲に注意すること．

第14章

120 群数列

アプローチ

この数列は，前から見ると等差にも等比にもなってません．しかし，下図のように，分母に注意して仕切りを入れて考えると，各群の中身が等差数列になり，うまく解くことができます．このとき，大事なことは，まず，**第 n 群の項数**をチェックすることです．

◀群数列では，図をかいて視覚的に考えよう！ 仕切ると各群の中の数列は，等差数列や等比数列などの単純な数列になる．

(1) 第 k 群の分母は $k+1$ であり，分子は k から始まっていることに注意すると，$\dfrac{18}{25}$ は第 24 群の 7 番目とわかります．あとは各群の項数を加えて通し番号を求めましょう．

(2) 第 666 項目が第何群の何番目か？ がわかればその項がわかります．**第何群の何番目かときたら，第 n 群にあるとして番号ではさむのが基本です．**

(3) 和を求めるには，**第 k 群の和を求めて $\sum$**，すなわち**群ごとに加えるのが鉄則**です．

解答

(1) 第 1 群 第 2 群 第 3 群 第 k 群

$$\underbrace{\frac{1}{2}}_{1\text{個}}\ \Big|\ \underbrace{\frac{2}{3},\ \frac{1}{3}}_{2\text{個}}\ \Big|\ \underbrace{\frac{3}{4},\ \frac{2}{4},\ \frac{1}{4}}_{3\text{個}}\ \Big|\ \cdots\ \Big|\ \underbrace{\frac{k}{k+1},\ \cdots,\ \frac{1}{k+1}}_{k\text{個}}\ \Big|\ \cdots$$

◀今回は，分母が同じものに着目して群に分ける！

上のように群に分けると，第 k 群には項が k 個ある．

◀群数列では，第 n 群の項数をまずチェック！

第 24 群

$$\cdots\ \Big|\ \underbrace{\frac{24}{25},\ \frac{23}{25},\ \cdots,\ \frac{18}{25}}_{24-17=7\text{個}},\ \cdots,\ \frac{1}{25}\ \Big|\cdots$$

$\dfrac{18}{25}$ は，第 24 群の第 7 項目であるから，初めから数えて $\underbrace{1+2+\cdots+23}_{\text{第 23 群までの項数}}+7=\dfrac{1}{2}\cdot23\cdot24+7=\mathbf{283}$ (項目)

である．

◀第 1 群から第 23 群までの項数を加えて，残りの 7 項を加えると，初項からの通し番号が求まる．

(2) 第 n 群までの項数は $1+2+\cdots+n=\dfrac{1}{2}n(n+1)$ 項ある．

第 666 項が，第 n 群にあるとすると，

$\dfrac{1}{2}n(n-1)<666\leqq\dfrac{1}{2}n(n+1)$ …①

第 n 群

$\cdots,\ \square \,\big|\, \cdots,\ \boxed{666\text{項}},\ \cdots,\ \square \,\big|\, \cdots$

前から 第 $\frac{1}{2}n(n-1)$ 項目　　前から 第 $\frac{1}{2}n(n+1)$ 項目

$\frac{1}{2}n^2 \fallingdotseq 666$ より $n^2 \fallingdotseq 1332$ で，$36^2=1296$ より，$n \fallingdotseq 36$

$n=36$ を①に代入すると，$630<666 \leqq 666$ となり成り立つ．よって，第 666 項は，第 36 群の末項で

$\mathbf{\dfrac{1}{37}}$

◀ $\dfrac{n(n+1)}{2}$ の最高次 $\dfrac{n^2}{2}$ を考え，あたりをつける．だいたいの値がわかればよい．

◀ ちょうど最後の項でした．

(3)　第 k 群の和は，

$$\left|\frac{k}{k+1},\ \frac{k-1}{k+1},\ \cdots,\ \frac{2}{k+1},\ \frac{1}{k+1}\right|$$

から $\dfrac{1+2+\cdots+k}{k+1}=\dfrac{1}{k+1}\cdot\dfrac{1}{2}k(k+1)=\dfrac{k}{2}$

したがって，求める和は $\displaystyle\sum_{k=1}^{36}\frac{k}{2}=\frac{1}{2}\cdot\frac{1}{2}\cdot36\cdot37=\mathbf{333}$

◀ 第 k 群は等差数列！第 k 群の和を求めて $\sum$ が基本です．実際に和を並べて確認すると，$\frac{1}{2}$，$\frac{2}{2}$，$\frac{3}{2}$，…となっています．

ブラッシュアップ

本問では，仕切りがないと規則がわからなくなりますが

$1|3,\ 5|7,\ 9,\ 11|13,\ 15,\ 17,\ 19|\cdots$

のように，仕切りを取ったときの数列が，等差数列などの単純な数列になるものも出題されます．このような問題では，この数列をチェックすることから始めます．前から第 k 項目を a_k とすると，$a_k=2k-1$ であり，例えば第 n 群の末項は，

$\underbrace{1}_{1\text{個}}|\underbrace{3,\ 5}_{2\text{個}}|\underbrace{7,\ 9,\ 11}_{3\text{個}}|\underbrace{13,\ 15,\ 17,\ 19}_{4\text{個}}|\cdots|\underbrace{\text{第}n\text{群}}_{n\text{個}}|$

前から $k=1+2+3+\cdots+n=\dfrac{n(n+1)}{2}$（項目）なので，一般項に代入すれば

$2\cdot\dfrac{n(n+1)}{2}-1=n^2+n-1$ とわかります．その項を求めたければ前からの通し番号がわかればよいのです．

メインポイント

群数列では，図をかいて数の並びの規則を推定して番号ではさむ！

①　第 n 群の項数チェック！

②　第何群の何番目かを求めるには，[illegible]本！

③　和を求めるには，第 k 群の和[illegible]

121 漸化式とは

アプローチ

漸化式は，数列の帰納的定義と呼ばれ，いわば**数列の設計図**です．a_1 から順に代入していけば，永遠に項をつくり出せます．まずは a_5 を目標にどんどん代入していきましょう．$a_5=a_1$ に気づけば，周期 4 で繰り返すことがわかります．

漸化式は解くものだと思っている人が多いですが，

① 解く！　② 使う！　③ つくる！

の 3 つの応用があります．今回は漸化式を使う！

◀漸化式が解けないときは調べてみよう！

解答

$$a_{n+1}=\frac{a_n-1}{a_n+1}\quad (n=1,\ 2,\ \cdots)\quad \cdots(*)$$

に $a_1=2$ から順に代入していくと，

◀この漸化式を解くのは難しいですね．まず a_5 を求めてみましょう．

$$a_2=\frac{a_1-1}{a_1+1}=\frac{2-1}{2+1}=\frac{1}{3}$$

$$a_3=\frac{a_2-1}{a_2+1}=\frac{\frac{1}{3}-1}{\frac{1}{3}+1}=\frac{1-3}{1+3}=-\frac{1}{2}$$

$$a_4=\frac{a_3-1}{a_3+1}=\frac{-\frac{1}{2}-1}{-\frac{1}{2}+1}=\frac{-1-2}{-1+2}=-3$$

$$a_5=\frac{a_4-1}{a_4+1}=\frac{-3-1}{-3+1}=2=a_1$$

◀2 項間漸化式は 1 つの項が決まると次の項がつくれるので，$a_5=a_1$ のように同じ項が出てきたら繰り返しになります．

(＊)　2 項間漸化式より，以下周期 4 で繰り返す．

したが　，$100=4\times25$ より，$a_{100}=a_4=-3$

ブラッシ　ップ

このよう

成り立ちますを周期数列といいます．今回は周期が 4 なので $\boldsymbol{a_{n+4}=a_n}$ が

るとき，$\boldsymbol{a_{n+p}}$ ずれたら同じということです．一般に，$\{a_n\}$ の周期が p であ

り立ちます．

メインポイント

漸化式は，数列の

きる．解けないとき　に代入していけば，数列を書き出すことがで

う！

122 基本漸化式

アプローチ

漸化式の基本 3 タイプは

1°) $\boldsymbol{a_{n+1}=a_n+d}$ ［等差型］

2°) $\boldsymbol{a_{n+1}=ra_n}$ ［等比型］

3°) $\boldsymbol{a_{n+1}-a_n=f(n)}$ ［階差型］

です．

◀漸化式の解法の基本はこの 3 タイプ！

解答

(1) 数列 $\{a_n\}$ は初項 -18，公差 4 の等差数列であるから

$$a_n=-18+4(n-1)=\boldsymbol{4n-22}$$

(2) 数列 $\{a_n\}$ は初項 1，公比 2 の等比数列であるから

$$a_n=1\cdot 2^{n-1}=\boldsymbol{2^{n-1}}$$

(3) $a_{n+1}-a_n=6n+1$ より，数列 $\{a_n\}$ の階差数列が $6n+1$ であるから，

$n\geqq 2$ のとき，

$$a_n=3+\sum_{k=1}^{n-1}(6k+1)$$

$$=3+\frac{(n-1)\{7+(6n-5)\}}{2}$$

$$=3+(n-1)(3n+1)$$

$$=3n^2-2n+2$$

これは，$n=1$ のときも成り立つので，

$$a_n=\boldsymbol{3n^2-2n+2}\quad(\boldsymbol{n\geqq 1})$$

◀階差数列を $\{b_n\}$ とすると，
$b_n=a_{n+1}-a_n$
$n\geqq 2$ のとき
$a_n=a_1+\sum_{k=1}^{n-1}b_k$

ブラッシュアップ

解ける漸化式のほとんどは，「**かたまり**」で基本 3 タイプに帰着して解いていきます．

以下の式を見て，かたまりが意識できますか？

(1) $a_1=2$，$a_{n+1}-1=2(a_n-1)$

(2) $a_1=1$，$\dfrac{a_{n+1}}{n+1}-\dfrac{a_n}{n}=1$

(3) $a_1=1$，$\dfrac{1}{a_{n+1}}=\dfrac{1}{a_n}+n$

第14章

(1)では，$\boxed{a_{n+1}-1}=2(\boxed{a_n-1})$ とみて，$b_n=a_n-1$ とおけば

$b_{n+1} \quad =2 \quad b_n \Longrightarrow$ **[かたまりで等比数列]**

となり，数列 $\{b_n\}$ は初項 $b_1=a_1-1=1$，公比 2 の等比数列となり

$b_n=1\cdot 2^{n-1} \qquad \therefore \quad a_n-1=2^{n-1} \qquad \therefore \quad a_n=2^{n-1}+1$

(2)では，$\boxed{\dfrac{a_{n+1}}{n+1}}-\boxed{\dfrac{a_n}{n}}=1$ とみて，$b_n=\dfrac{a_n}{n}$ とおけば

$b_{n+1} \quad - \quad b_n \ =1 \Longrightarrow$ **[かたまりで等差数列]**

となり，数列 $\{b_n\}$ は初項 $b_1=\dfrac{a_1}{1}=1$，公差 1 の等差数列だから

$b_n=1+(n-1)\cdot 1=n \qquad \therefore \quad \dfrac{a_n}{n}=n \qquad \therefore \quad a_n=n^2$

(3)では，$\boxed{\dfrac{1}{a_{n+1}}}-\boxed{\dfrac{1}{a_n}}=n$ とみて，$b_n=\dfrac{1}{a_n}$ とおけば

$b_{n+1} \quad - \quad b_n=n \Longrightarrow$ **[かたまりで階差数列]**

となり，数列 $\{b_n\}$ の階差数列がわかります．

よって，$b_1=\dfrac{1}{a_1}=1$ から，$n\geqq 2$ のとき

$$b_n=1+\sum_{k=1}^{n-1}k=1+\frac{1}{2}n(n-1)=\frac{n^2-n+2}{2}$$

$$\therefore \quad \frac{1}{a_n}=\frac{n^2-n+2}{2}$$

$$\therefore \quad a_n=\frac{2}{n^2-n+2}$$

これは，$n=1$ のときも成り立ち，

$$a_n=\frac{2}{n^2-n+2} \quad (n\geqq 1)$$

となります．

だんだん数列をかたまりとして，まとめて見られるようになってきましたか？

このように，漸化式を解くには，数列をかたまりで見て基本 3 タイプに帰着していきます．様々な漸化式があり，その変形の仕方もたくさんありますが，かたまりをつくる方法としてとらえていけば，かなり覚えやすくなるはずです．大切なのは数列をかたまりでとらえることです．

メインポイント

漸化式を解く際には，「かたまり」で基本 3 タイプに帰着せよ！

123 $a_{n+1}=pa_n+q$ （q は定数）タイプ

アプローチ

$a_{n+1}=pa_n+q$ （q は定数）のタイプの漸化式は，$a_{n+1}=a_n=\alpha$ とおいた式をつくり，差をつくると，$a_n-\alpha$ のかたまりで等比数列となります．

◀これはノーヒントで解けるようにしておくこと！

解答

$$a_{n+1}=\frac{1}{3}a_n+\frac{4}{3} \quad \cdots①$$

$$\alpha=\frac{1}{3}\alpha+\frac{4}{3} \quad \cdots②$$

①−② より

$$a_{n+1}-\alpha=\frac{1}{3}(a_n-\alpha) \quad \cdots(*)$$

◀$a_{n+1}=a_n=\alpha$ とおいた式をつくって引くとかたまりができる．

②を解くと $\alpha=2$，これを（$*$）に代入して

$$a_{n+1}-2=\frac{1}{3}(a_n-2)$$

よって，数列 $\{a_n-2\}$ は初項 $a_1-2=-1$，公比が $\frac{1}{3}$ の等比数列であるから

$$a_n-2=-\left(\frac{1}{3}\right)^{n-1} \qquad \therefore \quad \boldsymbol{a_n=2-\left(\frac{1}{3}\right)^{n-1}}$$

◀$b_n=a_n-2$ とおいて，$b_{n+1}=\frac{1}{3}b_n$ として解いてもよいが，慣れてきたら a_n-2 をかたまりでとらえて，解答のように考えたい．

ブラッシュアップ

$a_{n+1}=a_n=\alpha$ とおくときに，a_n と a_{n+1} が同じとおくのは気持ち悪いという人が多いのですが，α はこの漸化式を満たす定数列の意味をもっています．

今回は $\alpha=2$ ですので，$a_n=2$ としてこれを漸化式に代入すると

$$a_{n+1}=\frac{1}{3}\cdot2+\frac{4}{3}=2$$

となり，ずーっと2となります．つまり，この漸化式を満たす定数列 $a_n=2$ を求めていたわけです．この定数列に対して，差を考えると必ずかたまりがつくれるというのがこの解法の本質です．

メインポイント

$a_{n+1}=pa_n+q$ （q は定数）のタイプは $\alpha=p\alpha+q$ を引いてかたまりをつくれ！

124 かたまりのヒントを利用せよ！

アプローチ

こんな漸化式解けないのでは？　と思うのはまだ早いです．$b_n=na_n$ とおくというヒントがありますから，b_n の漸化式をつくれば，基本３タイプに帰着できるはずです．出題者を信じましょう！

◀ na_n をかたまりにして考えよというヒントです．

解答

(1)　$a_{n+1}=\left(1-\dfrac{1}{n+1}\right)(3a_n-2)+2$　$(n=1,\ 2,\ 3,\ \cdots)$ より，

$$a_{n+1}=\frac{n}{n+1}(3a_n-2)+2 \quad \cdots(*)$$

両辺に $n+1$ をかけて

◀ na_n のかたまりをつくる！

$$(n+1)a_{n+1}=n(3a_n-2)+2(n+1)$$

$$\therefore\quad (n+1)a_{n+1}=3na_n+2$$

よって，$b_n=na_n$ とおくと，$\boldsymbol{b_{n+1}=3b_n+2}$　…①

◀ $b_{n+1}=pb_n+q$（q は定数）タイプになった！

(2)　①から，$\alpha=3\alpha+2$　…②を引いて

$$b_{n+1}-\alpha=3(b_n-\alpha)$$

②より $\alpha=-1$ であるから

$$b_{n+1}+1=3(b_n+1),\quad b_1=1\cdot a_1=1$$

よって，数列 $\{b_n+1\}$ は，初項 $b_1+1=2$，公比 3 の等比数列であるから

◀ b_n+1 のかたまりで等比数列．

$$b_n+1=2\cdot3^{n-1} \qquad \therefore\quad b_n=2\cdot3^{n-1}-1$$

よって，$b_n=na_n=2\cdot3^{n-1}-1$　　$\therefore\quad a_n=\boldsymbol{\dfrac{2\cdot3^{n-1}-1}{n}}$

ちょっと一言

$a_n=\dfrac{b_n}{n}$ として，$(*)$ に代入して

$$\frac{b_{n+1}}{n+1}=\frac{n}{n+1}\left(\frac{3b_n}{n}-2\right)+2 \qquad \therefore\quad b_{n+1}=3b_n+2$$

としてもよいでしょう．

複雑な漸化式では誘導がつきますから，誘導されたかたまりをつくっていきましょう！

メインポイント

誘導があったら，そのかたまりで考えよ！

125 和と一般項の漸化式

アプローチ

和から一般項の関係を求めるには，ずらして引け！　が鉄則です．後半の漸化式は，$a_{n+1}=pa_n+q^n$のタイプです．

解答

(1)　$S_n=1-a_n+\dfrac{1}{2^{n-1}}$　…①

$S_{n+1}=1-a_{n+1}+\dfrac{1}{2^n}$…②　　◀番号を1つ増やして引く！

②−① より

$$\underbrace{S_{n+1}-S_n}_{a_{n+1}}=-a_{n+1}+a_n+\underbrace{\frac{1}{2^n}-\frac{1}{2^{n-1}}}_{-\frac{1}{2^n}}\quad(n\geqq1)$$

◀ $\dfrac{1}{2^n}-\dfrac{1}{2^{n-1}}=\dfrac{1}{2^n}-2\cdot\dfrac{1}{2^n}=-\dfrac{1}{2^n}$

$\therefore$　$\boldsymbol{a_{n+1}=\dfrac{1}{2}a_n-\dfrac{1}{2^{n+1}}}$　**$(n\geqq1)$**

(2)　①において $n=1$ として，

$S_1=1-a_1+1$　　$\therefore$　$a_1=1-a_1+1$　　◀$a_1=S_1$

$\therefore$　$2a_1=2$　　$\therefore$　$a_1=1$

$a_1=1$，$a_{n+1}=\dfrac{1}{2}a_n-\dfrac{1}{2^{n+1}}$　$(n\geqq1)$　　◀$a_{n+1}=pa_n+q^n$ のタイプの解き方は，**ブラッシュアップ**参照！

両辺に 2^{n+1} をかけると

$2^{n+1}a_{n+1}=2^na_n-1$

$2^na_n=b_n$ とおくと，$b_{n+1}=b_n-1$ となり，数列$\{b_n\}$は初項 $b_1=2a_1=2$，公差 -1 の等差数列であるから　　◀本問は，$p=q$ のタイプ．この場合は等差型になります．

$b_n=2+(n-1)(-1)=-n+3$

$\therefore$　$2^na_n=3-n$　　$\therefore$　$a_n=\boldsymbol{\dfrac{3-n}{2^n}}$

ブラッシュアップ

$a_{n+1}=pa_n+q^n$ のタイプの漸化式は，

1°)　**p^{n+1} で割る！** $\Longrightarrow$ ［階差型］

2°)　**q^{n+1} で割る！** $\Longrightarrow$ ［$a_{n+1}=p'a_n+q'$ 型］

としてかたまりをつくるのが基本です．以下具体例で説明します．

$a_1=1$，$a_{n+1}=2a_n+3^{n+1}$　$(n\geqq1)$ の一般項 a_n を求めよ．

第14章

1°) p^{n+1} すなわち 2^{n+1} で割ると

$$\frac{a_{n+1}}{2^{n+1}}=\frac{a_n}{2^n}+\left(\frac{3}{2}\right)^{n+1}$$ $\left[\frac{a_n}{2^n}\right.$ をかたまりと見る！$\left.\right]$

$b_n=\dfrac{a_n}{2^n}$ とおくと，$\underbrace{b_{n+1}-b_n}_{\text{階差数列}}=\left(\dfrac{3}{2}\right)^{n+1}$，$b_1=\dfrac{a_1}{2}=\dfrac{1}{2}$

よって，$n\geqq 2$ のとき，

$$b_n=\frac{1}{2}+\sum_{k=1}^{n-1}\left(\frac{3}{2}\right)^{k+1}=\frac{1}{2}+\frac{\frac{9}{4}\left\{\left(\frac{3}{2}\right)^{n-1}-1\right\}}{\frac{3}{2}-1}$$

$$=\frac{1}{2}+\frac{9}{2}\left\{\left(\frac{3}{2}\right)^{n-1}-1\right\}=3\left(\frac{3}{2}\right)^n-4$$ （これは $n=1$ でも成り立つ．）

$\therefore\ \dfrac{a_n}{2^n}=3\left(\dfrac{3}{2}\right)^n-4\qquad\therefore\ a_n=3^{n+1}-2^{n+2}\quad(n\geqq 1)$

2°) q^{n+1} すなわち 3^{n+1} で割ると

$$\frac{a_{n+1}}{3^{n+1}}=\frac{2}{3}\cdot\frac{a_n}{3^n}+1$$ $\left[\frac{a_n}{3^n}\right.$ をかたまりと見る！$\left.\right]$

$c_n=\dfrac{a_n}{3^n}$ とおくと，$c_{n+1}=\dfrac{2}{3}c_n+1$ …①

$\alpha=\dfrac{2}{3}\alpha+1$ …②を解くと，$\alpha=3$

①－② より

$$c_{n+1}-\alpha=\frac{2}{3}(c_n-\alpha)\qquad\therefore\ c_{n+1}-3=\frac{2}{3}(c_n-3)$$

よって，数列 $\{c_n-3\}$ は初項 $c_1-3=\dfrac{1}{3}-3=-\dfrac{8}{3}$，公比 $\dfrac{2}{3}$ の等比数列であるから

$$c_n-3=-\frac{8}{3}\left(\frac{2}{3}\right)^{n-1}\qquad\therefore\ c_n=3-\frac{8}{3}\left(\frac{2}{3}\right)^{n-1}$$

$\therefore\ \dfrac{a_n}{3^n}=3-\dfrac{8}{3}\left(\dfrac{2}{3}\right)^{n-1}\qquad\therefore\ a_n=3^{n+1}-2^{n+2}\quad(n\geqq 1)$

メインポイント

和から一般項の関係を求めるにはずらして引け！
ただし，n の範囲に注意！
$a_{n+1}=pa_n+q^n$ のタイプの漸化式は

① **p^{n+1} で割って階差型**　　② **q^{n+1} で割って $a_{n+1}=p'a_n+q'$ 型**

のどちらかに変形するのが基本！

126 数学的帰納法

アプローチ

漸化式が解けないときは，(1)にあるように，まず調べてみることが大切です．一般項が予想できたら，数学的帰納法で証明しましょう．

実はこの漸化式は解ける漸化式なので，ブラッシュアップを読んで解き方もマスターしておきましょう．

◀121 のように周期をもつものもあります．

解答

(1) $a_1=1$，$a_{n+1}=\dfrac{a_n}{1+3a_n}$ より，

◀$n=1$ から順に代入していこう！

$$a_2=\frac{a_1}{1+3a_1}=\mathbf{\frac{1}{4}},\ a_3=\frac{a_2}{1+3a_2}=\frac{\frac{1}{4}}{1+\frac{3}{4}}=\mathbf{\frac{1}{7}},\ a_4=\frac{a_3}{1+3a_3}=\frac{\frac{1}{7}}{1+\frac{3}{7}}=\mathbf{\frac{1}{10}}$$

(2) (1)より，a_n の分母は初項 1，公差 3 の等差数列と予想でき，$a_n=\dfrac{1}{1+3(n-1)}=\dfrac{1}{3n-2}$ と予想できる．

◀分子は 1，分母は 1，4，7，10，…となり等差数列と予想できる．

$n=k$ $(k\geqq1)$ で，$a_k=\dfrac{1}{3k-2}$ と仮定すると

$$a_{k+1}=\frac{a_k}{1+3a_k}=\frac{\frac{1}{3k-2}}{1+\frac{3}{3k-2}}=\frac{1}{3k+1}=\frac{1}{3(k+1)-2}$$

◀仮定した k 項目を漸化式に代入して，次の項をつくる！

となり，$n=k+1$ でも成り立つ．

よって，$n=1$ のとき成立することと合わせて，すべての自然数 n で，$a_n=\dfrac{1}{3n-2}$ である．

◀$a_1=1$ となることは問題に与えられている！

ブラッシュアップ

1°) 《数学的帰納法》

> 自然数に関する命題がすべての自然数 n で成り立つことを証明するには
> ① $n=1$ で成立することを示す．［スイッチ］
> ② $n=k$ $(k\geqq1)$で成り立つことを仮定して，その元で $n=k+1$ でも成り立つことを示す．［システム異常無し！］
> この 2 つのステップを証明します．

第14章

例えば，ドミノ倒しに例えます．ドミノが永遠に倒れることを証明するには

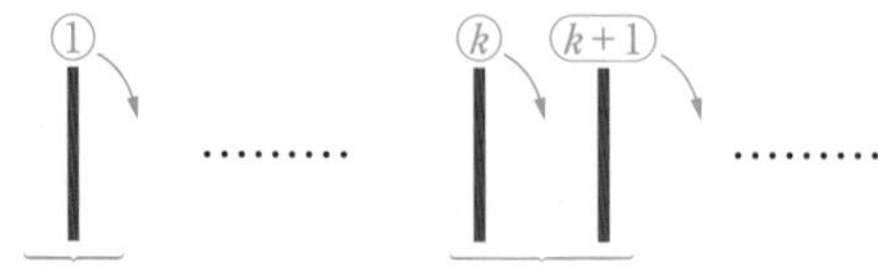

まず，1番目のドミノが倒れるか確認します．［ステップ①］

次に，$k\,(\geqq 1)$ 番目のドミノが倒れたとき，次のドミノ，すなわち $k+1$ 番目のドミノが倒れることを確認します．［ステップ②］

ここで注意することは k は一般の自然数を表していますので，1以上ならなんでもよいことです．つまりステップ②では，どの番号のドミノを倒しても，次の番号は必ず倒れる，言い換えると，このドミノシステムは異常無しといっているわけです．

よって，誰かが1番目のドミノを倒せば，芋づる式に永遠にドミノは倒れていくことになります．

このたった2つのことを示すだけで，すべての自然数で成り立つことがいえるなんてすごいと思いませんか？

2°）$a_{n+1}=\dfrac{pa_n}{qa_n+r}$ のタイプは，逆数をとり $\dfrac{1}{a_n}$ のかたまりで考えるのが基本になります．今回の問題では

$$a_1=1,\ a_{n+1}=\frac{a_n}{1+3a_n}$$

より $a_n \neq 0$ ですから，逆数をとると

$$\frac{1}{a_{n+1}}=\frac{1+3a_n}{a_n}=\frac{1}{a_n}+3 \qquad \therefore \quad \frac{1}{a_{n+1}}=\frac{1}{a_n}+3$$

となり，数列 $\left\{\dfrac{1}{a_n}\right\}$ は，初項 $\dfrac{1}{a_1}=1$，公差3の等差数列であるから

$$\frac{1}{a_n}=1+3(n-1)=3n-2 \qquad \therefore \quad a_n=\frac{1}{3n-2}$$

となります．

メインポイント

漸化式が解けないときは，

調べる $\Longrightarrow$ 予想 $\Longrightarrow$ 帰納法

分数型は，逆数をとれ！

第15章 統計的な推測

127 期待値・分散

アプローチ

とりうる値の各々に対して，その値をとる確率が定まるような変数を**確率変数**といいます．

確率変数 X が右のような確率分布をもつとき，$(p_1+p_2+\cdots+p_n=1)$

X	x_1	x_2	$\cdots$	x_n
P	p_1	p_2	$\cdots$	p_n

期待値：$\boldsymbol{m=E(X)=\sum_{k=1}^{n} x_k p_k}$

◀期待値＝平均値

分散：$\boldsymbol{V(X)=\{\sigma(X)\}^2=\sum_{k=1}^{n}(x_k-m)^2 p_k}$

◀分散は $(X-m)^2$ すなわち，偏差の 2 乗の期待値（平均）

標準偏差：$\boldsymbol{\sigma(X)=\sqrt{V(X)}}$

が定義となります．「データの分析」で学んだ平均値，分散を，より一般化して確率を用いて定義しています．

本問では $(x_k-m)^2$ が整数値でなく面倒です．分散の計算では

$$\boldsymbol{V(X)=E(X^2)-\{E(X)\}^2}$$

［(2 乗の平均)－(平均の 2 乗)］

を利用しましょう．

◀証明は ブラッシュアップ 参照！

解答

(1)　4 個の球の取り出し方は，${}_{10}\mathrm{C}_4=210$ 通りあり，これらは同様に確からしい．

このうち，白球が 0，1，2，3，4 個となる確率はそれぞれ

$$\frac{{}_6\mathrm{C}_4}{{}_{10}\mathrm{C}_4}=\frac{15}{210},\quad \frac{{}_6\mathrm{C}_3\cdot{}_4\mathrm{C}_1}{{}_{10}\mathrm{C}_4}=\frac{80}{210},\quad \frac{{}_6\mathrm{C}_2\cdot{}_4\mathrm{C}_2}{{}_{10}\mathrm{C}_4}=\frac{90}{210},\quad \frac{{}_6\mathrm{C}_1\cdot{}_4\mathrm{C}_3}{{}_{10}\mathrm{C}_4}=\frac{24}{210},\quad \frac{{}_4\mathrm{C}_4}{{}_{10}\mathrm{C}_4}=\frac{1}{210}$$

であるから，確率分布は下の表の通りである．

X	0	1	2	3	4
P	$\frac{15}{210}$	$\frac{80}{210}$	$\frac{90}{210}$	$\frac{24}{210}$	$\frac{1}{210}$

(2)　$E(X)=1\cdot\frac{80}{210}+2\cdot\frac{90}{210}+3\cdot\frac{24}{210}+4\cdot\frac{1}{210}=\frac{336}{210}=\frac{8}{5}=\boldsymbol{1.6}$

ここで，

$$E(X^2)=1^2\cdot\frac{80}{210}+2^2\cdot\frac{90}{210}+3^2\cdot\frac{24}{210}+4^2\cdot\frac{1}{210}$$

$$=\frac{672}{210}=\frac{16}{5}$$

◀分散の計算では，$(x_k-m)^2p_k$ を計算するのは面倒なので，公式を用いています．

第15章

より，

$$V(X)=E(X^2)-\{E(X)\}^2=\frac{16}{5}-\left(\frac{8}{5}\right)^2=\frac{16}{25}$$

よって，$\sigma(X)=\sqrt{V(X)}=\sqrt{\frac{16}{25}}=\frac{4}{5}=\mathbf{0.8}$

ブラッシュアップ

分散は内が先に 2 乗

$\boldsymbol{V(X)=E(X^2)-\{E(X)\}^2}$

◀僕の先輩の内ヶ崎先生がよく言ってました.「分散は内が先に 2 乗だぞ！」
(2 乗の平均)−(平均)^2
すなわち内側を先に 2 乗します.

定義を利用すると計算しにくいときはこの公式の出番です. 証明は

証明

$$V(X)=\sum_{k=1}^{n}(x_k-m)^2p_k$$

$$=\underbrace{\sum_{k=1}^{n}x_k{}^2p_k}_{E(X^2)}-2m\underbrace{\sum_{k=1}^{n}x_kp_k}_{m}+m^2\underbrace{\sum_{k=1}^{n}p_k}_{1}$$

$$=E(X^2)-m^2=E(X^2)-\{E(X)\}^2$$

$aX+b$ の期待値，分散，標準偏差

X が確率変数で，a，b が定数のとき，

①$\boldsymbol{E(aX+b)=aE(X)+b}$,

②$\boldsymbol{V(aX+b)=a^2V(X)}$

③$\boldsymbol{\sigma(aX+b)=|a|\sigma(X)}$

確率変数 X を a 倍して b を加えたら，期待値 (平均) や分散がどうなるかということです.

以下，直感的な説明と計算での証明を記述します.

①確率変数 X を 2 倍すれば期待値 (平均) は 2 倍になり，確率変数 X に 10 を加えれば期待値 (平均) は 10 増えるわけで，a 倍して b を加えれば，$aE(X)+b$ となりますね.

◀ $E(2X+10)$
$=2E(X)+10$

$$E(aX+b)=\sum_{k=1}^{n}(ax_k+b)p_k$$

$$=a\sum_{k=1}^{n}x_kp_k+b\sum_{k=1}^{n}p_k=aE(X)+b$$

◀$E(X)=\sum_{k=1}^{n}x_kp_k$
$\sum_{k=1}^{n}p_k=1$

②分散は $(X-m)^2$ (偏差の 2 乗) の期待値 (平均) ですから，平均値からの散らばりの平均のおよその値を 2 乗したものです.

例えば，試験の結果が悪かったので，先生が「全員

に 10 点加えるよ」言ったら，データ自体がすべて 10 点ズレるだけなので，散らばり具合いは変わりません．

それに対して，先生が「全員の点数を 2 倍するよ」いったら各々の点数は 2 倍離れますから，散らばりは 2 倍，分散は $2^2=4$ 倍になるわけです．よって，X を $aX+b$ とすると，散らばりは b には関係なく a 倍になるので，分散は a^2 倍となるわけです．

$E(X)=m$ とおくと，確率変数 $aX+b$ の偏差は

$$\begin{aligned}(aX+b)-E(aX+b)&=(aX+b)-(aE(X)+b)\\&=a(X-m)\end{aligned}$$

分散は偏差の 2 乗の期待値（平均）であるから

$$\begin{aligned}V(aX+b)&=\sum_{k=1}^{n}\{a(x_k-m)\}^2p_k\\&=a^2\sum_{k=1}^{n}(x_k-m)^2p_k=a^2V(X)\end{aligned}$$

◀ $V(X)=\sum_{k=1}^{n}(x_k-m)^2p_k$

③(標準偏差)$=\sqrt{(\text{分散})}$ なので，②から

$$\begin{aligned}\sigma(aX+b)&=\sqrt{V(aX+b)}=\sqrt{a^2V(X)}\\&=|a|\sqrt{V(X)}=|a|\sigma(X)\end{aligned}$$

◀ $\sqrt{a^2}=|a|$

となります．

例題

確率変数 X が，$E(X)=80$，$\sigma(X)=2\sqrt{30}$ をみたしている．$Y=50+\dfrac{X-E(X)}{\sigma(X)}\times 10$ とおくとき，$E(Y)$ と $\sigma(Y)$ を求めよ．

◀ この Y を偏差値といいます．

解答

$$Y=50+\frac{X-80}{2\sqrt{30}}\times 10=\frac{5}{\sqrt{30}}X+50-\frac{400}{\sqrt{30}}$$

よって，

$$E(Y)=\frac{5}{\sqrt{30}}E(X)+50-\frac{400}{\sqrt{30}}=\mathbf{50}$$

◀ $E(aX+b)=aE(X)+b$

$$V(Y)=\left(\frac{5}{\sqrt{30}}\right)^2V(X)=\frac{25}{30}\times(2\sqrt{30})^2=100$$

◀ $V(aX+b)=a^2V(X)$

$$\therefore\quad \sigma(Y)=\sqrt{V(Y)}=\mathbf{10}$$

メインポイント

期待値，分散，標準偏差の定義をしっかりおさえよう！

128 二項分布の期待値・分散

アプローチ

1回の試行で事象Aの起こる確率をpとします．この試行をn回行う反復試行において，AがちょうどX回起こるときの確率分布は

$$\boldsymbol{P(X=r)={}_n\mathrm{C}_r p^r(1-p)^{n-r}}$$

で与えられます．このとき，確率変数Xは二項分布$B(n,\ p)$に従うといい，次の性質をもちます．

◀nは回数，pはAが起こる確率

二項分布の期待値・分散・標準偏差

確率変数Xが二項分布$B(n,\ p)$に従うとき
期待値は　$\boldsymbol{E(X)=np}$
分散は　$\boldsymbol{V(X)=npq}$　ただし，$q=1-p$
標準偏差は　$\boldsymbol{\sigma(X)=\sqrt{npq}}$

◀二項分布では，簡単に期待値や分散が求められます．証明については ブラッシュアップ 3°）参照

解答

1人の従業員が1つの食堂を選ぶ確率は$\dfrac{1}{3}$で，各人が独立に食堂を選ぶので，確率変数Xは二項分布$B\left(200,\ \dfrac{1}{3}\right)$に従う．よって，

$$P(X=r)={}_{200}\mathrm{C}_r\left(\frac{1}{3}\right)^r\left(\frac{2}{3}\right)^{200-r}\quad(r=0,\ 1,\ 2,\ \cdots,\ 200)$$

$$E(X)=200\times\frac{1}{3}=\boldsymbol{\frac{200}{3}}$$

◀$E(X)=np$

$$\sigma(X)=\sqrt{200\times\frac{1}{3}\times\frac{2}{3}}=\boldsymbol{\frac{20}{3}}$$

◀$\sigma(X)=\sqrt{npq}$

ブラッシュアップ

1°）　和の期待値は期待値の和

◀1°），2°）は3°）の証明で利用する重要性質です．45 でちょっぴり触れた内容です．

和の期待値は期待値の和

確率変数X，Yに対して
$\boldsymbol{E(X+Y)=E(X)+E(Y)}$

同様に確率変数をn個に増やしても

$$E(X_1+X_2+\cdots+X_n)=E(X_1)+E(X_2)+\cdots+E(X_n)$$

が成り立ちます．また，定数a，bに対して

$$\boldsymbol{E(aX+bY)=aE(X)+bE(Y)}$$

が成り立ちます．

2°) 確率変数の独立

2つの確率変数 X, Y に対して

$$\boldsymbol{P(X=a,\ Y=b)=P(X=a)\cdot P(Y=b)}$$

が a, b の取り方に関係なく常に成り立つとき，確率変数 X, Y は互いに独立であるという．特に，2つの試行が独立ならば，それらの結果によって定まる2つの確率変数は独立である．

> 確率変数 X, Y が互いに独立ならば
> $\boldsymbol{E(XY)=E(X)E(Y)}$,
> $\boldsymbol{V(X+Y)=V(X)+V(Y)}$

が成り立つことも知られています．

◀事象 A と事象 B が独立であるとは，$P(A\cap B)=P(A)P(B)$ すなわち $P_A(B)=P(B)$, $P_B(A)=P(A)$ が成り立つことであるので，確率変数が独立とは，X のとりうる値 a, Y のとりうる値 b すべてに対して，$X=a$ である事象と $Y=b$ である事象が互いに独立ということです．

3°) 二項分布の期待値・分散

以下は，二項分布の期待値，分散，標準偏差の証明です．

k 回目に A が起こったら1，起こらなければ0の値をとる確率変数 X_k を考えると，n 回の反復試行における A の起こる回数は

$$X=X_1+X_2+\cdots+X_n$$

◀確率変数を1回ごとの変数に分割

と表せる．このとき，

$$E(X_k)=1\cdot p+0\cdot(1-p)=p$$
$$E(X_k{}^2)=1^2\cdot p+0^2\cdot(1-p)=p$$
$$V(X_k)=E(X_k{}^2)-\{E(X_k)\}^2=p-p^2$$
$$=p(1-p)=pq \quad (q=1-p\ とする)$$

◀$V(X)=E(X^2)-\{E(X)\}^2$

であるので，

$$E(X)=E(X_1+X_2+\cdots+X_n)$$
$$=E(X_1)+E(X_2)+\cdots+E(X_n)=np$$

◀$E(X+Y)=E(X)+E(Y)$

［1回やると p 期待できるので，n 回やれば np 期待できる．］

また，X_k $(k=1,\ 2,\ \cdots,\ n)$ はそれぞれ独立だから

$$V(X)=V(X_1+X_2+\cdots+X_n)$$
$$=V(X_1)+V(X_2)+\cdots+V(X_n)=npq$$

◀X, Y が互いに独立ならば $V(X+Y)=V(X)+V(Y)$

［1回やると pq 期待できるので，n 回やれば npq 期待できる．］

$$\sigma(X)=\sqrt{V(X)}=\sqrt{npq}$$

メインポイント

二項分布 $B(n,\ p)$ の期待値は np，分散は npq，標準偏差は $\sqrt{npq}$．

第15章

129 正規分布と確率密度関数

アプローチ

(1)　2つの○のつけ方が ${}_5C_2$ 通りあり，そのうち正解は1通りなので，各人は独立に $\dfrac{1}{{}_5C_2}=\dfrac{1}{10}$ の確率で正解します．反復試行の考えを利用しましょう．

(2)　(1)の結果を計算するのは厳しいですね．正解者数は二項分布 $B\left(1600,\ \dfrac{1}{10}\right)$ に従っていますが，解答者が多い場合，二項分布 $B(n,\ p)$ に従う確率変数は，正規分布 $N(np,\ npq)$ に従うと考えることができます．$Z=\dfrac{X-np}{\sqrt{npq}}$ を用いて標準化することにより，正規分布表を利用して，統計的な確率を考えていきましょう．

◀ブラッシュアップをしっかり読んでから，解答を参照しましょう．

解答

(1)　2つとも正しく○をつける確率は $\dfrac{1}{{}_5C_2}=\dfrac{1}{10}$

正解者数を X とすると，$X=r$ となる確率は

$$P(X=r)={}_{1600}C_r\left(\frac{1}{10}\right)^r\left(\frac{9}{10}\right)^{1600-r}$$

◀反復試行の確率

よって，1600人中2つとも正しく○をつけたものが130人以上175人以下となる確率は

$$P(130\leqq X\leqq 175)=\sum_{r=130}^{175}{}_{1600}\mathbf{C}_r\left(\frac{\mathbf{1}}{\mathbf{10}}\right)^r\left(\frac{\mathbf{9}}{\mathbf{10}}\right)^{1600-r}$$

◀この計算は無理！

(2)　X の期待値は $1600\times\dfrac{1}{10}=160$,

標準偏差は $\sqrt{1600\times\dfrac{1}{10}\times\dfrac{9}{10}}=\sqrt{16\times 9}=12$

◀二項分布 $B(n,\ p)$ の期待値は np，標準偏差は $\sqrt{npq}$，そして正規分布に近似する．

解答者の人数が多いので，X は正規分布 $N(160,\ 12^2)$ に従うとしてよい．$Z=\dfrac{X-160}{12}$ とおくと，

◀標準化により，標準正規分布に変換し，正規分布表を用いて確率を計算する．

$$130\leqq X\leqq 175 \iff \frac{130-160}{12}\leqq Z\leqq\frac{175-160}{12}$$
$$\iff -2.5\leqq Z\leqq 1.25$$

$$\begin{aligned}P(130\leqq X\leqq 175)&=P(-2.5\leqq Z\leqq 1.25)\\&=P(0\leqq Z\leqq 2.5)+P(0\leqq Z\leqq 1.25)\\&=0.4938+0.3944=0.8882\fallingdotseq\mathbf{0.89}\end{aligned}$$

注意! 正規分布表の値は，次のように読み取りましょう．

z_0	0.00	…	…
⋮	⋮		
2.5	0.4938	…	…

z_0	…	0.05	…
⋮		⋮	
1.2	…	0.3944	…

ブラッシュアップ

1°) 確率密度関数

コインを n 回投げるとき，X 回表のでる確率をヒストグラムにすると，$n=8$, $n=16$ のとき，下の図のようになります．全確率は1なので，ヒストグラムの横幅を1とすると，その面積の総和は1になります．

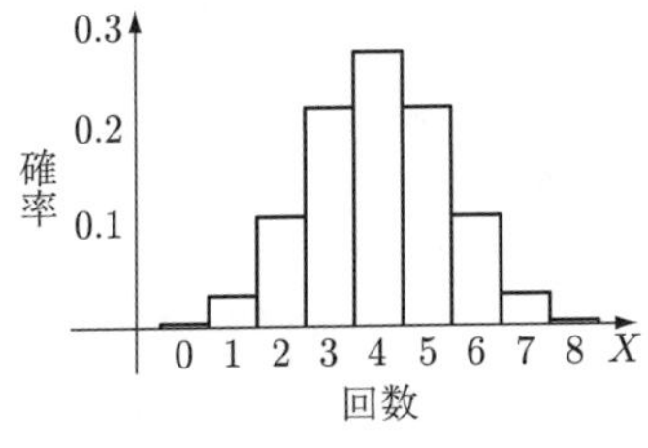

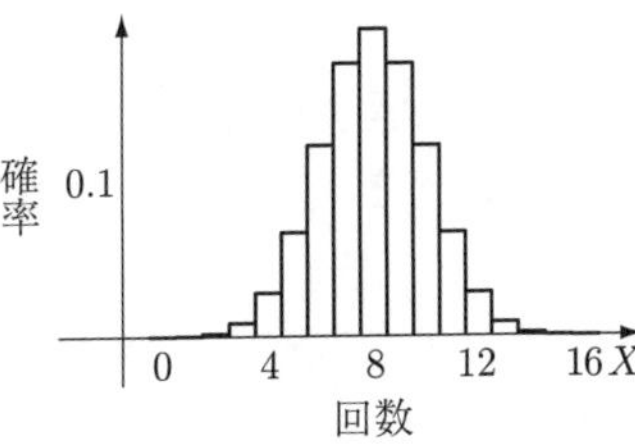

さらにコインを投げる回数をどんどん増やしていくと，ヒストグラムの幅は消滅するように見え，その先端を繋ぐと右図のような滑らかな曲線に近づくと考えられますが，面積は1で変わらないので，この曲線と x 軸の囲む部分の面積が確率に対応しているのがイメージできますね．

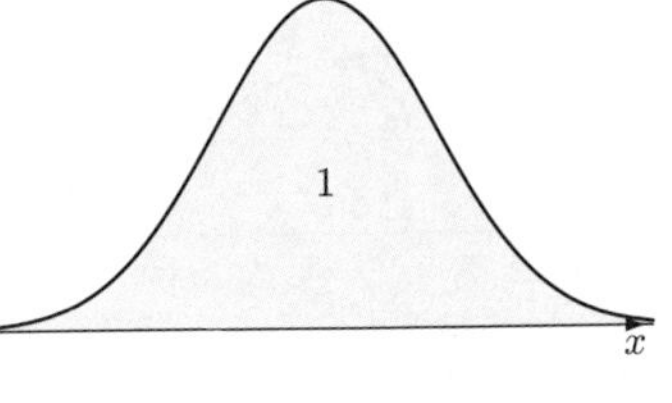

このような連続した値をとる確率変数を**連続型確率変数**といい，x 軸と囲む面積が1で，常に0以上の値をもつ曲線で表される関数を**確率密度関数**といいます．連続型の確率分布では**確率は面積**に対応し，確率密度関数が $f(x)$ で表されるとき，$a \leqq X \leqq b$ となる確率は

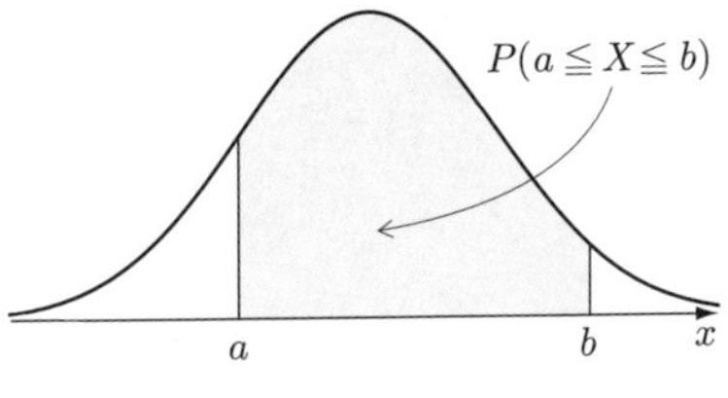

◀通常の確率（離散型）では，特定の確率変数 X となる確率を考えましたが，連続型では，特定の区間に入る確率を考えます．面積が確率です．

$$\boldsymbol{P(a \leqq X \leqq b) = \int_a^b f(x)\,dx} \quad [確率=面積]$$

となります．

第15章

2°） 正規分布

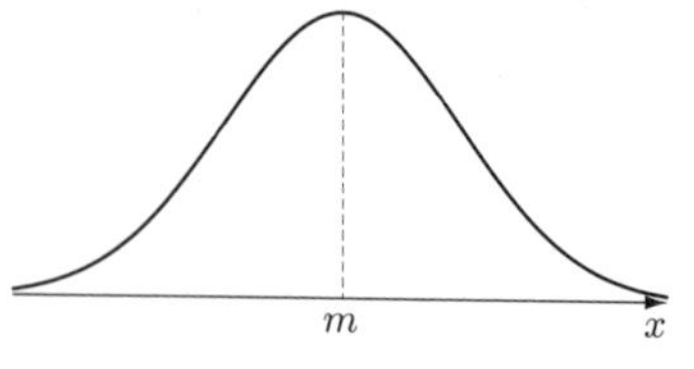

連続型確率分布の代表的なものが**正規分布**です．全国模試の得点などは釣鐘型になることが多く，分布は平均値 m に関して対称になります．

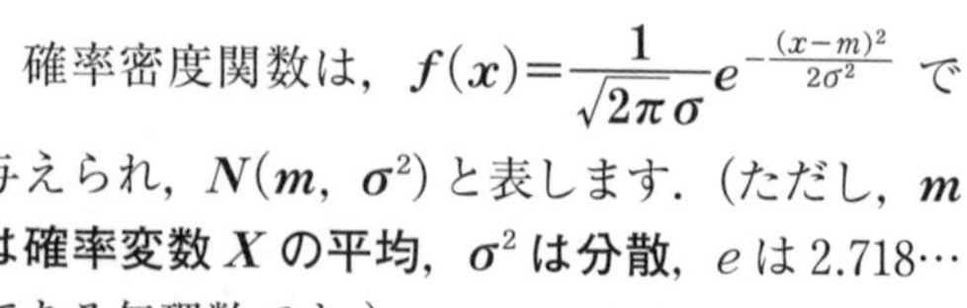

確率密度関数は，$\boldsymbol{f(x)=\dfrac{1}{\sqrt{2\pi}\,\sigma}e^{-\frac{(x-m)^2}{2\sigma^2}}}$ で与えられ，$\boldsymbol{N(m,\ \sigma^2)}$ と表します．（ただし，**$\boldsymbol{m}$ は確率変数 $\boldsymbol{X}$ の平均，$\boldsymbol{\sigma^2}$ は分散**，e は 2.718… である無理数です．）

◀N は *normal distribution* の頭文字

◀m は平均，σ^2 は分散です．二項分布と値が違うので注意！

3°） 標準正規分布

任意の正規分布は $\boldsymbol{Z=\dfrac{X-m}{\sigma}}$（**標準化**）とおくことにより，**平均 0，標準偏差が 1** の正規分布 $\boldsymbol{N(0,\ 1)}$ に変換することができます．これは**標準正規分布**と呼ばれます．

標準化により，分布曲線は

◀標準化のイメージです！

$-m$ 移動して，$\dfrac{1}{\sigma}$ 倍

0　m　x

①$X-m$ により
平均 m は 0 に移動する．

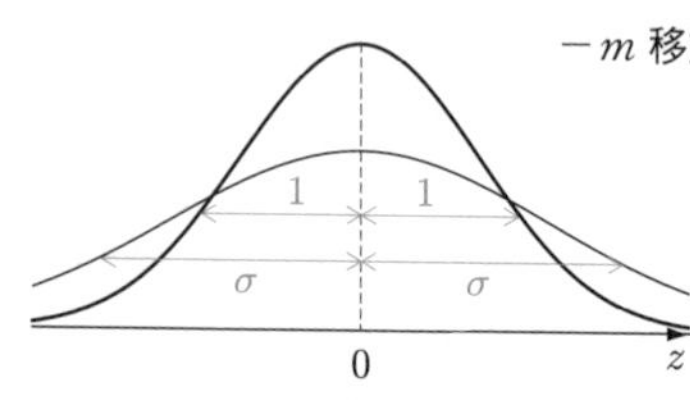

②$X-m$ を σ で割ることにより，
標準偏差は $\dfrac{1}{\sigma}$ 倍され 1 になる．

のようになり，確率密度関数は $f(z)=\dfrac{1}{\sqrt{2\pi}}e^{-\frac{z^2}{2}}$ になり，**$\boldsymbol{z=0}$ に関して対称**になります．

4°） 正規分布表

問題編 p. 44 の正規分布表は，標準正規分布における確率を表したものです．

$$S(z_0)=P(0\leqq Z\leqq z_0)$$

とおくと

$$S(z_0)=\int_0^{z_0}\frac{1}{\sqrt{2\pi}}e^{-\frac{z^2}{2}}dz$$

は，図の**面積**（**確率**）を表しています．

◀正規分布表は $0\leqq Z\leqq z_0$ の部分の確率（面積）をまとめたものです．

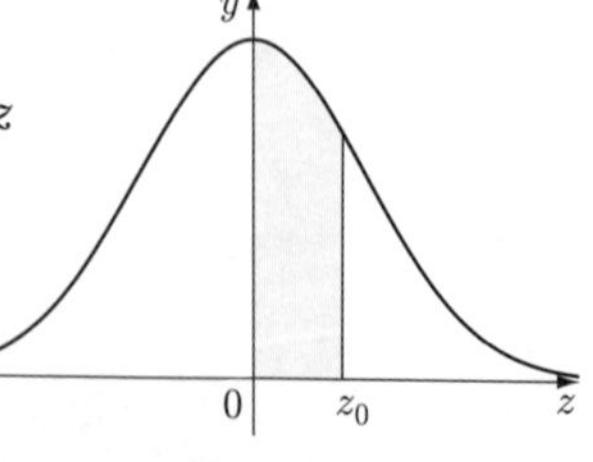

例えば，正規分布表において，$z_0=1.25$ のときの確率を求めるには，表の右図の部分をみると，0.3944 になることがわかります．これは

$$P(0\leqq Z\leqq 1.25)=S(1.25)$$
$$=0.3944$$

すなわち $0\leqq z\leqq 1.25$ の部分の面積（確率）が 0.3944 であることを意味します．

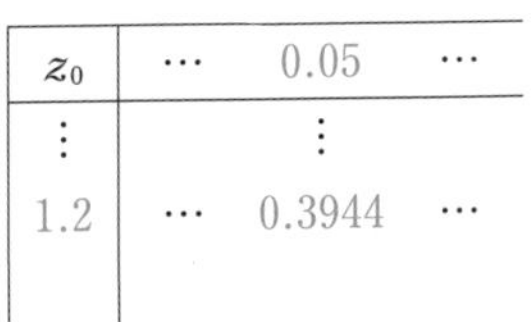

z_0	…	0.05	…
⋮		⋮	
1.2	…	0.3944	…

▲縦は小数第 1 位まで，横は小数第 2 位

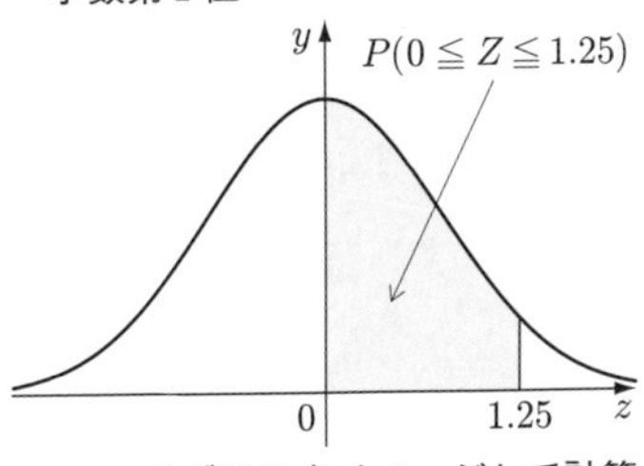

よって，例えば，$P(-1.25\leqq Z\leqq 1.25)$ や $P(Z\leqq 1.25)$ を計算するには，グラフの **y 軸に関する対称性と全確率＝1** から，

$$P(-1.25\leqq Z\leqq 0)=P(0\leqq Z\leqq 1.25)$$
$$P(Z\leqq 0)=P(0\leqq Z)=\frac{1}{2}=0.5$$

がわかるので，

$$P(-1.25\leqq Z\leqq 1.25)=2P(0\leqq Z\leqq 1.25)=0.7888$$
$$P(Z\leqq 1.25)=0.5+P(0\leqq Z\leqq 1.25)=0.8944$$

のように計算できます．

◀グラフをイメージして計算します．

◀正規分布の確率密度関数は，y 軸対称なので，マイナスの部分の確率も求められる．$z\leqq 0$ の部分も $z\geqq 0$ の部分も面積はともに 0.5 である．

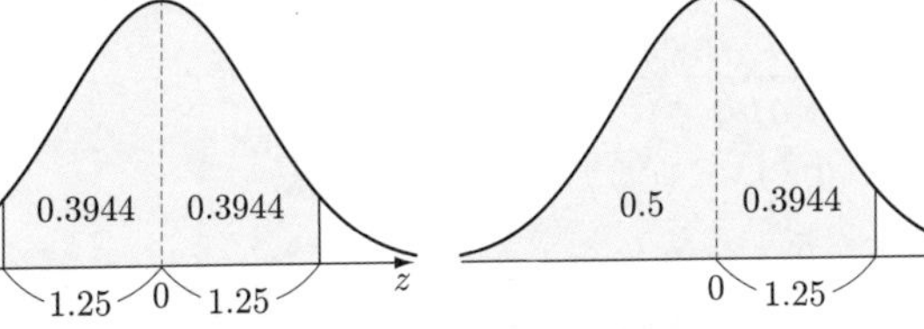

5°）正規分布と標準正規分布の確率の関係

正規分布 $N(m,\ \sigma^2)$ における確率を求めるには，**標準化**を行って標準正規分布 $N(0,\ 1)$ に変換して，正規分布表を用います．

標準化 $\boldsymbol{Z=\dfrac{X-m}{\sigma}}$ を行うと，

$$\boldsymbol{X=m+\sigma\times Z}$$

X	$m \rightarrow m+z_0\sigma$
Z	$0 \rightarrow z_0$

により正規分布の区間 $m\leqq X\leqq m+z_0\sigma$ は標準正規分布の区間 $0\leqq Z\leqq z_0$ と対応するので，

$$P(m\leqq X\leqq m+z_0\sigma)=P(0\leqq Z\leqq z_0)$$

となり，m を中心とした確率が，0 を中心とした確率に変換され，区間の幅は $\sigma:1$ になります．

◀代入して確認してみよう！ $X=m$ とすると $Z=0$，$X=m+z_0\sigma$ とすると $Z=z_0$ となりますね．

◀$0 \longleftrightarrow m$
$z_0 \longleftrightarrow z_0\times\sigma$
が対応します．

第15章

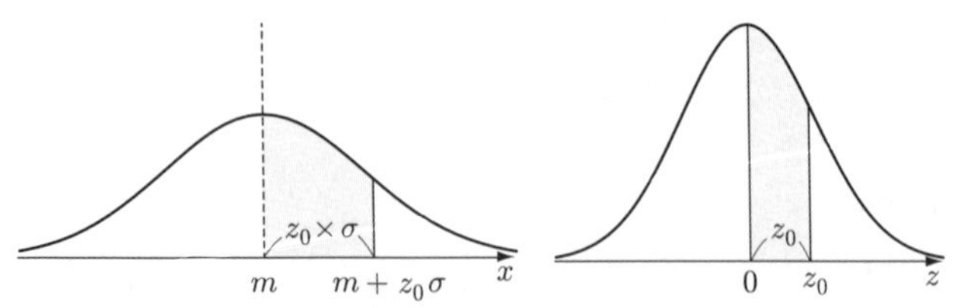

6°) 二項分布と正規分布による近似

二項分布 $B(n,\ p)$ は，n を大きくしていくと，正規分布に近づいていくことがわかっています．右図は，$p=\dfrac{1}{6}$ として，$n=10,\ 20,\ 40,\ 50$ と変えていったものです．

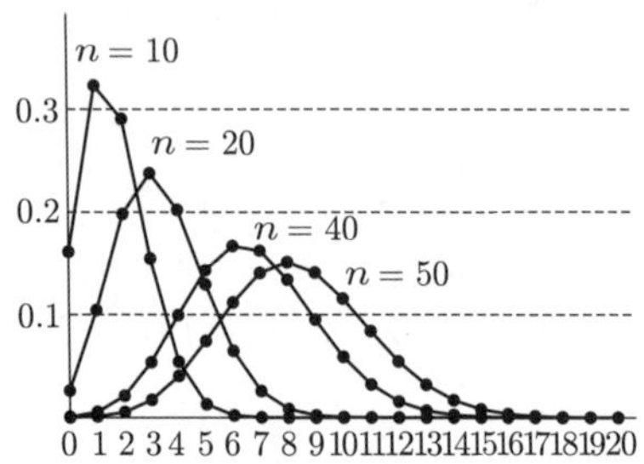

⑴ 二項分布 $B(n,\ p)$ に従う確率変数 X は，n が十分大きいとき，近似的に正規分布 $\boldsymbol{N(np,\ npq)}$ に従うとみなしてよい．ただし，$q=1-p$ である．

⑵ さらに，$\boldsymbol{Z=\dfrac{X-m}{\sigma}=\dfrac{X-np}{\sqrt{npq}}}$ とおけば，近似的に標準正規分布 $\boldsymbol{N(0,\ 1)}$ に従う．

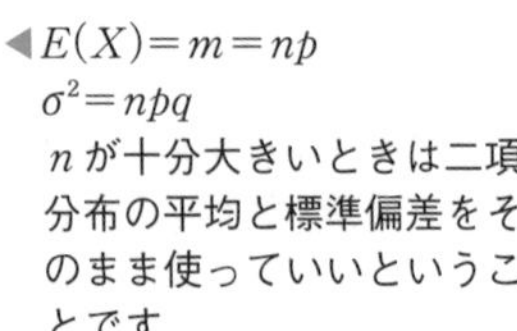
◀$E(X)=m=np$
$\sigma^2=npq$
n が十分大きいときは二項分布の平均と標準偏差をそのまま使っていいということです．

二項分布の確率は n が大きい場合，計算することが厳しいので，この性質を利用して，標準正規分布に変換して求めます．

メインポイント

二項分布における正規分布を利用した確率の求め方

① $\boldsymbol{n}$ **が十分大きいとき，二項分布** $\boldsymbol{B(n,\ p)}$ **を正規分布** $\boldsymbol{N(np,\ npq)}$ **に近似**

② $\boldsymbol{Z=\dfrac{X-np}{\sqrt{npq}}}$ **（標準化）を行い，標準正規分布** $\boldsymbol{N(0,\ 1)}$ **に変換**

③ **正規分布表を利用して確率を求める．**

第16章 ベクトル

130 ベクトル

アプローチ

(1) ベクトルは，「大きさ」と「方向」をもつ量ですので，平行移動して重なるベクトルは，すべて同じベクトルです．正六角形では，$\vec{a}$，$\vec{b}$ と同じベクトルが出てきますので，うまくつないで表しましょう．

(2) 3点P，Q，Eが一直線上にあるとは

$$\overrightarrow{PQ}=k\overrightarrow{PE}\quad (k\text{ は実数})$$

が成り立つことです．

$\overrightarrow{PQ}$ を(1)と，始点を変える公式，

$$\overrightarrow{PQ}=\overrightarrow{AQ}-\overrightarrow{AP}=(\text{後ろ})-(\text{前})$$

を用いて，$\vec{a}$，$\vec{b}$ で表しましょう．$\overrightarrow{PE}$ も同様です．

◀ $\overrightarrow{PQ}=\overrightarrow{\square Q}-\overrightarrow{\square P}$（後ろ　前）

解答

(1) 図のように点Oをとると，

$$\overrightarrow{AP}=\overrightarrow{AB}+\overrightarrow{BO}+\overrightarrow{OC}+\overrightarrow{CP}$$

$$=\vec{a}+\vec{b}+\vec{a}+\frac{1}{2}\vec{b}$$

$$=\mathbf{2}\vec{\boldsymbol{a}}+\frac{\mathbf{3}}{\mathbf{2}}\vec{\boldsymbol{b}}$$

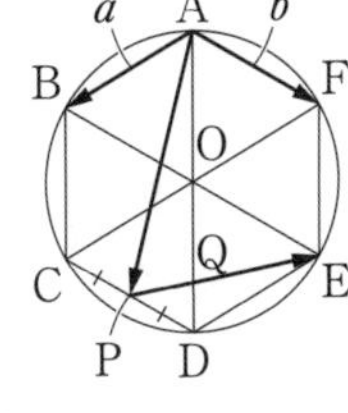

$$\overrightarrow{AQ}=\frac{5}{6}\overrightarrow{AD}=\frac{5}{6}\cdot 2\overrightarrow{AO}=\frac{\mathbf{5}}{\mathbf{3}}(\vec{\boldsymbol{a}}+\vec{\boldsymbol{b}})$$

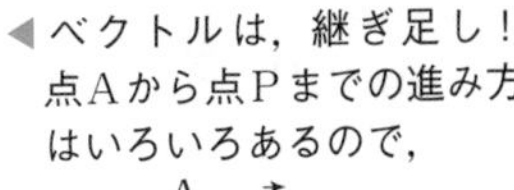
◀ベクトルは，継ぎ足し！点Aから点Pまでの進み方はいろいろあるので，

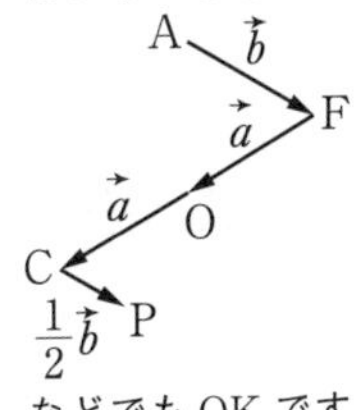

などでも OK です．

(2) $\overrightarrow{AE}=\overrightarrow{AF}+\overrightarrow{FO}+\overrightarrow{OE}=\vec{b}+\vec{a}+\vec{b}=\vec{a}+2\vec{b}$

$$\overrightarrow{PQ}=\overrightarrow{AQ}-\overrightarrow{AP}=\frac{5}{3}(\vec{a}+\vec{b})-\left(2\vec{a}+\frac{3}{2}\vec{b}\right)$$

$$=-\frac{1}{3}\vec{a}+\frac{1}{6}\vec{b}=\frac{1}{3}\left(-\vec{a}+\frac{1}{2}\vec{b}\right)$$

◀(後ろ)－(前) で，始点をAとして考える．

$$\overrightarrow{PE}=\overrightarrow{AE}-\overrightarrow{AP}$$

$$=(\vec{a}+2\vec{b})-\left(2\vec{a}+\frac{3}{2}\vec{b}\right)=-\vec{a}+\frac{1}{2}\vec{b}$$

よって，$\overrightarrow{PQ}=\frac{1}{3}\overrightarrow{PE}$ となるから，3点P，Q，Eは一直線上にある．

メインポイント

ベクトルの基本性質をしっかり押さえよう．

第16章

131 内分・外分公式

アプローチ

問題の点Ｉは△ABCの内心です．角の２等分線の性質を２回用いて比を求め，ベクトルの内分公式より，線分ABを $m:n$ に内分する点をＰとすると

$$\overrightarrow{\mathrm{OP}}=\frac{n\overrightarrow{\mathrm{OA}}+m\overrightarrow{\mathrm{OB}}}{m+n}$$

◀内心の位置ベクトルを求められるようにしよう．

また，△ABCの重心Gは，$\overrightarrow{\mathrm{AG}}=\dfrac{\overrightarrow{\mathrm{AB}}+\overrightarrow{\mathrm{AC}}}{3}$ を利用します．

解答

(1)　角の２等分線の性質より，

BD：DC＝4：2＝2：1

$\therefore\ \overrightarrow{\mathrm{AD}}=\dfrac{\overrightarrow{\mathrm{AB}}+2\overrightarrow{\mathrm{AC}}}{3}$

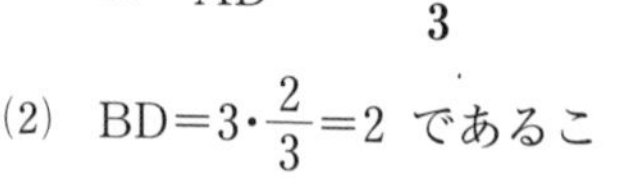

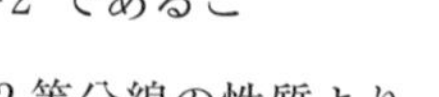

(2)　$\mathrm{BD}=3\cdot\dfrac{2}{3}=2$ であることから，角の２等分線の性質より

AI：ID＝BA：BD＝4：2＝2：1

よって，

$$\overrightarrow{\mathrm{AI}}=\frac{2}{3}\overrightarrow{\mathrm{AD}}=\frac{2}{3}\cdot\frac{\overrightarrow{\mathrm{AB}}+2\overrightarrow{\mathrm{AC}}}{3}=\frac{2}{9}\overrightarrow{\mathrm{AB}}+\frac{4}{9}\overrightarrow{\mathrm{AC}}$$

◀AI：IDを求めるには，角の２等分線の性質から，BA：BDがわかればよい．

(3)　$\overrightarrow{\mathrm{AG}}=\dfrac{\overrightarrow{\mathrm{AB}}+\overrightarrow{\mathrm{AC}}}{3}$ より

$$\overrightarrow{\mathrm{GI}}=\overrightarrow{\mathrm{AI}}-\overrightarrow{\mathrm{AG}}=\left(\frac{2}{9}\overrightarrow{\mathrm{AB}}+\frac{4}{9}\overrightarrow{\mathrm{AC}}\right)-\left(\frac{\overrightarrow{\mathrm{AB}}+\overrightarrow{\mathrm{AC}}}{3}\right)$$

$$=-\frac{1}{9}\overrightarrow{\mathrm{AB}}+\frac{1}{9}\overrightarrow{\mathrm{AC}}$$

◀（後ろ）－（前）で始点をＡにして考える．

ブラッシュアップ

《内分・外分公式》

線分ABを $m:n$ に内分する点をＰとすると

$$\overrightarrow{\mathrm{OP}}=\frac{n\overrightarrow{\mathrm{OA}}+m\overrightarrow{\mathrm{OB}}}{m+n}$$

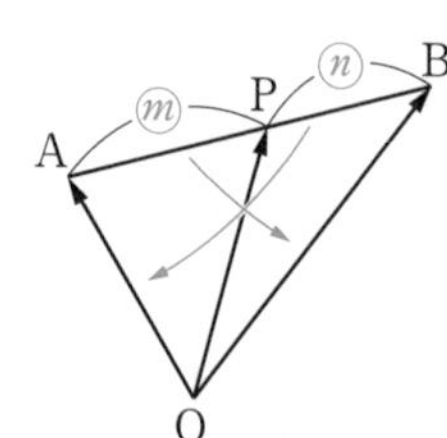

◀座標平面のときと同じように，ABを $m:n$ と覚える．

線分 AB を $m:n$ に外分する点をQとすると

$$\boldsymbol{\overrightarrow{OQ}=\frac{-n\overrightarrow{OA}+m\overrightarrow{OB}}{m-n}}$$

(右図は $m>n$ の場合)

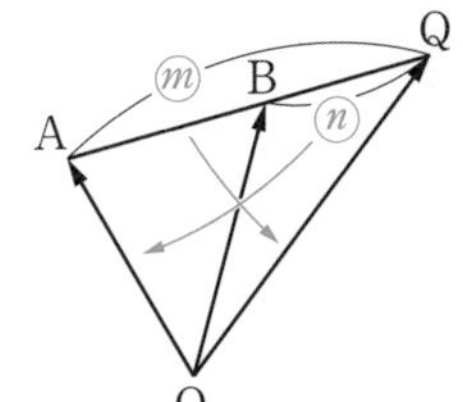

◀こちらも，座標平面のときと同じように，片方をマイナスにして，
$\overset{\frown}{AB}$ を $m:(-n)$
と覚える．

このとき，$\overrightarrow{OA}$，$\overrightarrow{OB}$ の係数の和は，どちらの場合も 1 であることに注意しましょう．

◀係数の和が 1 は直線上にある．

証明は，$\overrightarrow{OP}$ も $\overrightarrow{OQ}$ もベクトルをつないでいけばよい．

線分 AB を $m:n$ に内分する点をPとすると

$$\overrightarrow{OP}=\overrightarrow{OA}+\frac{m}{m+n}\overrightarrow{AB}=\overrightarrow{OA}+\frac{m}{m+n}(\overrightarrow{OB}-\overrightarrow{OA})=\frac{n\overrightarrow{OA}+m\overrightarrow{OB}}{m+n}$$

線分 AB を $m:n$ $(m>n)$ に外分する点をQとすると

$$\overrightarrow{OQ}=\overrightarrow{OA}+\frac{m}{m-n}\overrightarrow{AB}=\overrightarrow{OA}+\frac{m}{m-n}(\overrightarrow{OB}-\overrightarrow{OA})=\frac{-n\overrightarrow{OA}+m\overrightarrow{OB}}{m-n}$$

$m<n$ の場合も同様に示せます．

《三角形の重心》

△ABC の重心Gは，BC の中点を M としたとき，AM を 2：1 に内分する点ですから，任意の点をOとして

$$\boldsymbol{\overrightarrow{OG}}=\frac{\overrightarrow{OA}+2\overrightarrow{OM}}{3}$$

$$=\frac{\overrightarrow{OA}+2\cdot\frac{\overrightarrow{OB}+\overrightarrow{OC}}{2}}{3}$$

$$=\boldsymbol{\frac{\overrightarrow{OA}+\overrightarrow{OB}+\overrightarrow{OC}}{3}}$$

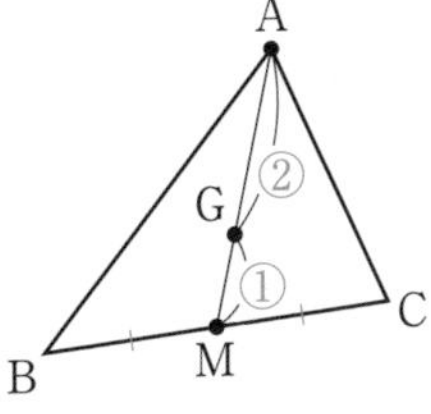

特に，点Oを点Aとすれば，$\overrightarrow{AA}=\vec{0}$ なので，

$$\boldsymbol{\overrightarrow{AG}=\frac{\overrightarrow{AB}+\overrightarrow{AC}}{3}}$$

となります．

メインポイント

ベクトルの内分・外分公式，重心の表記をしっかり理解して，三角形の内心の位置ベクトルを求められるようにしよう．

第16章

132 位置を読む

アプローチ

面積比を求めるには，点Pの位置がわからないといけません．そこで，まず点Aを始点に書き換えると

$$\overrightarrow{AP}=\frac{3\overrightarrow{AB}+4\overrightarrow{AC}}{14}$$

分子の係数の和が $3+4=7$ なので，分母が7になるよう調整すると，BCを $4:3$ に内分する点をQとして

$$\overrightarrow{AP}=\frac{7}{14}\cdot\frac{3\overrightarrow{AB}+4\overrightarrow{AC}}{7}=\frac{1}{2}\overrightarrow{AQ}$$

と変形できるので，点PはAQの中点とわかります．このように，点の位置を読むには，BCの内分点(外分点)をつくり，それを基準にして読んでいきます．

◀辺BCの内分点をつくり，それを基準に位置を読む．

解答

$$7\overrightarrow{AP}+3\overrightarrow{BP}+4\overrightarrow{CP}=\vec{0}$$

$$\therefore\quad 7\overrightarrow{AP}+3(\overrightarrow{AP}-\overrightarrow{AB})+4(\overrightarrow{AP}-\overrightarrow{AC})=\vec{0}$$

$$\therefore\quad 14\overrightarrow{AP}=3\overrightarrow{AB}+4\overrightarrow{AC}$$

$$\therefore\quad \overrightarrow{AP}=\frac{3\overrightarrow{AB}+4\overrightarrow{AC}}{14}=\frac{7}{14}\cdot\frac{3\overrightarrow{AB}+4\overrightarrow{AC}}{7}$$

BCを $4:3$ に内分する点をQとすると，

$$\overrightarrow{AQ}=\frac{3\overrightarrow{AB}+4\overrightarrow{AC}}{7}\qquad \therefore\quad \overrightarrow{AP}=\frac{1}{2}\overrightarrow{AQ}$$

となり，$BQ:QC=4:3$，$AP:PQ=1:1$ であるから，

$$\triangle PBC=\triangle ABC\times\frac{1}{2}=\frac{7}{14}\triangle ABC$$

$$\triangle PCA=\triangle ABC\times\frac{3}{7}\times\frac{1}{2}=\frac{3}{14}\triangle ABC$$

$$\triangle PAB=\triangle ABC\times\frac{4}{7}\times\frac{1}{2}=\frac{4}{14}\triangle ABC$$

よって，$\triangle PBC:\triangle PCA:\triangle PAB=$**7：3：4**

◀始点をAにして，$\overrightarrow{AB}$，$\overrightarrow{AC}$ で表す．

◀Pを始点にして，$-7\overrightarrow{PA}=3\overrightarrow{PB}+4\overrightarrow{PC}$ より，$-\overrightarrow{PA}=\frac{3\overrightarrow{PB}+4\overrightarrow{PC}}{7}$ から位置を読むこともできる．

◀

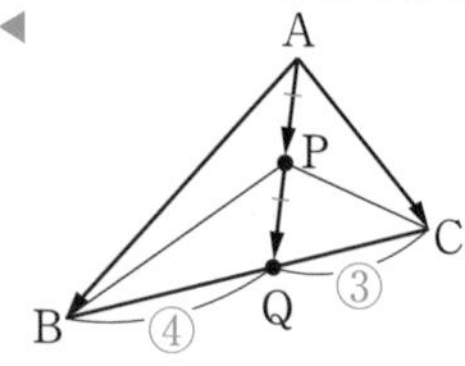

◀例えば，$\triangle PCA$ は，$\triangle ABC$ を $\frac{3}{7}$ 倍して，$\triangle AQC$ をつくり，さらに $\frac{1}{2}$ 倍してつくっている．2段階で考えよう！

ちょっと一言

解答中の，$\overrightarrow{AQ}=\frac{3\overrightarrow{AB}+4\overrightarrow{AC}}{7}$ で，QがBCをどのように内分するかを読む場合は，「右に行って，左に帰って」BCを $4:3$ に内分と読みます．

ブラッシュアップ

平面上のベクトルは，1 次独立な 2 つのベクトルで表すのが基本です．

◀本問では，$\overrightarrow{AB}$ と $\overrightarrow{AC}$ で表した．

例えば，平面 OAB 上の点を P とすると，$\overrightarrow{OA}$, $\overrightarrow{OB}$が 1 次独立であるとき

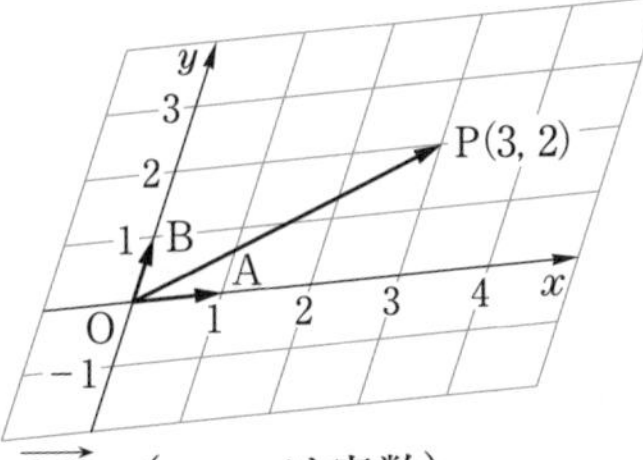

$$\overrightarrow{OP}=x\overrightarrow{OA}+y\overrightarrow{OB}\quad (x,\ y \text{ は実数})$$

のように一意的に表すことができます．

右上図のように，$\overrightarrow{OA}$，$\overrightarrow{OB}$ をとり，$x=3$，$y=2$ とすると，点Pの位置になりますが，このとき，$(x,\ y)=(3,\ 2)$ はまさしく座標ですね．$\overrightarrow{OA}$，$\overrightarrow{OB}$ の係数 x，y の組は，斜交座標の座標を意味しています．

◀一般に，ベクトルの世界は，斜めに座標が入った空間です．

◀$\overrightarrow{OP}=x(1,\ 0)+y(0,\ 1)$
$=(x,\ y)$

特に，$\overrightarrow{OA}$, $\overrightarrow{OB}$ を直交する長さ 1 のベクトル

$\overrightarrow{OA}=(1,\ 0)$,

$\overrightarrow{OB}=(0,\ 1)$

とすると，1×1 のマス目になり，皆さんがよく知っている直交座標になります．

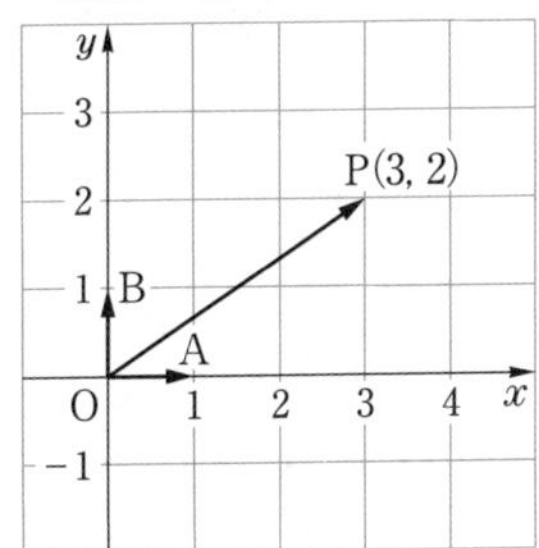

ちょっと一言

平面ベクトル $\overrightarrow{OA}$，$\overrightarrow{OB}$ が 1 次独立とは，

$$\overrightarrow{OA}\neq\vec{0},\ \overrightarrow{OB}\neq\vec{0},\ \overrightarrow{OA}\not\parallel\overrightarrow{OB}$$

が成り立つときです．2 つのベクトルで，平面が張れるという条件です．

第16章

メインポイント

点の位置は，辺の内分点（外分点）をつくり，それを基準に考える．
平面ベクトルは，1 次独立な 2 つのベクトルで表すのが基本！

133 内積

アプローチ

$\vec{a}$ と $\vec{b}$ のなす角を θ とするとき

$$\vec{a}\cdot\vec{b}=|\vec{a}||\vec{b}|\cos\theta$$

が内積の定義です．

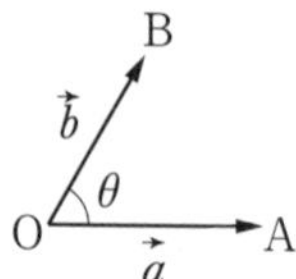

◀ベクトルのなす角は，大きくない方を採用するので，θ の範囲は $0^\circ\leqq\theta\leqq180^\circ$ で考える．

(1)　定義を使うだけですが，なす角は必ず始点をそろえて考えましょう．

(2)　ベクトルの大きさは，2乗して処理するのが鉄則です．

解答

(1)　$\overrightarrow{AB}\cdot\overrightarrow{AC}=3\cdot2\cos60^\circ=\mathbf{3}$

また，図より，$\overrightarrow{AB}$ と $\overrightarrow{CA}$ のなす角は 120° であるから，

$\overrightarrow{AB}\cdot\overrightarrow{CA}=3\cdot2\cos120^\circ=\mathbf{-3}$

◀ベクトルのなす角は，始点をそろえて考えること！
計算でやると
$\overrightarrow{AB}\cdot\overrightarrow{CA}$
$=\overrightarrow{AB}\cdot(-\overrightarrow{AC})$
$=-\overrightarrow{AB}\cdot\overrightarrow{AC}=-3$

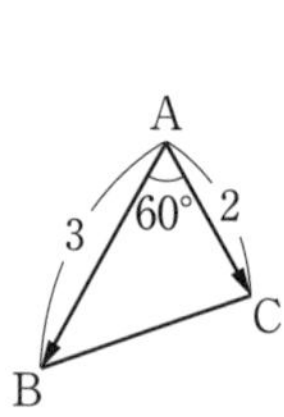

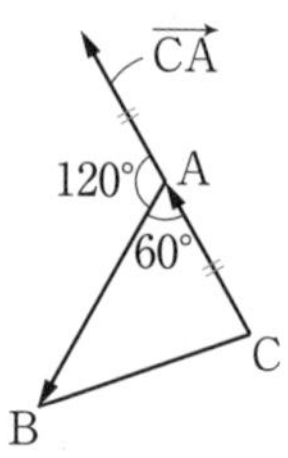

(2)　$|\vec{a}|=1$，$|\vec{b}|=\sqrt{3}$，$|\vec{a}+\vec{b}|=\sqrt{7}$ より

$$|\vec{a}+\vec{b}|^2=|\vec{a}|^2+2\vec{a}\cdot\vec{b}+|\vec{b}|^2=7$$

$\therefore\quad 1+2\vec{a}\cdot\vec{b}+3=7\qquad\therefore\quad \vec{a}\cdot\vec{b}=\mathbf{\dfrac{3}{2}}$

◀ベクトルの大きさは，2乗して処理する！　なぜかは，ブラッシュアップ 参照！

また，

$$|\vec{a}-\vec{b}|^2=|\vec{a}|^2-2\vec{a}\cdot\vec{b}+|\vec{b}|^2$$

$$=1-2\cdot\frac{3}{2}+3=1$$

$\therefore\quad |\vec{a}-\vec{b}|=\mathbf{1}$

さらに，

$$|2\vec{a}+3\vec{b}|^2=4|\vec{a}|^2+12\vec{a}\cdot\vec{b}+9|\vec{b}|^2$$

$$=4+12\cdot\frac{3}{2}+9\cdot3=49$$

$\therefore\quad |2\vec{a}+3\vec{b}|=\mathbf{7}$

ちょっと一言

内積は,

$\vec{a}\cdot\vec{b}=\vec{b}\cdot\vec{a}$ （交換法則）

$(\vec{a}+\vec{b})\cdot\vec{c}=\vec{a}\cdot\vec{c}+\vec{b}\cdot\vec{c}$ （分配法則）

$(k\vec{a})\cdot\vec{b}=\vec{a}\cdot(k\vec{b})=k(\vec{a}\cdot\vec{b})$ （k は実数）（結合法則）

のような性質をもつので，数のかけ算のように計算できます.

証明については 134 の ちょっと一言 を参照して下さい.

ブラッシュアップ

ベクトルの大きさは，2 乗して処理するのが基本ですが，それはなぜでしょう.

実は，内積の定義から，

$\vec{a}\cdot\vec{a}=|\vec{a}|^2$ （自分自身の内積＝大きさの 2 乗）

が成り立つことを利用しています.

◀ $\vec{a}\cdot\vec{a}=|\vec{a}||\vec{a}|\cos 0^\circ=|\vec{a}|^2$

例えば，$|\vec{a}-\vec{b}|^2$ の計算では，これを利用して

$$\begin{aligned}|\vec{a}-\vec{b}|^2&=(\vec{a}-\vec{b})\cdot(\vec{a}-\vec{b}) &&［まず，内積に直す］\\&=\vec{a}\cdot\vec{a}-2\vec{a}\cdot\vec{b}+\vec{b}\cdot\vec{b} &&［展開する］\\&=|\vec{a}|^2-2\vec{a}\cdot\vec{b}+|\vec{b}|^2 &&［大きさに戻す］\end{aligned}$$

という操作をしています. $|\vec{a}-\vec{b}|^2$ をそのまま展開しているわけではなく，内積に直して計算していることをしっかり押さえてください.

◀解答では，この操作を省略して書いています.

第16章

メインポイント

$\vec{a}$ と $\vec{b}$ のなす角を θ ($0^\circ \leqq \theta \leqq 180^\circ$) とするとき，$\vec{a}$ と $\vec{b}$ の内積は

$$\boldsymbol{\vec{a}\cdot\vec{b}=|\vec{a}||\vec{b}|\cos\theta}$$

① なす角は，始点を合わせて考える！

② 大きさは 2 乗して処理する！

134 成分の内積

アプローチ

(1) 成分表示における内積は

$\vec{a}=(a_1,\ a_2)$, $\vec{b}=(b_1,\ b_2)$ のとき,

$\boldsymbol{\vec{a}\cdot\vec{b}=a_1b_1+a_2b_2}$

$\vec{a}\perp\vec{b}$ のとき, $\vec{a}\cdot\vec{b}=|\vec{a}||\vec{b}|\cos 90°=0$

ですから, 垂直条件は, 内積が 0 から

◀$\vec{a}\perp\vec{b}$ のとき $\vec{a}\cdot\vec{b}=0$

$\boldsymbol{\vec{a}\perp\vec{b} \iff a_1b_1+a_2b_2=0}$

となります.

また, 平行条件は,

$\vec{a}/\!/\vec{b} \iff \vec{b}=k\vec{a}$

ですから

$a_1 : a_2=b_1 : b_2$ より, $a_1b_2=a_2b_1$

◀平行のとき, 成分の比が等しい.

よって,

$\boldsymbol{\vec{a}/\!/\vec{b} \iff a_1b_2-b_1a_2=0}$

◀平行条件は, 成分のたすき掛けが 0 .

となります.

例えば $\vec{a}=(1,\ 2)/\!/2\vec{a}=(2,\ 4)$ において, 成分の比が等しいので, たすき掛けを考えると $1\cdot4-2\cdot2=0$ です.

(2) $\vec{a}=(a_1,\ a_2)$ の大きさは, $\boldsymbol{|\vec{a}|=\sqrt{a_1{}^2+a_2{}^2}}$ です.

また, ベクトルでなす角を考える場合は, 内積を利用します. 内積を 2 通りに表して $\cos\theta$ を求めましょう.

解答

(1) $3\vec{a}+2\vec{b}=3(4,\ 3)+2(x,\ -4)=(12+2x,\ 1)$

$2\vec{a}+\vec{b}=2(4,\ 3)+(x,\ -4)=(8+x,\ 2)$

$(3\vec{a}+2\vec{b})/\!/(2\vec{a}+\vec{b})$ のとき,

◀平行条件は, 成分のたすき掛けが 0 .

$(12+2x)\cdot2-1\cdot(8+x)=0$

$\therefore\quad x=\boldsymbol{-\frac{16}{3}}$

$(3\vec{a}+2\vec{b})\perp(2\vec{a}+\vec{b})$ のとき,

◀垂直条件は, 内積が 0 .

$(12+2x,\ 1)\cdot(8+x,\ 2)=0$

$\therefore\quad (12+2x)(8+x)+2=0$

$\therefore\quad x^2+14x+49=0$

$\therefore\quad (x+7)^2=0 \qquad \therefore\quad x=\boldsymbol{-7}$

(2) $|\vec{a}|=\sqrt{1^2+2^2}=\sqrt{5}$, $|\vec{b}|=\sqrt{(-1)^2+3^2}=\sqrt{10}$,

$\vec{a}\cdot\vec{b}=-1+6=5$ ◀内積を 2 通りに表す.

$\vec{a}$ と $\vec{b}$ のなす角を θ $(0°\leqq\theta\leqq180°)$ とすると

$\vec{a}\cdot\vec{b}=\sqrt{5}\sqrt{10}\cos\theta=5$

$\therefore\ \cos\theta=\dfrac{1}{\sqrt{2}}$　　$\therefore\ \theta=\mathbf{45°}$

ブラッシュアップ

$\vec{a}$ と $\vec{b}$ のなす角を θ とするとき，内積の定義は次のとおりです.

$$\boldsymbol{\vec{a}\cdot\vec{b}=|\vec{a}||\vec{b}|\cos\theta}$$

内積は余弦定理の後ろの部分なので，O(0, 0), A$(a_1,\ a_2)$, B$(b_1,\ b_2)$ とおくと，余弦定理より ◀

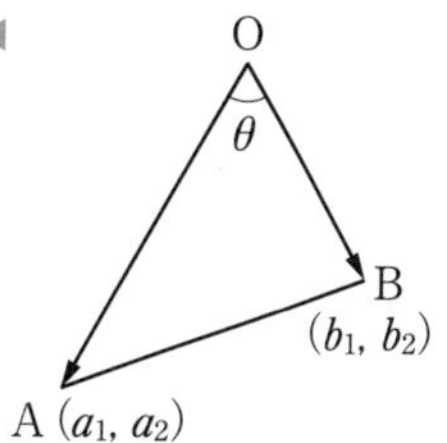

$$AB^2=OA^2+OB^2-2\underbrace{OA\cdot OB\cos\theta}_{\overrightarrow{OA}\cdot\overrightarrow{OB}}$$

$$(a_1-b_1)^2+(a_2-b_2)^2$$
$$=(a_1{}^2+a_2{}^2)+(b_1{}^2+b_2{}^2)-2\overrightarrow{OA}\cdot\overrightarrow{OB}$$
$$-2a_1b_1-2a_2b_2=-2\overrightarrow{OA}\cdot\overrightarrow{OB}$$
$$\therefore\ \overrightarrow{OA}\cdot\overrightarrow{OB}=\boldsymbol{a_1b_1+a_2b_2}$$

となり，内積の幾何的定義と成分表示が一致します.

ちょっと一言

$\vec{a}=(a_1,\ a_2)$, $\vec{b}=(b_1,\ b_2)$, $\vec{c}=(c_1,\ c_2)$ とおくと，

$\vec{a}\cdot\vec{b}=a_1b_1+a_2b_2=\vec{b}\cdot\vec{a}$ （交換法則）

$(\vec{a}+\vec{b})\cdot\vec{c}=(a_1+b_1,\ a_2+b_2)\cdot(c_1,\ c_2)=c_1(a_1+b_1)+c_2(a_2+b_2)$

$=a_1c_1+b_1c_1+a_2c_2+b_2c_2=(a_1c_1+a_2c_2)+(b_1c_1+b_2c_2)$

$=\vec{a}\cdot\vec{c}+\vec{b}\cdot\vec{c}$ （分配法則）

$(k\vec{a})\cdot\vec{b}=(ka_1,\ ka_2)\cdot(b_1,\ b_2)=ka_1b_1+ka_2b_2$

$=(a_1,\ a_2)\cdot k(b_1,\ b_2)=\vec{a}\cdot(k\vec{b})$

$=k(a_1,\ a_2)\cdot(b_1,\ b_2)=k(\vec{a}\cdot\vec{b})$ （結合法則）

となり，内積は数のかけ算のように計算できることがわかります.

メインポイント

$\vec{a}=(a_1,\ a_2)$, $\vec{b}=(b_1,\ b_2)$ のとき，　$\boldsymbol{\vec{a}\cdot\vec{b}=a_1b_1+a_2b_2}$ （内積の成分表示）

$\boldsymbol{\vec{a}\parallel\vec{b}\iff a_1b_2-b_1a_2=0}$　　$\boldsymbol{\vec{a}\perp\vec{b}\iff a_1b_1+a_2b_2=0}$

また，ベクトルのなす角は，内積を考えよう！

第16章

135 内積の計算

アプローチ

$$|\overrightarrow{OA}|=|\overrightarrow{OB}|=|\overrightarrow{OC}|=1$$

であるので，△OAB で余弦定理を用いると，

$$|\overrightarrow{AB}|^2=1^2+1^2-2\overrightarrow{OA}\cdot\overrightarrow{OB}$$

したがって，$\overrightarrow{OA}\cdot\overrightarrow{OB}$ の値がわかればよいことになります．

これは，与式を変形した

$$4\overrightarrow{OA}+5\overrightarrow{OB}=-6\overrightarrow{OC}$$

の両辺の大きさの 2 乗を考えれば求められます．

◀点 O は △ABC の外心だから，
OA＝OB＝OC＝(半径)

解答

$$4\overrightarrow{OA}+5\overrightarrow{OB}+6\overrightarrow{OC}=\vec{0}$$

$$\therefore\quad 4\overrightarrow{OA}+5\overrightarrow{OB}=-6\overrightarrow{OC}$$

$$\therefore\quad |4\overrightarrow{OA}+5\overrightarrow{OB}|^2=|6\overrightarrow{OC}|^2$$

$$\therefore\quad 16|\overrightarrow{OA}|^2+40\overrightarrow{OA}\cdot\overrightarrow{OB}+25|\overrightarrow{OB}|^2=36|\overrightarrow{OC}|^2$$

ここで，$|\overrightarrow{OA}|=|\overrightarrow{OB}|=|\overrightarrow{OC}|=1$ より

$$\therefore\quad 16+40\overrightarrow{OA}\cdot\overrightarrow{OB}+25=36 \qquad \therefore\quad \overrightarrow{OA}\cdot\overrightarrow{OB}=-\frac{1}{8}$$

したがって，

$$|\overrightarrow{AB}|^2=|\overrightarrow{OB}-\overrightarrow{OA}|^2$$
$$=|\overrightarrow{OB}|^2+|\overrightarrow{OA}|^2-2\overrightarrow{OA}\cdot\overrightarrow{OB}$$
$$=1+1-2\cdot\left(-\frac{1}{8}\right)=\frac{9}{4}$$

よって，$|\overrightarrow{AB}|=\boldsymbol{\frac{3}{2}}$

◀$\overrightarrow{OA}\cdot\overrightarrow{OB}$ がほしいので，$\overrightarrow{OC}$ を分離して，大きさの 2 乗を考える．

◀
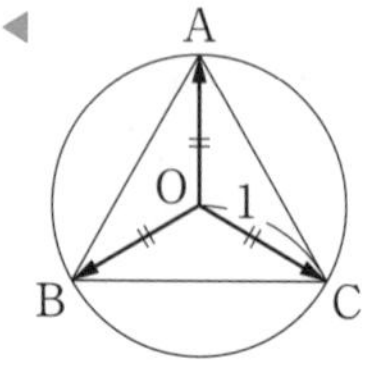

◀ベクトルを利用したが，余弦定理でも OK.

ちょっと一言

$\overrightarrow{OB}\cdot\overrightarrow{OC}$ がほしければ

$$5\overrightarrow{OB}+6\overrightarrow{OC}=-4\overrightarrow{OA}$$

と変形して，両辺の大きさの 2 乗を考えます．

◀ほしい内積をセットにして考えるのがポイントです．

メインポイント

何を求めればよいかよく考えて解答をつくろう！
大きさを 2 乗すると内積がつくれる！

136 垂線の足 1

アプローチ

(1) 内積 $\vec{a}\cdot\vec{b}$ は，余弦定理の後ろの部分です．3 辺がわかっているので，△OAB で余弦定理をイメージしましょう．

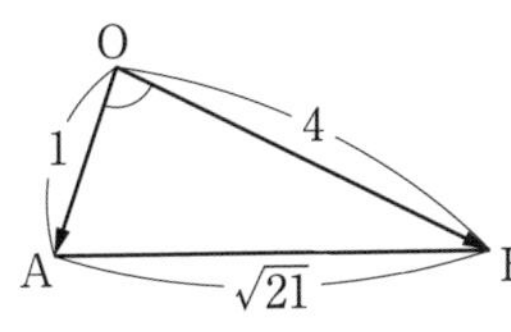

◀ △OAB において，余弦定理は
$AB^2=OA^2+OB^2-2OA\cdot OB\cos\angle AOB$

(2) AH：HB を $t:(1-t)$ とおくと

$$\overrightarrow{OH}=(1-t)\vec{a}+t\vec{b}$$

と表せます．この中で，OH⊥AB となる点を求めます．

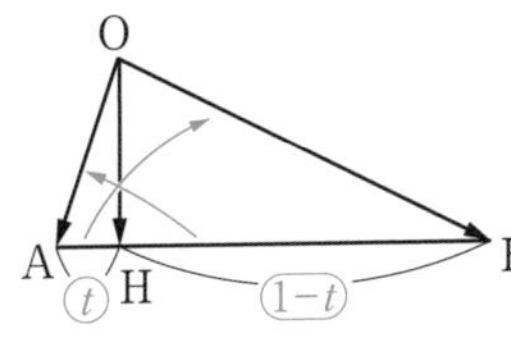

◀ H が AB 上にあるということを，ベクトルで表記することがポイント．

(3) ベクトルの大きさは 2 乗でしたね．

解答

(1) △OAB で余弦定理を用いて

$AB^2=OA^2+OB^2-2OA\cdot OB\cos\angle AOB$

$\therefore\quad 21=1^2+4^2-2\vec{a}\cdot\vec{b}$

$\therefore\quad \boldsymbol{\vec{a}\cdot\vec{b}=-2}$

◀  参照！

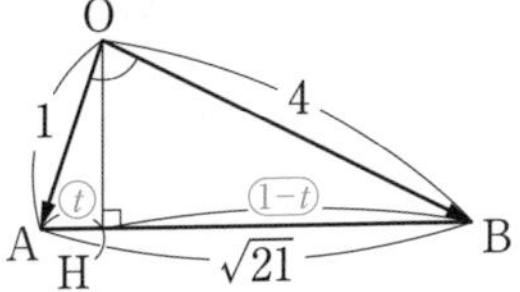

(2) AH：HB$=t:(1-t)$ とおくと

$\overrightarrow{OH}=(1-t)\vec{a}+t\vec{b}\quad\cdots①$

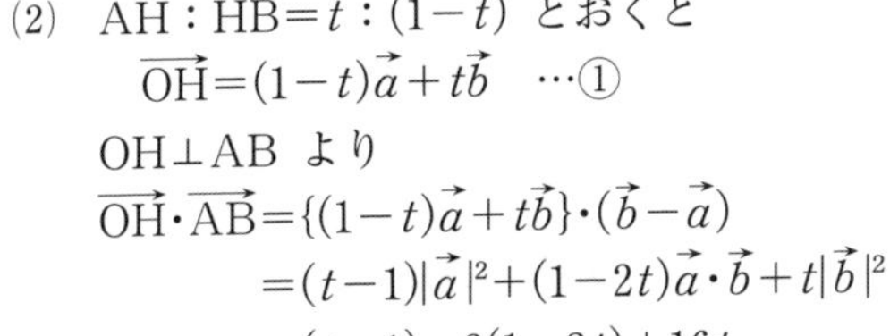

OH⊥AB より

$\overrightarrow{OH}\cdot\overrightarrow{AB}=\{(1-t)\vec{a}+t\vec{b}\}\cdot(\vec{b}-\vec{a})$

$=(t-1)|\vec{a}|^2+(1-2t)\vec{a}\cdot\vec{b}+t|\vec{b}|^2$

$=(t-1)-2(1-2t)+16t$

$=21t-3=0$

◀ ベクトルで，垂直は内積が 0．

$\therefore\quad t=\dfrac{1}{7}$

◀ 余弦定理より $\cos\angle OAB$ を求め，AH を計算して，さらに，$HB=\sqrt{21}-AH$ とし，AH：HB を求めることもできる．

①より，

$\overrightarrow{OH}=\boldsymbol{\dfrac{6}{7}\vec{a}+\dfrac{1}{7}\vec{b}}$

$\therefore\quad AH:HB=t:(1-t)=\dfrac{1}{7}:\dfrac{6}{7}=\boldsymbol{1:6}$

第16章

(3) $|\overrightarrow{OH}|^2=\left|\dfrac{6\vec{a}+\vec{b}}{7}\right|^2$

$=\dfrac{1}{7^2}(36|\vec{a}|^2+12\vec{a}\cdot\vec{b}+|\vec{b}|^2)$

$=\dfrac{1}{7^2}\{36\cdot1+12(-2)+4^2\}=\dfrac{28}{7^2}$

よって，$|\overrightarrow{OH}|=\boldsymbol{\dfrac{2\sqrt{7}}{7}}$

◀ベクトルの大きさは，2乗して処理しよう！

◀$OA=1$，$AH=\dfrac{\sqrt{21}}{7}$ より，ピタゴラスの定理から
$OH^2=1^2-\left(\dfrac{\sqrt{21}}{7}\right)^2=\dfrac{28}{7^2}$
としてもよい．

ちょっと一言

(1)では，

$|\overrightarrow{AB}|^2=|\vec{b}-\vec{a}|^2=|\vec{a}|^2+|\vec{b}|^2-2\vec{a}\cdot\vec{b}$

ともできますが，これは余弦定理そのものです．

ブラッシュアップ

通常，内分点をおく場合は，$t:(1-t)$ とおいて表します．

ABを $t:(1-t)$ に内分する点Pは

$\overrightarrow{OP}=\dfrac{(1-t)\overrightarrow{OA}+t\overrightarrow{OB}}{t+(1-t)}$

$=(1-t)\overrightarrow{OA}+t\overrightarrow{OB}$

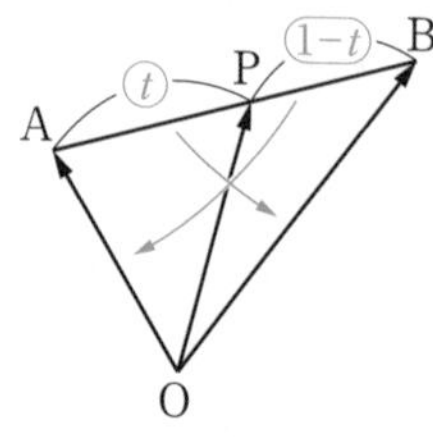

◀内分点は，係数の和が1でしたから，3：2と表すところを，$\dfrac{3}{5}:\dfrac{2}{5}$ と表している感じです．

よく使う表し方なので，しっかり覚えてください．

(2)で詰まってしまった人は，点Hをベクトルで表現できなかった人がほとんどだと思います．AB上にあるということをベクトルで表せるようになってください．

今回は，内分の公式を利用しましたが，一般の直線上の点の表記に関しては，次の問題で学習しましょう．

メインポイント

ABを $t:(1-t)$ に内分する点Pは

$\boldsymbol{\overrightarrow{OP}=(1-t)\overrightarrow{OA}+t\overrightarrow{OB}}$

ベクトルで垂直は，内積＝0 でとらえる！

137 交点の問題 1

アプローチ

直線の交点を求めるには，直線上の点をどのように表したらよいのかを知っていないといけません．

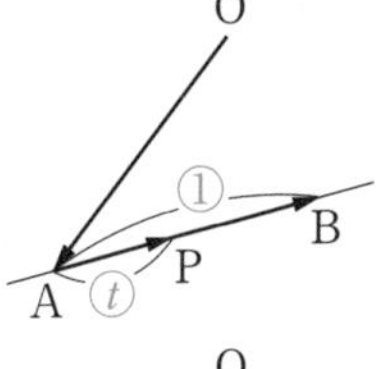

例えば，直線 AB 上の点をPとすると，t を実数として

$$\overrightarrow{OP}=\overrightarrow{OA}+t\overrightarrow{AB} \quad \cdots ①$$
$$=\overrightarrow{OA}+t(\overrightarrow{OB}-\overrightarrow{OA})$$
$$=(1-t)\overrightarrow{OA}+t\overrightarrow{OB} \quad \cdots ②$$

◀点Aまで行って，そこから AB の方向に進めば直線上の点を表せる．直線は，通る点Aと方向ベクトル $\overrightarrow{AB}$ で決まる．

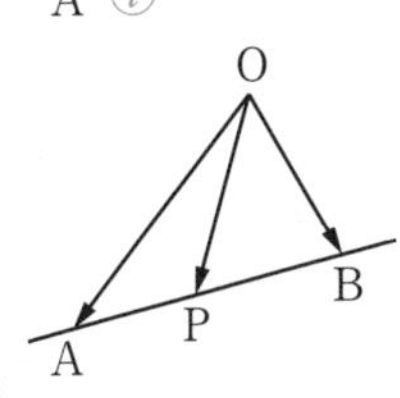

②を書き換えると

$$\overrightarrow{OP}=x\overrightarrow{OA}+y\overrightarrow{OB} \quad (x+y=1) \quad \cdots ③$$

◀直線上は，係数の和が 1．内分の公式も外分の公式も係数の和は 1 でしたね．

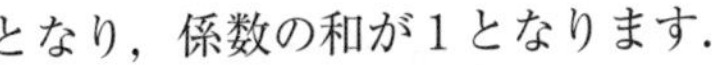

となり，係数の和が 1 となります．

直線の交点を求める問題では，これらを利用して，2 通りに表して係数比較が基本になります．①，②，③のうち，その問題にあった表記を使いましょう．

解答

(1) $\overrightarrow{AP}=\frac{1}{2}\overrightarrow{AB}$，$\overrightarrow{AQ}=\frac{1}{3}\overrightarrow{AC}$

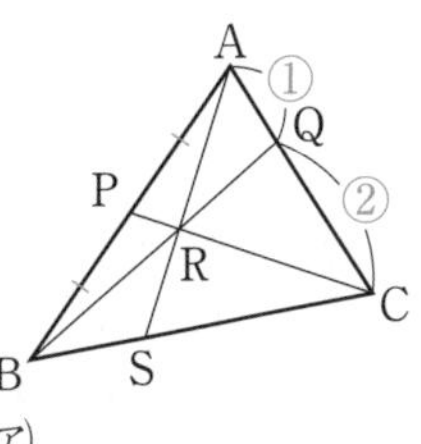

点Rは直線 BQ 上より，実数 t を用いて

$$\overrightarrow{AR}=(1-t)\overrightarrow{AB}+t\overrightarrow{AQ}$$
$$=(1-t)\overrightarrow{AB}+\frac{1}{3}t\overrightarrow{AC} \quad \cdots (ア)$$

◀直線 BQ 上にある条件②

◀BR：RQ$=t$：$(1-t)$ とおいたのと同じ．

点Rは直線 PC 上より，実数 s を用いて

$$\overrightarrow{AR}=(1-s)\overrightarrow{AP}+s\overrightarrow{AC}=\frac{1-s}{2}\overrightarrow{AB}+s\overrightarrow{AC} \quad \cdots (イ)$$

◀直線 PC 上にある条件②

◀PR：RC$=s$：$(1-s)$ とおいたのと同じ．

(ア)，(イ)の係数を比較して

$$1-t=\frac{1-s}{2},\ \frac{1}{3}t=s \qquad \therefore \quad 1-t=\frac{1-s}{2},\ t=3s$$

辺々加えて

$$1=\frac{1-s}{2}+3s \qquad \therefore \quad 2=1-s+6s \qquad \therefore \quad s=\frac{1}{5}$$

よって，$\overrightarrow{AR}=\boldsymbol{\frac{2}{5}\overrightarrow{AB}+\frac{1}{5}\overrightarrow{AC}}$

第16章

(2) 点Sは直線AR上にあるから，kを実数として

$$\overrightarrow{AS}=k\overrightarrow{AR}=\frac{2}{5}k\overrightarrow{AB}+\frac{1}{5}k\overrightarrow{AC}$$

とおける．さらに点Sは直線BC上にもあるから

$$\frac{2}{5}k+\frac{1}{5}k=1 \qquad \therefore \quad k=\frac{5}{3}$$

$$\therefore \quad \overrightarrow{AS}=\frac{2}{3}\overrightarrow{AB}+\frac{1}{3}\overrightarrow{AC} \qquad \therefore \quad \text{BS}:\text{SC}=\mathbf{1:2}$$

◀点Sが直線AR上にある条件

◀点Sが直線BC上にある条件は，係数の和が1を利用．

ブラッシュアップ

p.223のブラッシュアップから

$$\overrightarrow{OP}=x\overrightarrow{OA}+y\overrightarrow{OB} \quad (x+y=1)$$

は下図の(1, 0), (0, 1)を通る直線のイメージです．

◀平面は2次元なので，パラメータはx，yの2つ必要．

◀今まで皆さんが勉強してきた直交座標は，$\overrightarrow{OA}=(1,\ 0)$，$\overrightarrow{OB}=(0,\ 1)$としたものです．一般のベクトル空間は，斜めの座標が入っているイメージです．

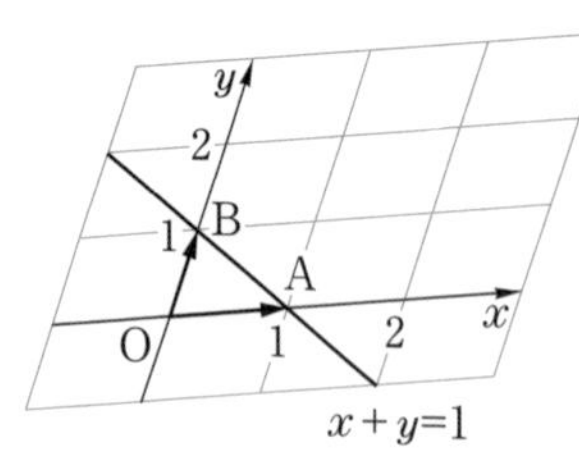

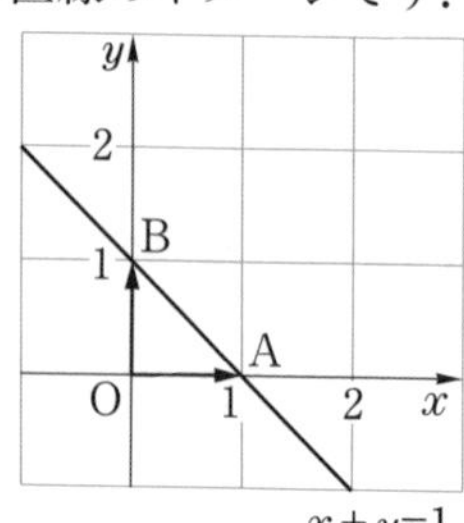

ちょっと一言

(1)では，メネラウスの定理を用いると，

$$\frac{\text{AP}}{\text{PB}}\cdot\frac{\text{BR}}{\text{RQ}}\cdot\frac{\text{QC}}{\text{CA}}=1 \qquad \therefore \quad \frac{1}{1}\cdot\frac{\text{BR}}{\text{RQ}}\cdot\frac{2}{3}=1$$

$$\therefore \quad \frac{\text{BR}}{\text{RQ}}=\frac{3}{2} \qquad \therefore \quad \overrightarrow{AR}=\frac{2\overrightarrow{AB}+3\overrightarrow{AQ}}{5}=\frac{2\overrightarrow{AB}+\overrightarrow{AC}}{5}$$

◀このタイプは，実際の入試では，メネラウス，チェバの定理を利用した方が早い．

(2)では，チェバの定理を用いると

$$\frac{\text{AP}}{\text{PB}}\cdot\frac{\text{BS}}{\text{SC}}\cdot\frac{\text{CQ}}{\text{QA}}=1 \qquad \therefore \quad \frac{1}{1}\cdot\frac{\text{BS}}{\text{SC}}\cdot\frac{2}{1}=1 \qquad \therefore \quad \frac{\text{BS}}{\text{SC}}=\frac{1}{2}$$

$$\therefore \quad \text{BS}:\text{SC}=1:2$$

メインポイント

直線上の点をベクトルで表記できるようにしよう．2直線の交点を求めるには，交点を，2通りに表して係数を比較するのが基本！

138 交点の問題 2

アプローチ

交点は，どの図形上にあるか考えて，2 通りに表して比較するのが基本です．外分していると，どう置いたらよいかわからない人が多いのですが，心配いりません．

前問でやったように，直線は (通る点) と (方向ベクトル) で決まりますので，直線 PQ 上の点 R を，t を実数として，$\overrightarrow{OR}=\overrightarrow{OP}+t\overrightarrow{PQ}$ を用いて表しましょう．

◀直線上の点をどう表記するかがポイント！

解答

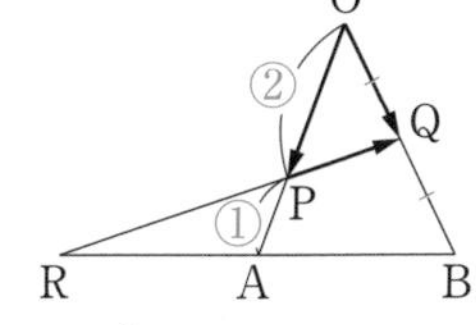

(1) $\overrightarrow{PQ}=\overrightarrow{OQ}-\overrightarrow{OP}=\frac{1}{2}\vec{b}-\frac{2}{3}\vec{a}=\boldsymbol{-\frac{2}{3}\vec{a}+\frac{1}{2}\vec{b}}$

(2) 点 R は直線 PQ 上にあるから，t を実数として

$$\overrightarrow{OR}=\overrightarrow{OP}+t\overrightarrow{PQ}=\frac{2}{3}\vec{a}+t\left(-\frac{2}{3}\vec{a}+\frac{1}{2}\vec{b}\right)$$

$$=\frac{2}{3}(1-t)\vec{a}+\frac{t}{2}\vec{b}\quad \cdots①$$

とおける．点 R は直線 AB 上にあるから，

$$\frac{2}{3}(1-t)+\frac{t}{2}=1$$

$$4(1-t)+3t=6 \qquad \therefore\ t=-2$$

$$\therefore\ \overrightarrow{OR}=2\vec{a}-\vec{b} \qquad \therefore\ \overrightarrow{RB}=\overrightarrow{OB}-\overrightarrow{OR}=\boldsymbol{-2\vec{a}+2\vec{b}}$$

◀(1)の $\overrightarrow{PQ}$ を利用した．答えから，点 R は $t=-2$ のときなので，$\overrightarrow{PQ}$ と逆向きに 2 つ分進んだところにある．よって，点 R は PQ を 2：3 に外分している．

◀係数の和が 1 を利用した．

ちょっと一言

点 R が直線 AB 上にある条件を，s を実数として

$$\overrightarrow{OR}=\overrightarrow{OA}+s\overrightarrow{AB}$$

$$=\overrightarrow{OA}+s(\overrightarrow{OB}-\overrightarrow{OA})=(1-s)\overrightarrow{OA}+s\overrightarrow{OB}$$

と表して，①と係数比較しても，もちろんよい．

また，メネラウスの定理を利用すると

$$\frac{BQ}{QO}\cdot\frac{OP}{PA}\cdot\frac{AR}{RB}=1 \qquad \therefore\ \frac{1}{1}\cdot\frac{2}{1}\cdot\frac{AR}{RB}=1 \qquad \therefore\ \frac{AR}{RB}=\frac{1}{2}$$

から，$\overrightarrow{RB}=2\overrightarrow{AB}=2(\vec{b}-\vec{a})$ とすることもできる．

◀実践的には，メネラウスの定理を利用した方が早いのですが，内分しようが，外分しようが直線上の点をどう表せるかをしっかり押さえてほしい．

メインポイント

交点はどの図形上にあるか考えて，2 通りに表して比較 !!

139 空間ベクトルの内積 1

アプローチ

空間のベクトルを表すには，1次独立な3つのベクトルが必要になりますが，分点公式などの基本公式は，平面ベクトルと同じように扱えます．

◀1つベクトルが増えるだけ！

解答

◀

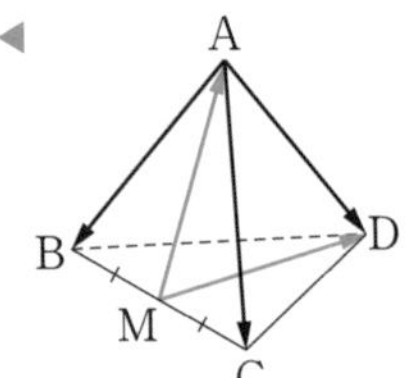

(1) $\overrightarrow{AM}=\dfrac{\vec{b}+\vec{c}}{2}$ より，$\overrightarrow{MA}=-\dfrac{\boldsymbol{\vec{b}+\vec{c}}}{\boldsymbol{2}}$

$\overrightarrow{MD}=\overrightarrow{MA}+\overrightarrow{AD}=-\dfrac{\boldsymbol{\vec{b}+\vec{c}}}{\boldsymbol{2}}+\boldsymbol{\vec{d}}$

(2) $|\vec{b}|=|\vec{c}|=|\vec{d}|=2$

$\vec{b}\cdot\vec{c}=\vec{c}\cdot\vec{d}=\vec{b}\cdot\vec{d}=2\cdot2\cdot\cos60^\circ=2$

$\therefore\quad \overrightarrow{MA}\cdot\overrightarrow{MD}$

$=-\dfrac{\vec{b}+\vec{c}}{2}\cdot\left(-\dfrac{\vec{b}+\vec{c}}{2}+\vec{d}\right)$

$=\dfrac{1}{4}(|\vec{b}|^2+2\vec{b}\cdot\vec{c}+|\vec{c}|^2)-\dfrac{1}{2}(\vec{b}\cdot\vec{d}+\vec{c}\cdot\vec{d})$

$=\dfrac{1}{4}(4+2\cdot2+4)-\dfrac{1}{2}(2+2)=3-2=\mathbf{1}$

(3) $|\overrightarrow{MA}|=|\overrightarrow{MD}|=\sqrt{3}$ より

$\cos\theta=\dfrac{\overrightarrow{MA}\cdot\overrightarrow{MD}}{|\overrightarrow{MA}||\overrightarrow{MD}|}=\dfrac{1}{\sqrt{3}\cdot\sqrt{3}}=\dfrac{\mathbf{1}}{\mathbf{3}}$

◀なす角は，内積で！

ちょっと一言

空間の点 $P(\vec{p})$ は，1次独立な3つのベクトル $\vec{a}$，$\vec{b}$，$\vec{c}$ に対して，x，y，z を実数として

$$\vec{p}=x\vec{a}+y\vec{b}+z\vec{c}\quad\cdots(*)$$

と一意的に表せます．空間は3次元なので3つのベクトルが必要になります．

◀空間ベクトルが1次独立とは，3つのベクトルが $\vec{0}$ でなく，それらが同一平面上にないことです．つまり，(＊)が空間の任意の点を表せるということです．

メインポイント

空間ベクトルは，1次独立な3つのベクトルで表される．計算はほとんど平面の場合と同じ．

140 空間ベクトルの内積 2

アプローチ

1°) 空間における内積は，$\vec{a}=(a_1,\ a_2,\ a_3)$ と $\vec{b}=(b_1,\ b_2,\ b_3)$ のなす角を θ $(0^\circ \leqq \theta \leqq 180^\circ)$ とすると，

◀空間は成分が3つ．

$$\vec{a}\cdot\vec{b}=|\vec{a}||\vec{b}|\cos\theta$$
$$=a_1b_1+a_2b_2+a_3b_3$$

◀

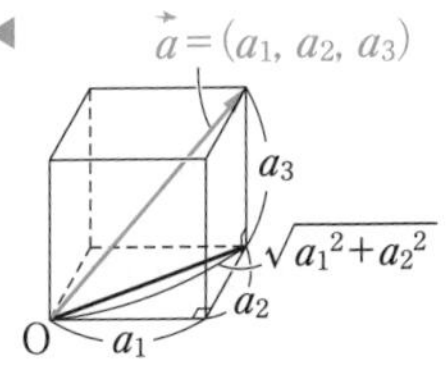

$|\vec{a}|$ はピタゴラスを2回

また，ベクトルの大きさは

$$|\vec{a}|=\sqrt{a_1^2+a_2^2+a_3^2}$$

であり，平面の場合とほとんど同じです．

2°) 単位ベクトルとは，大きさが1のベクトルです．

$\vec{a}$ と平行な単位ベクトルは $\pm\dfrac{1}{|\vec{a}|}\vec{a}$

◀自分の大きさで割れば，大きさは1になる．

となります．

3°) $\vec{a}$ と $\vec{b}$ が張る三角形の面積 S は

$$S=\frac{1}{2}\sqrt{|\vec{a}|^2|\vec{b}|^2-(\vec{a}\cdot\vec{b})^2}$$

◀ブラッシュアップ参照！

となります．

解答

◀なす角は内積で！

$$|\vec{a}|=\sqrt{2^2+1^2+1^2}=\sqrt{6}$$
$$|\vec{b}|=\sqrt{1^2+(-1)^2+2^2}=\sqrt{6}$$
$$\vec{a}\cdot\vec{b}=2-1+2=3$$

$\vec{a}$，$\vec{b}$ のなす角を θ $(0^\circ \leqq \theta \leqq 180^\circ)$ とすると，

$$\therefore\quad |\vec{a}||\vec{b}|\cos\theta=6\cos\theta=3$$

$$\therefore\quad \cos\theta=\frac{1}{2}\qquad \therefore\quad \theta=\mathbf{60^\circ}$$

また，$\vec{a}$ と $\vec{b}$ の両方に垂直な単位ベクトルを $\vec{n}=(p,\ q,\ r)$ $(p>0)$ とすると

◀垂直条件は，内積が0．

$$\vec{a}\cdot\vec{n}=2p+q+r=0\quad\cdots①$$
$$\vec{b}\cdot\vec{n}=p-q+2r=0\quad\cdots②$$
$$|\vec{n}|^2=p^2+q^2+r^2=1\quad\cdots③$$

◀単位ベクトルは，大きさが1．

①＋② より，$3p+3r=0\qquad\therefore\quad r=-p$

①より，$q=-p$

③に代入して，

$$p^2+(-p)^2+(-p)^2=3p^2=1\qquad\therefore\quad p^2=\frac{1}{3}$$

第16章

$p>0$ より，$p=\dfrac{1}{\sqrt{3}}$　　$\therefore\ \vec{n}=\left(\dfrac{1}{\sqrt{3}},\ -\dfrac{1}{\sqrt{3}},\ -\dfrac{1}{\sqrt{3}}\right)$

また，$\triangle\mathrm{OAB}=\dfrac{1}{2}\sqrt{|\vec{a}|^2|\vec{b}|^2-(\vec{a}\cdot\vec{b})^2}$

$=\dfrac{1}{2}\sqrt{6\cdot6-3^2}=\dfrac{3\sqrt{3}}{2}$

◀三角形の面積公式の利用！

ブラッシュアップ

三角形の面積公式は

$\triangle\mathrm{OAB}=\dfrac{1}{2}|\vec{a}||\vec{b}|\sin\theta$　　…①

$=\dfrac{1}{2}|\vec{a}||\vec{b}|\sqrt{1-\cos^2\theta}$

$=\dfrac{1}{2}\sqrt{|\vec{a}|^2|\vec{b}|^2-|\vec{a}|^2|\vec{b}|^2\cos^2\theta}$

$=\dfrac{1}{2}\sqrt{|\vec{a}|^2|\vec{b}|^2-(\vec{a}\cdot\vec{b})^2}$　…②

◀

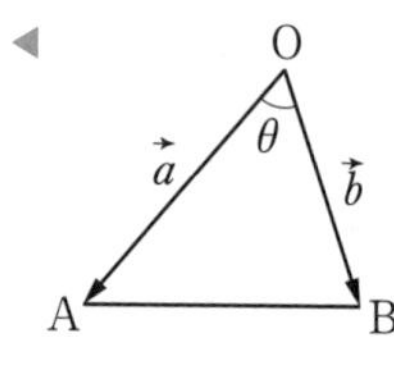

①，②は，平面でも空間でも使える公式です．

特に，平面上のベクトル $\vec{a}=(a_1,\ a_2)$，$\vec{b}=(b_1,\ b_2)$ のときは，②に代入すると

◀

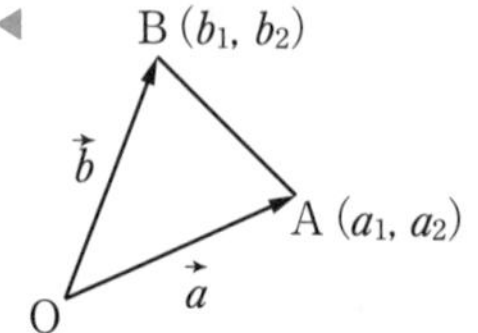

$\triangle\mathrm{OAB}=\dfrac{1}{2}\sqrt{(a_1{}^2+a_2{}^2)(b_1{}^2+b_2{}^2)-(a_1b_1+a_2b_2)^2}$

$=\dfrac{1}{2}\sqrt{a_1{}^2b_2{}^2-2a_1a_2b_1b_2+a_2{}^2b_1{}^2}$

$=\dfrac{1}{2}\sqrt{(a_1b_2-a_2b_1)^2}$

$=\dfrac{1}{2}|a_1b_2-a_2b_1|$　　…③

となります．面積が 0 のとき，$\vec{a}\parallel\vec{b}$ ですから

$\vec{a}\parallel\vec{b}\iff a_1b_2-a_2b_1=0$

もわかります．

メインポイント

空間における成分計算をしっかりできるようにしよう！

141 直線と平面の交点 1

アプローチ

空間のベクトルを表記するには，3つのベクトルが必要になりますが，交点を求める問題は，平面のときと同様，どの図形上にあるか考えて，2通りに表して比較することに変わりはありません．

点Pは BN 上にあるから，$\overrightarrow{\mathrm{OP}}=\overrightarrow{\mathrm{OB}}+t\overrightarrow{\mathrm{BN}}$

点Pは平面 OAC 上にあるから，x，y を実数として $\overrightarrow{\mathrm{OP}}=x\overrightarrow{\mathrm{OA}}+y\overrightarrow{\mathrm{OC}}$ と表せます．

◀空間ベクトルは，1次独立なベクトル $\vec{a}$，$\vec{b}$，$\vec{c}$ に対して，$\vec{p}=x\vec{a}+y\vec{b}+z\vec{c}$ と表せます．空間で，1次独立とは同一平面上にないということです．

解答

(1) 条件より，$\overrightarrow{\mathrm{OD}}=\dfrac{2\overrightarrow{\mathrm{OB}}+\overrightarrow{\mathrm{OC}}}{3}$

$\therefore\quad \overrightarrow{\mathrm{OM}}=\dfrac{1}{2}\overrightarrow{\mathrm{OD}}$

$=\boldsymbol{\dfrac{1}{3}\overrightarrow{\mathrm{OB}}+\dfrac{1}{6}\overrightarrow{\mathrm{OC}}}$

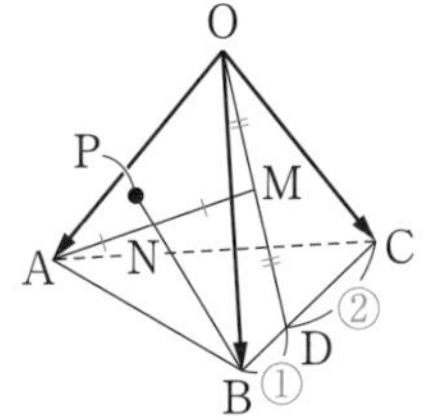

◀空間における内分点や外分点などは平面で考えたものと同じ．

(2) $\overrightarrow{\mathrm{ON}}=\dfrac{\overrightarrow{\mathrm{OA}}+\overrightarrow{\mathrm{OM}}}{2}$

$=\dfrac{1}{2}\overrightarrow{\mathrm{OA}}+\dfrac{1}{6}\overrightarrow{\mathrm{OB}}+\dfrac{1}{12}\overrightarrow{\mathrm{OC}}$

$\therefore\quad \overrightarrow{\mathrm{BN}}=\overrightarrow{\mathrm{ON}}-\overrightarrow{\mathrm{OB}}=\dfrac{1}{2}\overrightarrow{\mathrm{OA}}-\dfrac{5}{6}\overrightarrow{\mathrm{OB}}+\dfrac{1}{12}\overrightarrow{\mathrm{OC}}$

点Pは直線 BN 上にあるから，t を実数として

◀直線 BN 上にあるとは？

$\overrightarrow{\mathrm{OP}}=\overrightarrow{\mathrm{OB}}+t\overrightarrow{\mathrm{BN}}=\overrightarrow{\mathrm{OB}}+t\left(\dfrac{1}{2}\overrightarrow{\mathrm{OA}}-\dfrac{5}{6}\overrightarrow{\mathrm{OB}}+\dfrac{1}{12}\overrightarrow{\mathrm{OC}}\right)$

$=\dfrac{t}{2}\overrightarrow{\mathrm{OA}}+\left(1-\dfrac{5}{6}t\right)\overrightarrow{\mathrm{OB}}+\dfrac{t}{12}\overrightarrow{\mathrm{OC}}\quad\cdots①$

また，点Pは平面 OAC 上にあるから，x，y を実数として

$\overrightarrow{\mathrm{OP}}=x\overrightarrow{\mathrm{OA}}+y\overrightarrow{\mathrm{OC}}\quad\cdots②$

◀点Pが平面 OAC 上にあるときは，$\overrightarrow{\mathrm{OB}}$ の係数は 0 です．$\overrightarrow{\mathrm{OA}}$，$\overrightarrow{\mathrm{OC}}$ のみで表せます．

①と②より，$1-\dfrac{5}{6}t=0\qquad\therefore\quad t=\dfrac{6}{5}$

よって，$\overrightarrow{\mathrm{OP}}=\boldsymbol{\dfrac{3}{5}\overrightarrow{\mathrm{OA}}+\dfrac{1}{10}\overrightarrow{\mathrm{OC}}}$

メインポイント

直線や平面の交点は，どの図形上にあるか考えて，2通りに表して比較！
直線上，平面上にある条件をしっかりとらえられるようになろう！

142 直線と平面の交点 2

アプローチ

交点は，どの図形上にあるか考えて，2通りに表して比較でした．点Pが，平面 AMN 上にある条件が

$$\overrightarrow{OP}=\overrightarrow{OA}+\overrightarrow{AP}$$
$$=\overrightarrow{OA}+x\overrightarrow{AM}+y\overrightarrow{AN}$$

となることを利用して，2通りに表して係数比較しましょう．

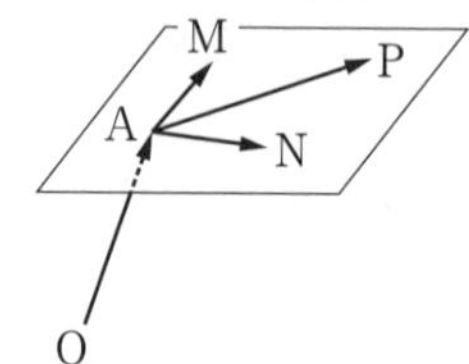

◀点Aまで行ってから，2方向に開く感じ！　原点Oを通らない平面上の点の表し方については，ブラッシュアップ参照！

解答

$$\overrightarrow{OG}=\frac{\overrightarrow{OA}+\overrightarrow{OB}+\overrightarrow{OC}}{3}$$

$$\overrightarrow{OM}=\frac{3}{5}\overrightarrow{OB},\ \overrightarrow{ON}=\frac{1}{5}\overrightarrow{OC}$$

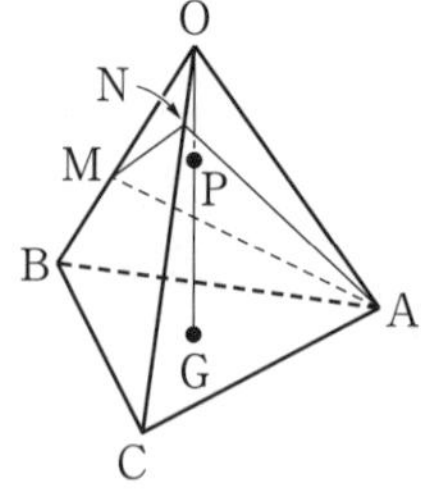

点Pは直線 OG 上にあるから，

$$\overrightarrow{OP}=k\overrightarrow{OG}$$
$$=\frac{k}{3}(\overrightarrow{OA}+\overrightarrow{OB}+\overrightarrow{OC})\quad\cdots①$$

◀直線 OG 上にある条件！
◀k は実数.

また，点Pは平面 AMN 上にあるから

$$\overrightarrow{OP}=\overrightarrow{OA}+x\overrightarrow{AM}+y\overrightarrow{AN}$$
$$=\overrightarrow{OA}+x(\overrightarrow{OM}-\overrightarrow{OA})+y(\overrightarrow{ON}-\overrightarrow{OA})$$
$$=(1-x-y)\overrightarrow{OA}+x\overrightarrow{OM}+y\overrightarrow{ON}$$
$$=(1-x-y)\overrightarrow{OA}+\frac{3}{5}x\overrightarrow{OB}+\frac{1}{5}y\overrightarrow{OC}\quad\cdots②$$

◀平面 AMN 上にある条件！
◀x，y は実数.

①と②の係数を比較して

◀係数比較！

$$\frac{k}{3}=1-x-y,\ \frac{k}{3}=\frac{3}{5}x,\ \frac{k}{3}=\frac{1}{5}y$$

$x=\frac{5}{9}k$，$y=\frac{5}{3}k$ より

$$\frac{k}{3}=1-\frac{5}{9}k-\frac{5}{3}k\qquad\therefore\ \frac{23}{9}k=1\qquad\therefore\ k=\frac{9}{23}$$

よって，$\overrightarrow{OP}=\mathbf{\frac{3}{23}(\overrightarrow{OA}+\overrightarrow{OB}+\overrightarrow{OC})}$

また，$\overrightarrow{OP}=\frac{9}{23}\overrightarrow{OG}$ から，OP：OG=**9：23**

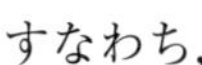

ブラッシュアップ

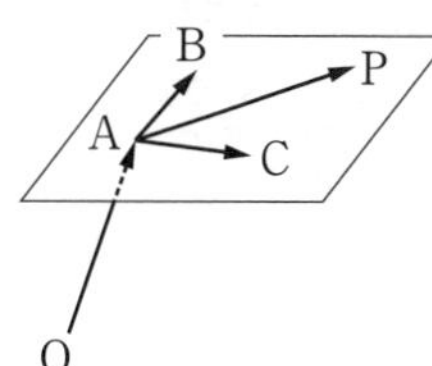

点Pが平面ABC上にあるとき，任意の点をOとすると，

$\overrightarrow{OP}=\overrightarrow{OA}+x\overrightarrow{AB}+y\overrightarrow{AC}$ …①

$=\overrightarrow{OA}+x(\overrightarrow{OB}-\overrightarrow{OA})+y(\overrightarrow{OC}-\overrightarrow{OA})$

$=(1-x-y)\overrightarrow{OA}+x\overrightarrow{OB}+y\overrightarrow{OC}$

すなわち，

$\overrightarrow{OP}=s\overrightarrow{OA}+t\overrightarrow{OB}+u\overrightarrow{OC}$

$s+t+u=1$ (係数の和が1) …②

と表せます．①，②のうち使いやすいもので考えましょう．

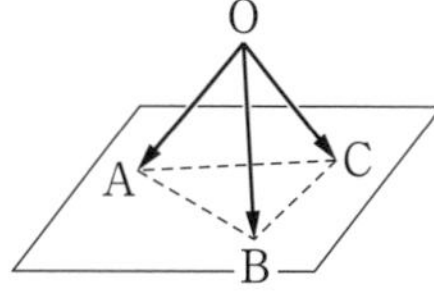

ちょっと一言

$\overrightarrow{OB}=\frac{5}{3}\overrightarrow{OM}$，$\overrightarrow{OC}=5\overrightarrow{ON}$ と，①から

◀①は，直線OG上にある条件

$\overrightarrow{OP}=\frac{k}{3}\overrightarrow{OA}+\frac{k}{3}\overrightarrow{OB}+\frac{k}{3}\overrightarrow{OC}$

$=\frac{k}{3}\overrightarrow{OA}+\frac{5}{9}k\overrightarrow{OM}+\frac{5}{3}k\overrightarrow{ON}$

と表せますが，点Pは平面AMN上にもあるので，

$\frac{k}{3}+\frac{5}{9}k+\frac{5}{3}k=1$ (係数の和が1)

◀点Pが平面AMN上にあるので，$\overrightarrow{OA}$，$\overrightarrow{OM}$，$\overrightarrow{ON}$を用いて表すと，係数の和が1です．

から，$k=\frac{9}{23}$

$\therefore\ \overrightarrow{OP}=\frac{3}{23}(\overrightarrow{OA}+\overrightarrow{OB}+\overrightarrow{OC})$

とすることもできます．

メインポイント

点Pが平面ABC上にある条件は，次の①または②を使う．

$\overrightarrow{OP}=\overrightarrow{OA}+x\overrightarrow{AB}+y\overrightarrow{AC}$ …①

$\overrightarrow{OP}=s\overrightarrow{OA}+t\overrightarrow{OB}+u\overrightarrow{OC}$　　$s+t+u=1$ (係数の和が1) …②

143 垂線の足 2

アプローチ

平面 OPQ と AH が垂直であるということは，$\overrightarrow{\mathrm{AH}}$ が平面上の 1 次独立な 2 つのベクトル $\overrightarrow{\mathrm{OP}}$，$\overrightarrow{\mathrm{OQ}}$ と垂直であるということです．

◀点Hが平面 OPQ 上にある条件と，$\overrightarrow{\mathrm{AH}}\perp$(平面 OPQ) の 2 つの条件を考える．

解答

(1) $\overrightarrow{\mathrm{PO}}=(-2\sqrt{2}a,\ 0,\ 0)$，$\overrightarrow{\mathrm{PQ}}=(-\sqrt{2}a,\ \sqrt{5}a,\ 1)$，

$|\overrightarrow{\mathrm{PO}}|=2\sqrt{2}a$，$|\overrightarrow{\mathrm{PQ}}|=\sqrt{7a^2+1}$ より

$\overrightarrow{\mathrm{PQ}}\cdot\overrightarrow{\mathrm{PO}}=2\sqrt{2}a\sqrt{7a^2+1}\cos 60°$ ……①　◀なす角で内積を考える．

$\overrightarrow{\mathrm{PQ}}\cdot\overrightarrow{\mathrm{PO}}=(-2\sqrt{2}a,\ 0,\ 0)\cdot(-\sqrt{2}a,\ \sqrt{5}a,\ 1)$　◀成分で内積を考える．

$=4a^2$ ……②

①，②より $\sqrt{2}a\sqrt{7a^2+1}=4a^2$

これを解くと　$a^2=1$　　$\therefore$　$a=\mathbf{1}$　$(\because\ a>0)$

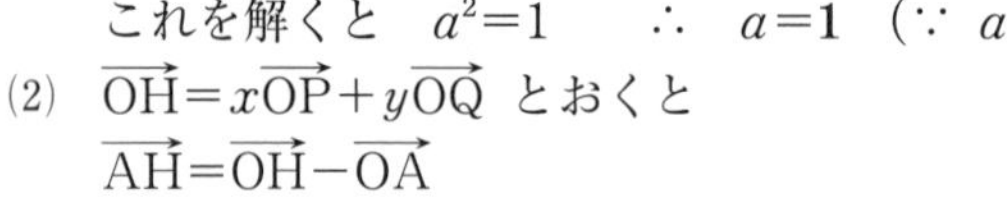

(2) $\overrightarrow{\mathrm{OH}}=x\overrightarrow{\mathrm{OP}}+y\overrightarrow{\mathrm{OQ}}$ とおくと

$\overrightarrow{\mathrm{AH}}=\overrightarrow{\mathrm{OH}}-\overrightarrow{\mathrm{OA}}$

$=x(2\sqrt{2},\ 0,\ 0)+y(\sqrt{2},\ \sqrt{5},\ 1)-(0,\ 0,\ 1)$ ⋯(＊)

$=(2\sqrt{2}x+\sqrt{2}y,\ \sqrt{5}y,\ y-1)$

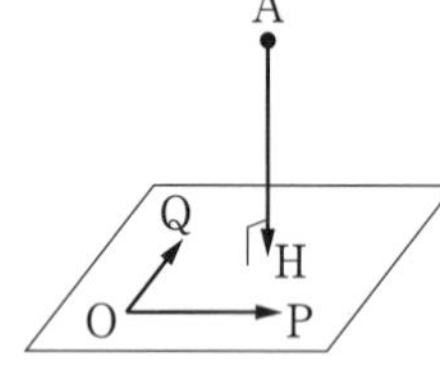

$\overrightarrow{\mathrm{AH}}\perp$(平面 OPQ) より　$\overrightarrow{\mathrm{AH}}\perp\overrightarrow{\mathrm{OP}}$ かつ $\overrightarrow{\mathrm{AH}}\perp\overrightarrow{\mathrm{OQ}}$

◀平面 OPQ と $\overrightarrow{\mathrm{AH}}$ が垂直とは，$\overrightarrow{\mathrm{AH}}$ と平面上の 2 つのベクトルが垂直．

$\therefore$　$\overrightarrow{\mathrm{AH}}\cdot(2\sqrt{2},\ 0,\ 0)=8x+4y=0$ ⋯③

$\therefore$　$\overrightarrow{\mathrm{AH}}\cdot(\sqrt{2},\ \sqrt{5},\ 1)=-1+4x+8y=0$ ⋯④

③，④より $x=-\dfrac{1}{12}$，$y=\dfrac{1}{6}$

$\therefore$　$\overrightarrow{\mathrm{OH}}=-\dfrac{1}{12}(2\sqrt{2},\ 0,\ 0)+\dfrac{1}{6}(\sqrt{2},\ \sqrt{5},\ 1)=\dfrac{1}{6}(0,\ \sqrt{5},\ 1)$

$\therefore$　$\mathrm{H}\left(\mathbf{0},\ \dfrac{\sqrt{\mathbf{5}}}{\mathbf{6}},\ \dfrac{\mathbf{1}}{\mathbf{6}}\right)$

ちょっと一言

③の計算では，(＊) をまとめず，

$(2\sqrt{2},\ 0,\ 0)\cdot\{x(2\sqrt{2},\ 0,\ 0)+y(\sqrt{2},\ \sqrt{5},\ 1)-(0,\ 0,\ 1)\}$

と計算すると，$8x+4y$ となり暗算！　(④も同様)

メインポイント

平面と垂直とは，平面上の 1 次独立な 2 つのベクトルと垂直！